GS&J 탐구 4

농업 · 농촌, 새로운 소득기회의 탐색

저탄소녹색성장, 신상품과 브랜드, 농촌경관의 상품화

이정환 · 고영곤 편저

도서출판 해남

머리말

1995년 이후 농업부가가치는 연평균 1.36%씩 증가하였지만 실질농업소득은 연평균 3.45%씩 감소하였다. 그 결과 1995년에 비해 2008년의 농업부가가치는 24.2% 늘어났으나 실질농업소득은 39.0%나 감소하였다. 농업은 성장하는데 실질농업소득은 감소하는 성장과 소득의 괴리현상이 진행되고 있는 것이다.

농가의 평균소득이 도시근로자 가구의 2/3에도 미달하는 가운데 농가소득 중 농업소득의 비중은 낮아지고 있다. 지속적인 농산물시장 개방이 진행되면서 농업부문의 소득기회는 점차 줄어들고 교역조건의 악화가 진행된 결과이다. 농가소득의 양극화가 진행되는 가운데 상대적인 고소득농가나 저소득농가에서 농업소득의 감소현상은 공통적이다. 농가소득문제 해결을 위한 직접지불제도가 도입 · 시행되고 있으나 제도 자체의 효과에 대한 논란이 제기되는가 하면 직불제의 부작용에 대한 우려도 없지 않다.

농가부채 또한 일부 대규모 중견농가와 농가소득 하위 20% 농가에서 매우 심각한 상황이다. 즉, 2008년 현재 전체 농가부채의 80% 이상이 부채 5,000만 원 이상인 16%의 농가에 집중되어 있고, 농가의 50% 이상에서 부채가 증가하였으며, 부채증가액이 3,000만 원 이상인 농가도 전체의 10%를 초과한다. 농가소득 하위 20%에 속하는 농가의 경우, 연간소득이 가계비의 절반도 안 되는 가운데 부채는 소득의 4배에 달해 부채누증이 불가피한 상황에 있다.

이 책의 제1부는 이러한 문제의 본질을 분석하고 설계주의 농정의 한계와 문제점을 지적하는 동시에 합리적인 접근방향을 모색한다.

제2부와 제3부 및 제4부에서는 농업부문의 새로운 소득기회를 탐색한다. 먼저 제2부에서는 범지구적 화두인 지구온난화와 관련하여 탄소배출권 거래제도와 교토메커니즘, 세계 탄소시장 현황 및 탄소라벨링제도 등에 대해 알아보고 이들이 농업과 농식품 분야에 어떤 영향을 미칠 것인지, 농업은 어떻게 이러한 변화에 대처할 것인지를 검토하는 동시에 농업부문의 바이오매스를 통한 저탄소녹색성장 방안을 제시한다. 녹색소비, 녹색기술, 녹색정책 등의 개념과 농업부문의 주요 녹색기술이 소개된다.

제3부는 농업부문의 성장과 소득의 괴리가 나타나고 있는 가운데 새로운 상품과 브랜드는 어떤 의미를 지니는지, 그 성공요인과 단계적 접근전략은 무엇인지 알아보고 농업현장의 사례를 통해 성공의 포인트를 추적한다. 지역브랜드 사례로 안성마춤, 신상품 사례로 접목선인장과 장생도라지 그리고 산업 간의 융합을 모색한 장흥한우와 토요시장 사례 등이 소개된다.

제4부는 농촌경관을 상품화함으로써 농촌주민과 도시민의 삶의 질을 높이고 농촌의 소득기회를 창출하는 방안을 모색한다. 우리나라에 농촌 경관관리정책이 과연 있었는지, 어떻게 추진되어 왔는지를 검토하고, 최근 도입된 경관보전직불제의 한계와 성과를 분석하고 합리적인 접근방안을 검토한다. 또한 일본의 농촌 경관관리정책과 관련된 법령의 내용과 특징, 그리고 정책추진과정에 나타난 문제점과 그 해소경험을 소개한다.

이 책에 수록된 12개의 논문은 지난 해 가을 GS&J인스티튜트, 지역농업네트워크, 주식회사 명소 등 3개 민간연구기관이 공동으로 주최한 '농업 · 농촌의 길 2009' 심포지엄에서 그 요지가 발표되고 토론이 이루어진 바 있다. 이를 토대로 필자들이 보완 · 집필하여 한 권의 책으로 묶어 내게 되었음을 밝힌다. 아무 대가도 없이 원고를 집필 · 수정 · 교정하는 수고를 아끼지 않으신 필자 여러분의 열정과 노고에 감사와 경의를 표한다. 또한 이 책의 산파역할을 참을성 있게 맡아 주신 도서출판 해남의 여러분께도 감사의 인사를 드린다.

이런 노력들이 현재 우리가 직면하고 있는 농업소득문제 본질에의 접근과 새로운 소득기회 탐색에 도움이 되기를 바라는 간곡한 소망을 담아 이 책을 세상에 내놓는다.

2010년 8월

편저자 이정환 · 고영곤

차 례

제1부
농가경제 안정의 길을 찾는다

제2부
저탄소성장에서 소득기회를 찾는다

제4장 탄소배출권 거래의 이해 / 양승룡

제5장 저탄소농업으로 가는 길 / 남재작

제6장 탄소라벨링제도와 농식품 / 임송택

제7장 저탄소녹색성장과 바이오매스 활용 / 서세욱

제3부
신상품, 신브랜드에서 소득기회를 찾는다

제8장 농산업 시대의 새로움과 차별화 / 장민기

PART 1

제1부

농가경제 안정의 길을 찾는다

제1장

농가경제문제의 현실과 정책쟁점

제2장

농가소득보전직불제도의 현실과 발전방안

제3장

농가부채 및 금융문제의 현실과 대책

Chapter 1

농가경제문제의 현실과 정책쟁점

1. 농가경제의 현실
2. 농업문제의 쟁점
3. 농가경제문제에 대응한 농정의 쟁점과 대안

이정환

GS&J 인스티튜트 이사장

e-mail: leejh@gsnj.re.kr

1. 농가경제의 현실

1.1. 농가소득 정체와 재투자 여력 위축

1995년 UR 이후의 시장개방과 1998년 외환위기를 거치면서 농가실질소득은 1995~2008년 사이에 연 0.9% 감소하였고, 2006년 이후에는 12%나 줄어들어 2008년 소득이 1990년대 초 수준에 머물고 있다(〈그림 1-1〉 참조). 호당 농가인구가 감소하였으므로 1인당 실질소득은 소폭씩 증가하였으나 2006년 이후에는 도리어 8.7%가 감소하여 2008년 1인당 소득은 2004년 수준에 머물러 있다(〈그림 1-1〉 참조). 특히, 농업소득은 1996년 이후 2006년까지 10년간

그림 1-1 1인당 농가소득과 농업소득(2005년 실질가격기준)

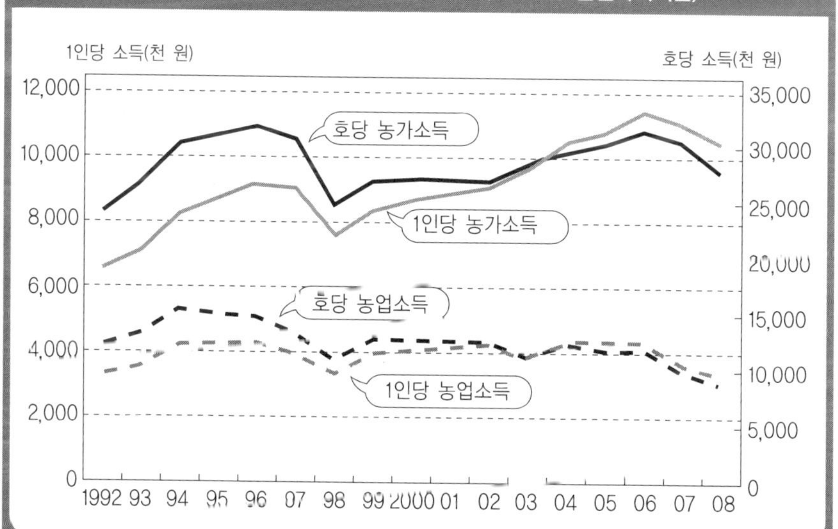

주: 소비자물가지수(CPI)로 디플레이트한 것임.
자료: 통계청, 농가경제통계.

그림 1-2 농가경제잉여와 농업자본투입액(2005년 가격기준)

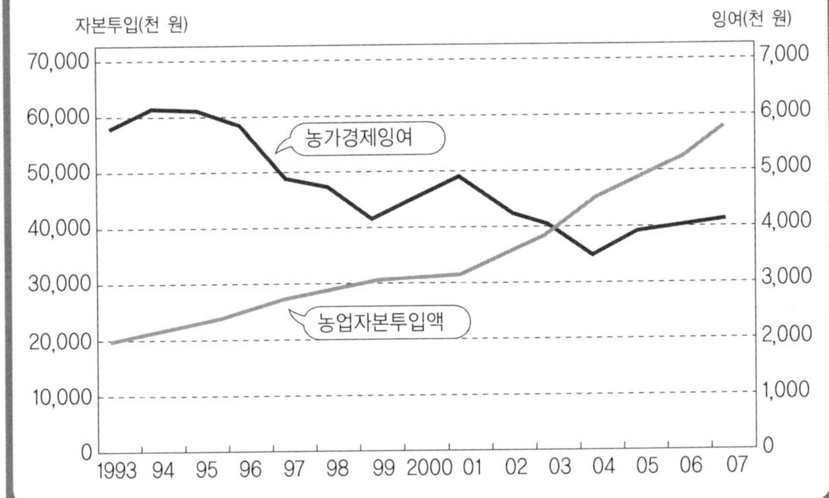

주: 3개년 이동평균임.
자료: 〈그림 1-1〉과 같음.

연 4% 감소하였고, 2006~2008년 사이에는 26%나 감소하였다(〈그림 1-1〉 참조).

한편, 도시가계와 달리 농가의 소득은 소비지출을 위한 재원일 뿐만 아니라 경영에 필요한 자본을 조달하는 재원이기도 하므로 농가가 소비지출을 하고 남은 잉여가 재투자 여력을 나타낸다고 할 수 있다. 1996/1998년 농가경제잉여/농업자본투입액 비율은 24% 수준이었으나, 2000/2002년에는 그 비중이 16%로 낮아졌고, 2004년에는 다시 6%로 떨어져 1995년 이후 농업자본투입액은 지속적으로 증가한 반면 농가경제잉여는 급격히 감소하였음을 나타낸다. 즉, 농가의 투자 여력이 매우 빠르게 위축되고 있다는 것이다(〈그림 1-2〉 참조).

1.2. 농가소득의 하방 양극화

2004~2008년 사이에 3,500만 원(2005년 기준 실질가격) 이상 고소득계층은 감소한 반면 농가소득이 2,000만 원 이하인 저소득계층은 증가하였다. 농가소득이 3,500만 원 이상인 비중은 2004년 33.6%에서 2008년 26.2%로, 5,000만 원 이상은 16.3%에서 13.2%로, 1억 원 이상 비중은 2.4%에서 1.9%로 감소하였다. 이에 반해 농가소득이 2,000만 원 이하인 비중은 같은 기간에 37.6%에서 44.9%로, 500만 원 이하인 농가비중은 3.7%에서 4.8%로 증가하여 농가소득 분포가 하방 집중화되고 있다(〈그림 1-3〉 참조).

그림 1-3 실질농가소득 분포비중 변화(2005년 가격기준)

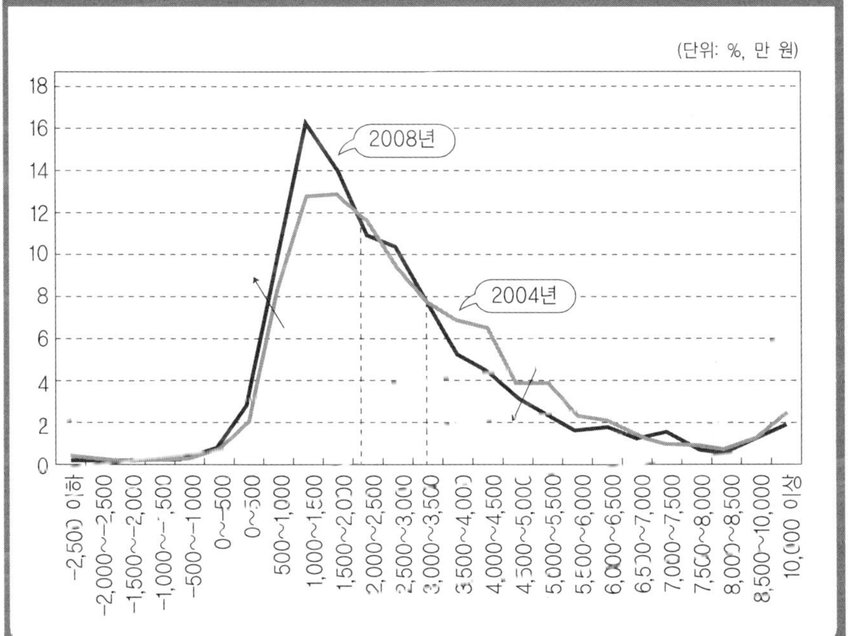

자료: 연도별 농가경제통계 원자료를 이용하여 작성함.

표 1-1 소득계층별 실질농가소득 변화

(단위: 천 원, %)

	2004년	2008년	변화율
상위 20%	66,414	63,621	△4.2
하위 20%	7,063	6,746	△4.5

자료: 각 연도별 농가경제통계 원자료를 이용하여 계산함.

한편, 상하위 소득계층 간의 소득격차를 나타내는 5분위 소득비율[1)]이 1995년에는 6.3배였으나 2008년에는 9.4배로 늘어나 상하위 계층 간 소득격차가 확대되고 있다. 그런데 2004~2008년 사이에 하위 20% 계층은 물론 상위 20% 계층의 실질소득도 6,641만 원에서 6,362만 원으로 4.2%가 감소한 것으로 나타나, 전 계층에서 실질소득이 감소하는 가운데 양극화가 급진전되고 있음을 알 수 있다(〈표 1-1〉 참조).

1.3. 호전 속에 악화되는 농가부채문제

최근 부채/소득 비율, 부채/자산 비율 등이 감소하여 농가의 부채문제는 호전되고 있는 것으로 보인다.[2)] 그러나 부채규모가 5,000만 원 이상인 고액부채 농가가 15.9%나 되고, 이들에게 총농가부채의 81.4%가 집중되어 있을 뿐만 아니라 부채 있는 농가 중 1년 사이에 부채가 증가한 농가가 2006년에 41.4% 수준이었으나, 2008년에는 이 비중이 51.1%로 늘어났다(〈표 1-2〉 참조). 또한 부채가 있는 농가 중에 11% 정도는 부채가 1년 사이에 3,000만 원 이상 증가하였고, 2006년에는 이들이 총증가액의 61.3%를 차지하였으나

1) 5분위 소득비율이란 상위 20% 소득계층의 소득과 하위 20% 소득계층의 소득비율을 의미하며, 1995년과 2000년의 5분위 소득비율은 전장수(2008), p. 95에서 인용한 것이고, 2005년과 2008년은 농가경제통계 원자료를 이용하여 계산하였다.

2) 김두년 외(2008).

표 1-2 농가부채상환 지표

(단위: 천 원, %)

			2008년	2006년
부채규모 5,000만 원 이상		농가비율	15.9	19.5
		금액비율	81.4	74.9
부채증가 농가비중			51.1	41.4
	중 3,000만 원 이상 증가	농가비중	11.1	3.4
		금액비율	77.7	61.3
농가소득 하위 20% 계층		소득/가계비 비율	48.1	43.1
		부채/소득 비율	400.0	370.2

자료: 2006, 2008년 농가경제통계 원자료 집계.

2008년에는 77.7%를 차지하여 부채증가가 일부 농가에 집중되고 있는 것으로 나타났다.

한편, 농가소득 최하위 20% 계층에서는 소득/가계비 비율이 48%에 불과하고 부채/소득 비율이 400%나 되는 것으로 나타나 농가소득 최하위계층의 부채부담이 심각한 수준인 것으로 판단된다. 따라서 부채대책은 모든 농가에 대한 이자감면, 원리금 상환연기와 같은 시책이 아니라 자체능력으로 부채상환이 불가능한 상태에 있는 일부 농가에 대한 경영회생 또는 퇴출을 위한 특단의 대책이어야 한다.

1.4. 농가경제문제, 농업소득 감소가 주도

농가의 농업소득 의존도가 급격히 쇠퇴하고 있다. 농가의 농업소득 의존율은 1995년까지는 50% 수준을 유지하였으나, 2004년에는 41.6%, 2008년에는 31.6%로 급락해 농가의 농업소득 의존도가 급격히 쇠퇴하고 있는 것으로 나타났다. 게다가 농업소득 의존율이 30% 이하인 농가가 2004년 43%에서 2008년에는 56%로 높아졌고, 특히 농업소득 의존율이 10%도 안 되는 농가가

2004년 21.9%에서 2008년에는 32.5%로 증가하여 농가소득에서 차지하는 농업의 비중이 10%도 안 되는 농가가 전체 농가의 1/3에 이르고 있다.

이같이 농업소득 의존도가 쇠퇴한 것은 농업소득 분포가 하방 집중되고 있기 때문이다. 2004~2008년 사이에 실질농업소득이 1,000만 원(2005년 기준) 이상인 농가는 감소하고, 500만 원 이하인 농가는 증가하였을 뿐만 아니라 농업소득이 5,000만 원 이상인 고소득 농가는 2004년 4.4%에서 2008년 2.9%로 감소하였고, 이른바 억대 농업소득 농가도 1.0%에서 0.6%로 줄어들어 농업소득 분포의 하방 집중이 진행되고 있는 것으로 나타났다(〈그림 1-4〉 참조). 이와 같이 농업소득의 분포가 하방 집중된 결과 2008년 농업소득이

그림 1-4 실질농업소득 분포비중 변화(2005년 기준)

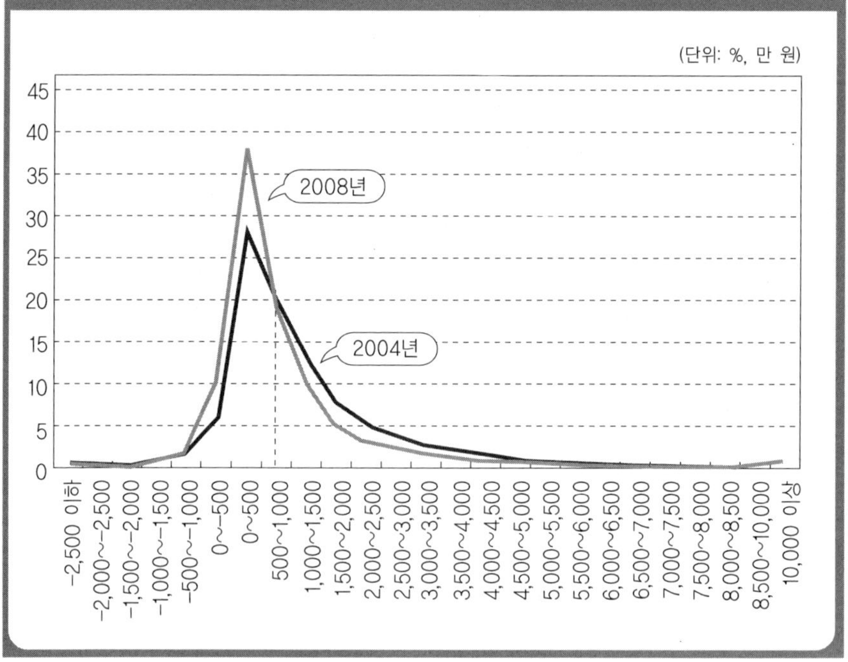

자료: 연도별 농가경제통계 원자료를 이용하여 작성함.

500만 원이 안 되는 농가가 52.2%이고, 적자인 농가도 13.9%나 되어 농가의 농업소득 기반이 매우 취약해졌다. 이 같은 "농업소득" 기반의 쇠퇴가 "농가소득"의 정체와 계층 간 소득격차를 주도하였다.

농가 간 소득격차 또한 농업소득 감소가 주요한 원인이었다. 2004~2008년 사이에 상위 20% 계층의 실질농가소득이 4.2% 감소한 것은 실질농업소득이 20.4%나 감소하여 다른 소득의 증가를 압도하였기 때문이다. 이와 마찬가지로 같은 기간 동안에 최하위 20% 계층의 실질농가소득은 4.5% 감소한 반면, 실질농업소득은 80.4%나 감소하여 최하위계층의 농가소득 감소도 농업소득 감소가 주도하였다(〈표 1-3〉 참조).

한편, "농가소득" 상하위 20% 계층의 농가소득 차이는 9.4배이지만, "농업소득"은 118배나 차이가 나 농업소득 격차가 매우 크다(〈표 1-4〉 참조). 따라

표 1-3 상위 20% 농가의 실질소득 변화(2005년 가격기준) (단위: 천 원, %)

	2004년	2008년	증감(증감률)
상위 20%			
농가소득	66,414	63,621	△2,793 (△4.2)
농업소득	29,393	23,396	△5,997 (△20.4)
하위 20%			
농가소득	7,063	6,746	△317 (△4.5)
농업소득	1,012	198	△814 (△80.4)

주: 소비자가격지수로 디플레이트한 것임.
자료: 연도별 농가경제통계 원자료를 이용하여 계산함

표 1-4 상하위 계층 간 소득차이(2008년) (단위: 천 원, %)

	상위 20%	하위 20%	격차
농가소득	69,792(9.4배)	7,400	62,391[100]
농업소득	25,665(118배)	217	25,448[40.8]

자료: 2008년 농가경제통계 원자료를 이용하여 계산함.

서 농가소득 상하위 20% 계층 사이의 소득격차 중 41%는 농업소득 차이에 기인한다.

1.5. 심화되는 농업소득과 농업성장의 괴리

1987/1989~1995/1997년 사이에는 농업부가가치 성장률이 농업생산 증가율보다 1.21% 포인트나 낮아 농업자재 투입이 증가하는 만큼 농업생산이 증가하지 않아 농업생산의 효율성이 낮아졌다. 그러나 1995/1997~2006/2008년 사이에 농업생산(불변)은 연평균 0.88%씩 증가한 데 비해 농업부가가치(불변)는 연평균 1.36%씩 성장하여 연간 0.48%씩 생산의 효율성이 향상된 것으로 나타나 1995년 이후 농업생산의 효율성은 꾸준히 향상되고 있다고 할 수

그림 1-5 농축산업의 생산과 부가가치 변화(1995/1997 기준 지수)

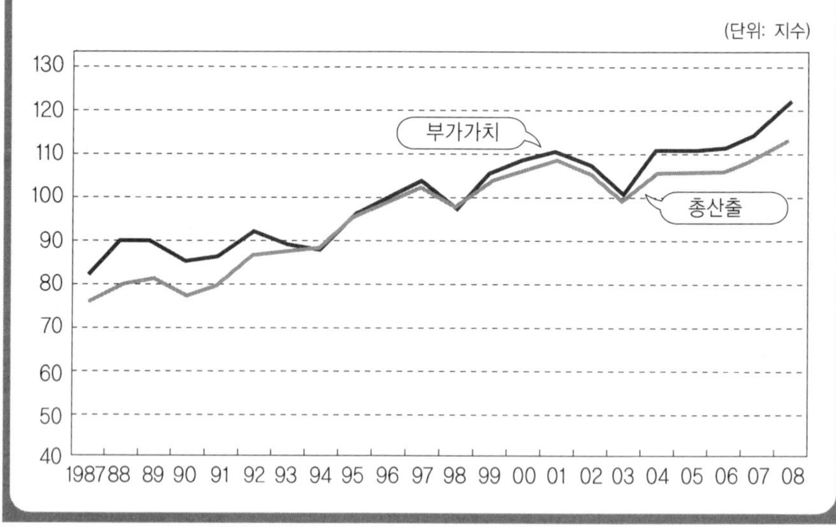

주: 1995/1997년을 100으로 한 후 다시 1996년을 100으로 하여 나타냄.

있다.

한편, 1995년까지는 실질농업소득과 농업부가가치(불변)가 거의 비슷하게 변화하였으나 1995년 이후에는 격차가 급격히 확대되고 있다. 1995년 이후 농업부가가치는 연평균 1.36%씩 성장하고 있으나 실질농업소득은 연평균 3.45% 감소하였다(〈그림 1-6〉 참조). 그 결과 1995년에 비해 2008년 농업부가가치는 24.2% 증가하였으나 실질농업소득은 39.0%나 감소한 것으로 나타나, 1995년 이후 농업부가가치는 성장하고 있으나 실질농업소득은 감소하고 있음을 알 수 있다.[3)]

그림 1-6 농림어업 부가가치(불변)와 실질소득의 괴리(1995년 기준 지수)

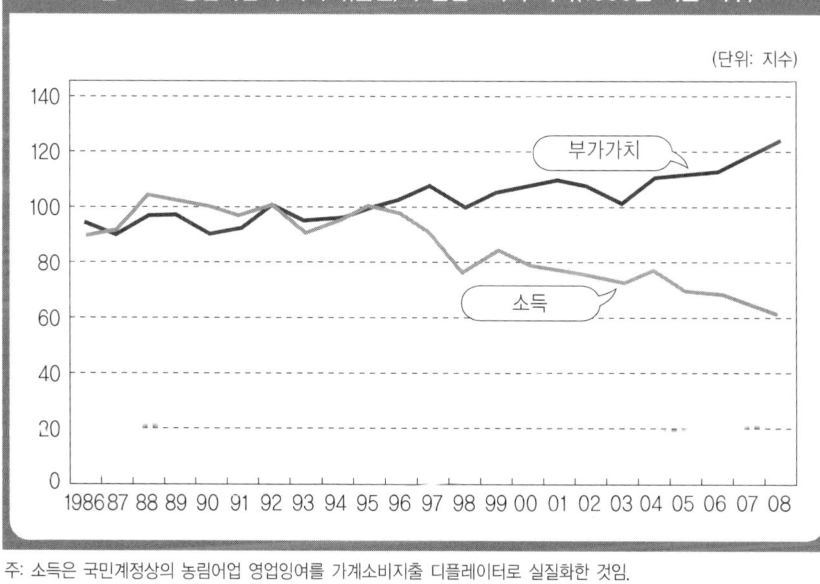

주: 소득은 국민계정상의 농림어업 영업잉여를 가계소비지출 디플레이터로 실질화한 것임.

3) 실질농업소득은 국민소득계정의 농림어업 영업잉여를 가계소비지출 디플레이터로 실질화하여 추정하였다. 영업잉여는 생산액에서 투입재비용을 공제한 후 보조금과 조세부담을 가감하고 고용노동비용을 차감한 것으로 농업소득에 해당한다.

그림 1-7 농산물, 투입재, 소비자가격지수 추이(1995년 기준)

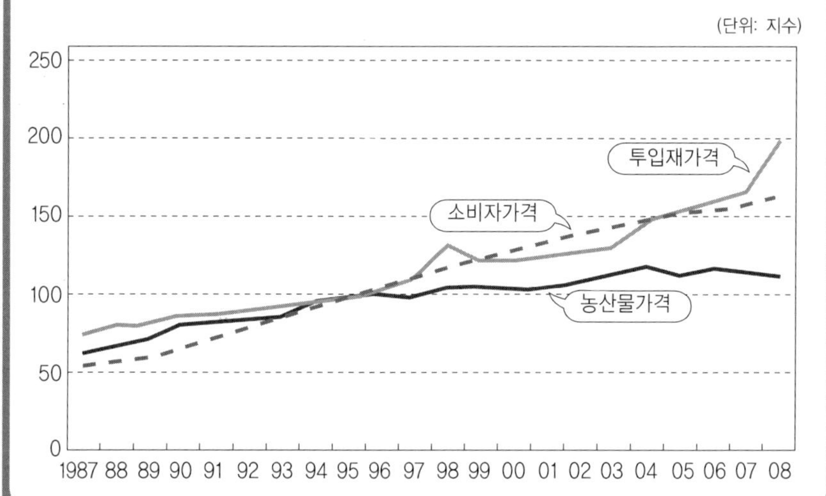

주: 농산물가격은 국민소득계정의 농축산물 산출 디플레이터, 투입재가격은 중간소비 디플레이터, 소비자가격은 가계 소비지출 디플레이터를 나타냄.

이와 같은 성장과 소득의 괴리현상이 나타나고 있는 이유는 교역조건이 악화되고 있기 때문이다. 1995/1997~2006/2008년 사이에 농산물가격은 11.4% 상승한 데 비해 중간투입재가격은 40.5% 상승하여 소득여건이 악화된 데다 가계소비지출 가격은 32.9%나 상승하여 실질농업소득을 감소시켰다(〈그림 1-7〉 참조).

1.6. 농가경제문제의 본질과 전망

이상의 분석결과를 요약하면, 1990년대 중반, 이후 본격적 시장개방과 함께 농업생산성은 향상되었으나 중간투입재 가격 및 소비자물가에 대비하여 농산물가격이 큰 폭으로 하락하여 농업의 교역조건이 빠르게 악화되었

그림 1-8 농가소득문제의 전개과정

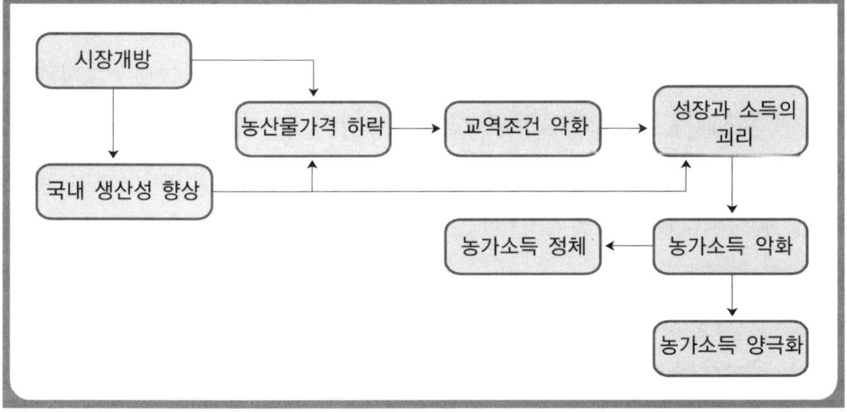

다. 그 결과 농업은 성장하는 가운데 실질농업소득은 감소하는 '성장과 소득'의 괴리가 점차 심화되었다.

농업소득이 급격히 악화됨에 따라 농업 외 소득의 증가에도 불구하고 실질농가소득이 정체되었다. 최상위 소득계층에서도 농업소득이 감소하였으나 하위 소득계층에서, 특히 농업소득 감소율(80.4%)이 최상위계층 감소율(20.4%)의 4배 가까이 되어 소득계층 사이의 소득격차가 확대되는 양극화 현상을 심화시켰다. 앞으로 연이은 FTA로 시장개방이 확대됨에 따라 이러한 전개구조는 지속될 수밖에 없을 것이다. 따라서 현 시점에서 가장 시급한 농정과제는 이러한 농가소득문제의 전개구조를 차단하는 것이다.

이 같은 전개구조를 바꾸기 위해서 현재 정부는 네덜란드와 뉴질랜드 농업을 모델로 한 농업개혁을 통해 경쟁력 있는 산업으로 발전한다는 비전을 설정하고 있다. 이를 위해 농업 외부의 물적·인적자본 유치, 대규모 영농유통회사 설립, 농업보조금 개혁, 농협중앙회 개혁, 농업의 수출산업화를 중요한 정책과제로 설정하고 있다. 그러면 이 같은 비전과 과제설정으로 당

면한 농가경제문제가 해결될 것인가?

농가경제문제의 전개구조를 차단하기 위한 정책방향은 농업과 정부의 역할에 대한 인식에 따라 달라질 것이다. 따라서 현 시점에서 농업정책의 방향을 결정하는 기본적 쟁점은, 첫째 우리나라에서 농업의 존재이유가 어디에 있는가? 둘째, 우리나라 농업의 모델은 무엇인가? 셋째, 우리나라 농업에서 정부의 역할은 무엇인가? 하는 것이다.

2. 농업문제의 쟁점

2.1. 우리나라 농업의 존재이유는 어디에 있는가?

농업은 이제 국내총생산의 3%도 안 되어 '시멘트 콘크리트' 산업보다 규모가 작은 산업이다. 설령 현재 2% 정도인 농업부문의 성장률을 무려 50%나 높여도 전체 경제성장률은 0.03% 포인트 증가하는데 그치므로 국민이 감동하기는커녕 알아차리지도 못할 것이다. 또한 농축산물 수출액은 총수출액의 0.7%에 불과하여 국제수지에 미치는 영향은 미미하기 이를 데 없고, 산업연관효과를 말하기도 하지만 다른 산업에 미치는 영향력은 '시멘트 콘크리트' 산업보다 훨씬 낮다.[4)]

한편, 식품은 우리의 건강을 결정하는 첫 번째 요소로서 다양하고 맛있고 안전하여야 하며, 그런 소비자의 요구가 수입농산물만으로는 충족될 수 없다. 또한 우리는 쾌적한 여가 · 휴양 거주의 공간을 원하며, 이런 요구를 도시공간이 모두 충족시킬 수 없다. 그러기에 농업과 농촌이 다른 산업 그

4) 이정환(2009).

리고 도시지역과 함께 균형을 이루어 존재하는 것이 국민의 선택범위를 넓히는 데 필수적이고, 선진국이 될수록 그 필요는 더 절실해진다.

더욱이 우리나라는 압축성장의 결과 아직도 170여만 명이 농업에 취업하고 있고, 그들 중 60%는 국민소득이 200달러도 안 되어 다른 아무런 취업기회가 없던 때에 농업에 투신하였고 지금도 다른 선택이 없는 사람들이므로, 이들이 농사일을 잃으면 사회보호 대상자가 단박에 몇 배로 늘어날 것이며, 그것은 국가적으로 불행한 일이 될 것이다.

요컨대, 농업의 존재이유는 경제성장률을 높이고 국제수지를 개선하는 데 있는 것이 아니라, 소비자와 도시민에게 식품과 공간에 대한 선택의 기회를 넓혀 삶의 질을 높여 주고, 다른 선택이 없는 농민들에게는 일할 기회를 제공하는 데 있다는 것이다. 물론 세계화의 물결 속에서 그것을 어떻게 효과적으로 달성할 것인가는 고민해야 하지만 농업개혁정책이 이 목표에서 벗어나면 안 된다.

2.2. 우리나라 농업의 모델은 무엇인가?

네덜란드에서는 17세기부터 신개척지인 해안 간척지를 기반으로 낙농업이 핵심 수출산업으로 발전하였고, 19세기부터는 양돈업과 화훼산업이 새로운 수출산업으로 성장하였다.[5] 반면 기초식량인 소맥 등은 대부분 수입에 의존하여 네덜란드 농업의 존재이유는 수출과 경제성장에 있었다.

뉴질랜드 역시 신개척지를 기반으로 발전한 축산업이 뉴질랜드 경제를 떠받치는 기간산업이자 핵심 수출산업이었고, 그 밖의 대부분 농산물은 수입에 의존하여, 뉴질랜드 농업의 존재이유 역시 수출과 경제성장에 있었

5) 이정환(1998), pp. 164-167.

다.[6] 1980년대 뉴질랜드의 농업개혁은 수출산업으로서 시장개방과 자유화를 통해 수출여건을 개선하려는 것이었으므로 우리나라 농업과는 입장이 정반대였다.

한국 농업은 수출대국 뉴질랜드보다 50%, 네덜란드보다 20%나 작은 농지에서 곡물은 4~8배, 채소류는 3~10배, 과일은 3~4배를 생산하고 있고, 육류도 뉴질랜드의 1.2배, 네덜란드의 70% 이상을 생산하며, ha당 생산액도 뉴질랜드의 4배이고 네덜란드보다 적지 않다.[7] 또한 우리나라는 농지면적은 작지만 기회비용이 거의 없는 농업노동력을 네덜란드의 8.6배, 뉴질랜드의 12배나 투입하여 전체 인구가 네덜란드의 3배, 뉴질랜드의 13배나 되지만 중요 농산물의 상당 부분을 자급할 수 있었다. 이렇게 집약적으로 농지를 이용하여 많은 농축산물을 생산한 결과 ha당 질소와 인산수지 초과량이 OECD 평균의 3~4배가 되고, 농약사용량은 14배, 에너지사용량은 37배나 된다.

농업이 더 성장하고 수출을 증대하려면 생산을 대폭 늘리거나 국제경쟁력이 없으면서 많은 농지를 차지하고 있는 쌀과 같은 농산물의 생산을 줄이고 수출농산물을 생산하는 상황까지를 염두에 두어야 한다. 하지만 우리나라 총수출액의 0.7%, 총농축산물 생산액의 1.6%밖에 안 되는 농축산식품 수출증대를 위해 이러한 선택을 하기는 어려울 것이며, 이미 지나치게 환경부하가 늘어난 상태이므로 성장과 수출보다 생산을 조정하고 집약도를 감소시키는 것이 더 시급하다.

요컨대, 우리나라 농업과 전혀 다른 역사적 배경과 여건에서 처음부터 수출산업으로 발전해 온 뉴질랜드와 네덜란드 농업의 존재이유는 우리나라 농업의 존재이유와 전혀 다르고, 따라서 우리나라 농업의 모델이 되기 어렵다고 할 수 있다.

6) 김한호 외(2009).
7) 이정환(2009).

2.3. 정부의 역할은 무엇인가?

많은 경우 새로운 정책방향 또는 수단을 도입하는 것을 농정개혁이라 부르고 있으나 농정개혁이란 농업에서 정부의 역할을 조정하는 것이다. 따라서 농정을 개혁하려면 이제까지 정부가 담당하여 온 역할 중 시장에 위임할 부분이 무엇이고, 지금까지 시장에 내맡겨져 왔던 것 중 어떤 역할을 정부가 새롭게 수행할 것인가를 명확히 해야 한다.

이제까지 농정은 농업생산과 유통의 주체, 방법 등을 스스로 설정하고 그렇게 되도록 스스로 이끌려는 설계주의적 패러다임을 벗어나지 못하여 왔고, 그것이 많은 역기능과 비효율을 초래하였다. 현재도 주업농 육성, 대규모 영농 유통회사 설립, 농산물 수출확대, 농기계은행 설립 등을 주요 정책과제로 설정하고 있으며, 그런 의미에서 과거의 농정 패러다임과 동일선상에 있다.

그러나 농업생산과 유통은 기본적으로 시장참여자의 영리적 판단과 경쟁에 의해 결정되어야 하며, 그렇게 되도록 정부의 역할을 개편하는 것이 농정개혁이라고 할 수 있다. 주로 농업에서의 정부역할은, 시장이 담당할 수 없는 과제와 시장이 원활히 작동할 수 있도록 기반을 조성하는 과제에 집중하여야 하며, 농가경제문제에 대한 정책도 이 패러다임에 충실해야 한다.

앞에서 제기한 농가경제문제의 전개구조를 차단하기 위해서는 교역조건의 악화를 저지하는 것이 가장 필요하고, 이를 위해서는 시장개방이 확대되는 상황에서 농축산물의 소비자 가치를 높일 수 있는 상품화가 제일 중요하다. 소비자 가치를 높이려면 품질향상 뿐만 아니라 철저한 품질관리로 소비자가 직면하는 선택의 위험을 제거하는 것이 중요하고, 이것은 전적으로 시장경쟁과 농가의 조직적 노력에 의해 달성될 수 있으며 협동조합의 역할이 필수적이다. 따라서 현 시점에서는 경쟁을 통해 농축산물의 소비자 가치가 제고되도록 협동조합제도를 개혁하는 것이 중요한 정부의 역할이 될 수밖에 없다.

한편, 이러한 농가와 조합의 노력이 실현되기 위해서는 농가경제를 옥죄고 있는 부채문제가 해결되고, 필요한 자금을 조달할 수 있는 효과적인 금융제도가 있어야 한다. 지금처럼 최상층 농가에서도 잉여가 급격히 감소하여 투자 여력이 쇠퇴하고 있는 상황에서는 필요한 자금을 자체 자금으로 조달한다는 것은 매우 어렵다. 따라서 금융제도를 개혁하여 농업경영체가 필요한 자금을 원활히 조달할 수 있는 여건을 조성하는 것도 중요한 정부의 역할이 된다.

또한 시장개방 확대로 교역조건이 불확실하게 변화되는 상황에서 시장을 통해서만 교역조건 악화를 차단하기는 어려우므로 정부의 보전역할이 매우 중요하다. 따라서 정부가 소득보전제도를 중심으로 하는 위험관리체계를 확립하여야 하며, 그런 의미에서 소득보전직불제도를 확충하는 것이 현 시점에서 또 하나의 중요한 정부역할이 된다. 요컨대, ① 농촌지역의 물질균형과 경관관리, ② 농식품의 안전성 관리라는 기본적 농정과제 이외에, ③ 시장에서 형성된 가격위험과 불확실성에 대응한 소득보전직불제도 확충, ④ 소비자 가치 창출을 위한 협동조합제도 개혁, ⑤ 농업경영체의 자발적 투자여건 조성을 위한 농업금융제도 개혁 및 부채대책 추진 등이 현 시점에서 가장 시급한 농정과제가 될 것이다.

3. 농가경제문제에 대응한 농정의 쟁점과 대안

3.1. 소득보전직접지불제도의 확충[8)]

많은 사람들이 소득보전제도가 농가의 저소득문제를 보완하기 위한 복지정책으로 이해하고 있어 형평성 차원에서 보전의 타당성에 대하여 논란이 발생하고 지급규모를 엄격히 제한하여야 한다고 생각한다.

그러나 현재 한국 농업을 위협하는 가장 중요한 요소는 FTA 등으로 농가가 극도의 불안감에 빠져 있다는 것이다. 한 · 미 FTA로 한국 농업이 붕괴될 것이란 분석과 주장이 적지 않고, 정부에서는 그 영향이 그렇게 크지 않을 것이라고 하지만, 그 예측에 오차와 오류가 있을 가능성이 얼마든지 있으므로 이해당사자인 농가는 미래에 대한 불안감에 빠지지 않을 수 없다. 이처럼 농가가 미래에 대해 불안감에 빠지게 되면 '2001년 쇠고기 파동'과 '2005년 쌀파동'과 같이 손실을 최소화하기 위한 농가들의 과민반응이 나타나 농업이 내부적으로 스스로 붕괴될 수 있다.

2001년 쇠고기 수입자유화를 앞두고 미래에 대한 불안감으로 1990년대 후반 암소까지 도축하여 자유화 이전에 소가격이 폭락하고 사육기반이 반 이하로 줄어들었으나, 자유화 이후에는 도리어 소가격이 폭등하였다.[9)] 2005년 쌀파동의 경우에는 2005년 수입쌀 시판을 앞두고 농가는 불안감에 빠져 수확기에 출하를 서두르고, 유통업자는 매입을 기피하여 쌀가격이 지역에 따라 20%나 하락한 후 다음 해 단경기에 급등하였다.[10)]

8) 이정환(2007).
9) 서진교 · 이정환(2007).
10) 이정환(2006).

또한 미래에 대한 불확실성이 높으면 신규 투자와 규모확대가 실현되기 어려워 경쟁력 향상이 이루어지기 어렵다. 신규 투자와 규모확대는 기본적으로 미래의 채산성에 대한 기대가 있어야 하나 앞으로 가격이 얼마나 하락할지 전혀 예측할 수 없는 상황에서 신규 투자를 결정할 사람은 많지 않다. 요컨대, 소득보전제도는 저소득농가에 대한 복지정책이 아니라 급격한 시장개방 여건 아래에서 그 충격을 흡수하고 농가의 불안감을 제거하여 투자와 경영을 안정시키는 농업정책으로 이해해야 한다.

한편, 일부 전문가와 정책담당자들은 소득보전제도가 생산조절과 구조조정을 저해하고 있다고 생각하고 있는데 그 이유로는, 첫째 소득보전제도가 가격하락효과를 상쇄하여 생산조절 기능이 왜곡된다고 생각하기 때문이다. 그러나 소득보전이 "생산과 연계되지 않는 방식"으로 지급되면 생산왜곡이 가격정책에 비해 미미한 것으로 평가되고 있다.[11] 소득보전제도를 오랫동안 시행하여 온 미국과 유럽에서도 최대 쟁점은 생산왜곡문제였고, 이러한 역기능을 최소화하기 위해 소득보전제도가 "생산과 연계되지 않은(decoupled) 방식"[12]으로 진화하면서 현재 선진국 농정의 핵심 부분이 되고 있다. 따라서 소득보전직불제도는 생산과 연계되지 않는 방식으로 지급하는 것이 매우 중요하며, 그런 의미에서 현재의 쌀변동직불제는 문제가 있다.

둘째, 소득보전이 이루어지면 영세 · 고령농가의 이탈농을 억제하여 구조조정에 역기능을 나타낼 것을 우려하고 있다. 그러나 가령 쌀가격이 20% 하락하는 경우 소득보전이 없더라도 10a당 소득은 거의 대부분 20만 원 이

11) 이정환 외(2007), pp. 48~51.

12) 생산과 연계되지 않는(decoupled) 방식이란 당년의 생산규모나 생산품목에 관계 없이 기준연도의 생산면적/두수 및 품목에 따라 소득보전금을 지급함으로써 생산유인이 되지 않도록 하는 방식이다. 미국은 1985년 이후 부족분지불(deficiency payment)제도를 이러한 방식으로 설계하여 시행하여 왔고, 현재의 소득보전제도(CCP)도 마찬가지이다(임송수, 2006). EU도 1992년부터 보상직불(compensatory payment)에 이러한 방식을 적용하였고, 2004년 이후의 단일직불(single payment)에서 더 강화되었다(이명헌, 2006).

그림 1-9 쌀가격 20% 하락시의 쌀소득분포 변화

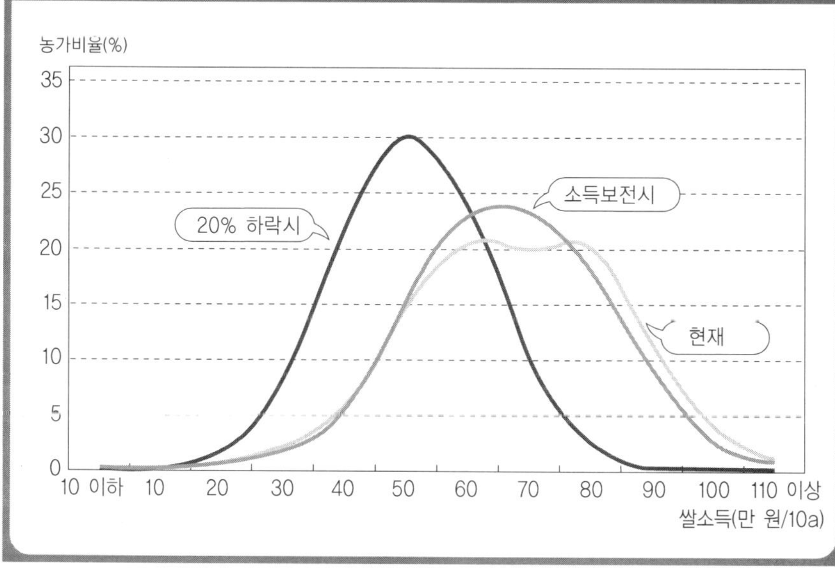

주: 가격하락분의 85%를 보전하는 경우임.
자료: 쌀생산비 조사, 2005년의 원자료를 이용하여 작성함.

상이 되므로 전직 가능성이 거의 없는 중고령 농민이 가격하락을 이유로 이탈농하기는 쉽지 않으며(〈그림 1-9〉 참조), 대농의 경우에도 10a당 소득이 낮고(〈그림 1-10〉 참조) 부채의존도가 높으므로 소득보전제도가 없다면 신규 투자를 필요로 하는 규모확대를 기피하게 되어 구조조정이 도리어 위축될 가능성도 있다.[13)][14)]

마지막으로 소득보전직불금이 지주에게 귀속되어 경작자의 경영을 안정시키려는 본래의 목적에 어긋나는 부분이 있음을 지적하기도 한다. 소득

13) 이정환(2006).
14) 미국에서도 연구자들 사이에 소득보전제도가 규모화에 미치는 영향에 대해서는 의견이 엇갈리고 있다(이정환 외, 2007, p. 46).

그림 1-10 소농과 대농의 10a당 소득분포 비교

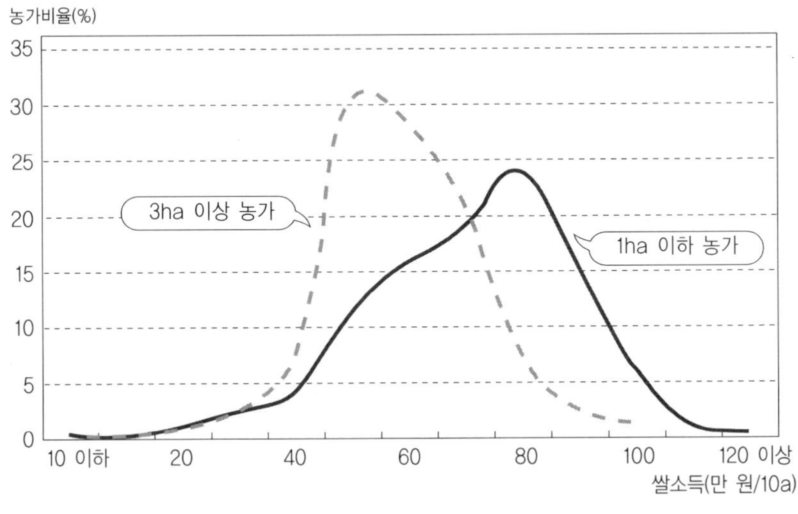

자료: 쌀생산비 조사, 2005년의 원자료를 이용하여 작성함.

보전직불금이 지주에게 귀속되는 경로는, ① 임차료가 상승하여 지주에게 귀속되는 것과, ② 지주가 경작자를 가장하여 수령하는 경우가 있을 수 있다. 먼저 쌀가격이 10% 상승하면 임차료가 5% 정도 상승하는데 비해, 직불금이 10% 증가하면 임차료가 1% 정도만 상승하는 것으로 나타나 직불금이 임차료를 상승시키는 효과는 가격정책에 비해 매우 낮은 것으로 추정되었다.[15] 또한 지주가 경작자를 가장하여 수령하는 문제의 경우에는 관리방법의 개선으로 해결할 수 있을 것이며, 임대차시장이 임차인 주도로 형성되는 상황에서 지주가 이와 같은 초과이득을 계속 취득하기는 어려울 것이다.

15) 채광석(2007), pp. 630~649.

또 다른 쟁점으로는 DDA, FTA 등으로 소득보전 예산소요가 급증할 것이고, 그렇게 되면 WTO의 보조금제한 규모(AMS)를 초과할 수도 있다는 문제가 제기되고 있다. 그러나 한 · 미 FTA에 의한 생산감소액이 이행 10년차인 2020년경에 8,958억 원 정도인 것으로 추정되고 있으므로[16] 전 품목에 대해 가격하락분의 그 85%를 보전하더라도 피해보전 소요액은 2020년경까지 연간 6,000~7,000억 원 수준으로 증가하는 데 머물게 될 것이다.[17] 또한 현재 WTO 규정상 각 품목별로 생산액의 10%까지는 보조금이 허용되므로(이른바 최소허용보조, deminimis) 가격하락폭이 10% 이하인 품목에 이 규정을 적용하면, 한 · 미 FTA 이행 초기인 2010년대 초까지 피해보전직불금이 감축대상 보조금(AMS)에 포함되는 경우는 미미한 수순에 지나지 않을 가능성이 크다. 왜냐하면, 2010년대 초에 한 · 미 FTA로 가격하락폭이 10%를 넘는 품목은 거의 없을 것으로 추정되고 있기 때문이다.[18]

한편, 쌀소득 보전기준을 현재 수준으로 유지하고 쌀값이 2015년에 13만 원/80kg으로 하락하는 경우, 2015년 직불금 소요액이 1조 1,000억 원~1조 2,000억 원까지 증가할 가능성이 있으나, 양곡수매제도를 시행하던 2004년의 감축대상 보조금 규모인 1조 3,708억 원에는 미치지 못하는 수준이다. 물론 DDA 결과에 따라 AMS 규모가 더욱 축소되고 최소허용보조도 축소될 것이나, DDA 및 한 · 미 FTA의 이행이 2010년대 초반에나 가능할 것으로 보이고, DDA에서 새로운 허용보조(New Blue Box)가 신설될 것이 확실시되어 쌀소득보전직불제도가 생산과 연계되지 않도록 수정된다면, AMS에 포함되지 않기 때문에 쌀과 중요 품목에 대해 가격하락분의 85%를 보전하더라도 AMS 한도를 초과할 가능성은 매우 낮을 것이다.[19]

16) KREI(2007).
17) 생산감소액은 가격하락분 이외에 생산량감소분까지 포함되므로 보전소요액은 생산액 감소의 85%보다 적어진다.
18) 「한미 FTA를 해부한다」, 『시선집중』 제35~42호, GS&J, 2007.

3.2. 협동조합 개혁[20)]

많은 사람들이 농협개혁의 핵심은 중앙회의 신경분리와 경제사업 활성화라고 생각하고 이 문제에 논의가 집중되고 있다. 그러나 중앙회의 문제는 중앙회의 금융사업은 물론 경제사업이 회원조합의 이익과 무관하거나 도리어 회원조합의 이익과 충돌하는 경우도 적지 않다는 데 있다. 현재 중앙회의 금융사업은 회원조합과 직접 관계가 없고 지역에 따라서는 회원조합의 신용사업과 충돌하고 있으며, 중앙회의 경제사업도 신용사업과 마찬가지로 회원조합과 직접적 관계가 없거나 경우에 따라서는 회원조합의 동종사업과 충돌하고 있다. 결국 회원조합의 이익과 직접 관계가 없거나 이와 충돌하는 사업을 하는 중앙회는 '무엇을 위해 존재하는가?' 하는 정체성 문제에 봉착하게 되었다.

이러한 농협중앙회의 정체성 문제는 중앙회가 스스로를 독자사업을 하는 경영체로 인식하여 때로는 수익을 위하여, 때로는 농업인을 위한다는 명분으로 자체사업을 확장하여 왔기 때문에 발생하게 되었다. 과거에는 영세한 지역조합이 사업능력을 갖지 못하였으므로 중앙회가 스스로 농가를 위하여 구매 또는 유통사업을 개척할 수밖에 없었으며, 그러한 활동이 직 · 간접적으로 농가에게 이득이 되었고, 여기에 중앙회 사업의 정당성이 있었다. 그러나 현재에는 조합이 독자적 유통 · 자재사업을 전개하게 됨에 따라 상호 충돌할 수밖에 없게 되었음에도 불구하고, 중앙회는 조합원과 직접 관계가 없는 은행업을 지속적으로 확장하여 수익을 증대하면서, 그 수익금을 이용하여 중앙회 경제사업과 회원조합을 지원한다는 데서 그 정당성을 찾았었다. 그 결과 부실 회원조합이 이 지원금에 의존하여 경영적자에도 불구하

19) 새로운 허용보조와 쌀에 대한 직불금에 대해서는 이정환 외(2009) 참조.
20) 이정환 · 박영범 · 박진도 · 이헌목 등(2009).

고 온존하면서 조합의 통합은 물론 조합 간 협력을 통한 판매사업의 규모화와 효율화에 저항하였다. 따라서 농협중앙회 개혁목표는 중앙회의 경제사업 활성화가 아니라 지역조합의 개혁을 촉진하고, 지역조합의 활동과 사업을 효율적으로 지원하기 위한 수단이 되어야 한다.

이처럼 농업인의 농협에 대한 불만과 개혁의 필요성은 조합에서 비롯되며, 그런 의미에서 농협개혁 논의는 조합문제에서 출발하여야 한다. 즉, 중앙회 개혁은 조합의 개혁을 촉진하고 개혁된 조합이 주어진 역할을 제대로 수행할 수 있도록 하기 위한 수단으로 인식되어야 한다는 것이다.

많은 사람들이 조합의 상품화 능력이 향상되기 위해서는 조합을 통합하여 규모화 하는 것이 가장 중요하다고 생각하고 여기에 논의가 집중되고 있다. 그러나 현재 조합문제의 본질은 조합원의 이질성과 상품의 다양성으로 조합원의 이해가 서로 상충되고 요구사항도 복잡하다는 데 있다. 현재 거의 모든 조합의 조합원은 상품화량이 많지 않은 영세소농이 대부분이고, 또한 겸업농가, 고령농가, 전업농가 등 관심과 추구하는 목표가 서로 다른 이질적 조합원이 뒤섞여 있다. 그리고 상품화와 마케팅이 지역농협문제의 핵심이라고는 하지만, 이 문제에 관심을 갖는 조합원은 소수인 경우가 많아서 조합의 경영방향을 상품화에 두고 최선의 상품화 수단을 선택한 후 이를 효율적으로 추진하기가 쉽지 않다.

이러한 상황에서 조합의 획일적 통합 추진은 이질성과 다양성만을 확대하고 여러 가지 역기능을 나타낼 우려가 있다. 더욱이 조합원의 규모나 경영실적에 기초하여 통합을 추진하면, 비록 규모는 작지만 상품화에 성공한 조합은 도태되고 신용사업 실적이 좋은 조합이나 농가수가 많은 지역조합 중심으로 통합이 이루어질 가능성이 있다.[21] 그러면 조합개혁의 중심을

21) 상주 외서농협이나 나주 세지농협 등은 영세하지만 뛰어난 상품화 실적을 나타낸 것으로 유명하다.

어디에 두어야 하는가?

조합의 개혁은 일률적 통합보다 조합 간에 사업교환이 이루어지고 다양한 판매사업조직이 발전할 수 있도록 하는 데 중점을 두어야 한다. 동일 지역 내의 두 개 조합이 여건과 능력에 따라 가령, 한 조합은 쌀판매사업을 전담하고 다른 조합은 사과판매사업을 전담하는 등의 사업교환을 통해 분업체제를 갖출 수 있도록 제도를 정비하고, 조합 사이의 '연합사업', 공동출자에 의한 '조합공동사업법인' 등 공동판매조직의 발전을 저해하는 요인을 철저히 제거하여, 다양한 사업조직이 발전할 수 있도록 한다. 예를 들면, 출자액에 비례한 의결권 부여, 연합사업단의 자율권을 최대한 신장시킬 수 있는 제도 정비, 공동사업법인이 독립법인으로서 독립적인 경영을 할 수 있고 중앙조직에 회원이나 출자자로 참여할 수 있는 권리를 보장하는 제도정비 등이 추진되어야 한다는 것이다. 또한 조합 간 사업뿐만 아니라 우수한 판매사업 실적을 올린 지역농협은 해당 사업부문을 자회사로 독립시켜 발전할 수 있도록 제도를 정비한다.

이상과 같은 사업조직에는 일정한 조건을 갖춘 조합원만이 특약에 의해 참여하고, 출자(회비)규모와 출하실적에 비례하여 의결권을 갖도록 하여, 동질성이 높은 조합원에 의해 순전히 사업중심으로 운영될 수 있도록 해야 한다. 또한 동시에 일정한 자격을 갖춘 모든 지역의 조합원이 출자금(회비)을 부담하고 참여할 수 있도록 하여 상품화 서비스가 우수한 사업조직이 지역한계를 넘어 지속적으로 회원을 늘려 상품화 규모를 확대할 수 있도록 하고, 출자금(회비)을 부담한 타 조합 조합원도 사업이용은 물론 출자금과 이용량에 비례하는 이익배당과 의결권을 갖도록 해야 한다. 이렇게 한다고 해도 출자조합은 대주주로서 지배권을 유지할 수 있을 뿐만 아니라 외지 조합원의 참여로 상품화 규모가 확대되어 경쟁력이 높아진다면, 기존 조합원에게도 이득이 될 것이므로 해당 조합이 반대할 이유가 없을 것이다. 이러한 지역별 사업조직이 필요에 따라 통합하여 광역조직화되고, 연합하여 전국적 조직으로 발전할 수 있을 것이다.

한편, 농협중앙회의 개혁방향은 어디에 두어야 하는가? 라는 문제도 있다. 중앙회든 연합회든 중앙조직이 독자적 경제사업을 하는 경영체가 되면 경영체 논리에 따라 자체 이익과 성장을 추구하게 된다. 하지만 중앙회는 원칙적으로는 독자적 사업을 하지 않고, 회원조합에 대한 지원과 회원조합의 의뢰와 위탁에 의한 조합 간 사업 조정, 또는 대행업무만을 하여야 한다. 따라서 자회사를 포함한 중앙회의 모든 경제사업체는 회원조합 또는 회원조합의 유통조직(연합사업체, 공동사업법인, 조합 자회사 등)이 각각의 능력에 따라 출자하여 공동으로 인수하도록 하며, 이때 인수가격은 평가가격보다 낮게 하여 인수조합과 유통조직에 충분한 인센티브가 돌아가게 하되, 매각이 용이한 것부터 연차적으로 매각하도록 한다. 가령 농협사료는 축협조합이 공동으로 인수하는 것으로 하되 필요한 경우 지역조합이 참여할 수 있도록 하고, 농협유통의 경우에는 자금력이 풍부하고 수익금이 많은 도시조합이 주도적으로 인수하도록 하여 산지조합의 상품을 판매하는 역할을 분담하도록 한다.[22] 그리고 회원조합의 사업과 관계가 없는 자회사는 평가가격을 기준으로 공개 매각하도록 한다.

중앙회는 은행, 증권, 보험 등의 금융사업을 통합할 금융지주회사 성격의 특수법인을 설립한 후, 회원조합이 희망에 따라 공동으로 인수하도록 하되, 중앙회는 설립자본금에 대한 배당권한을 갖는다. 이때 회원조합은 신용사업연합회를 결성한 후, 이를 통해 BIS기준 충족에 필요한 만큼 추가 투자를 하여 금융지주회사를 인수하되 부족분은 은행지본확충펀드 등 외부 사

22) 일부 도시조합이 농협 간판으로 신용사업을 확장하여 획득한 수익금을 선심성 선물과 행사에 낭비하고 있는 것은 부당행위라 할 수 있으며, 당연히 농협 전체의 발전을 위해 책임을 분담해야 한다.

금을 활용한다. 한편, 회원조합의 상호금융에 대한 중앙은행 기능은 신용사업연합회가 담당하되, 금융지주회사와 업무제휴를 체결하여 전산 및 결제 기능이 원활히 이루어지도록 하고, 지역별로 지역농협과 농협은행 간의 업무구역을 분할한다. 요컨대, 궁극적으로는 지역조합의 신용사업과 금융지주회사가 프랑스의 크레디트 아그리꼴[23]과 같은 형태로 농업 · 농촌에 기초하는 전문금융기관으로 발전하는 것을 목표로 한다.

3.3. 부채대책과 금융제도 개혁[24]

현재의 농가부채대책은 반복의 함정에 빠져 있다. 지금까지의 부채대책은 농산물 시장개방, 수급 불균형, 외환위기 등으로 파생된 농가경제의 어려움을 완화시켜야 한다는 요청에 따라 입안되었다. 따라서 부채대책은 농가부담을 경감시키는 것을 목적으로 하게 되고, 그 결과 상환연기, 이자율 인하, 저리자금 대체지원을 통해 이자부담을 경감시키고 당장의 상환부담에서 벗어나게 하는 것을 골자로 하였다. 그러나 상환기한을 연장하거나 이자율을 인하하여 이자부담액을 감소시켜 주는 것이 수지악화로 어려움을 겪고 있는 농가의 경제상황을 호전시키는 데 실질적인 효과를 나타내기 어렵고, 결국 농가는 또 다시 부채대책을 요구하게 된다.[25]

그러면 농가부채대책의 기본 방향을 어떻게 설정해야 하는가?

그것은 부채대책이 시장개방 등에서 비롯된 농가경제의 어려움을 완화시키려는 의도와 목적을 가져서는 안 되며, 전반적 경영여건의 악화에서 비

23) 프랑스의 크레디트 아그리꼴은 지역농업협동조합의 금융사업이 연합하여 세계적 금융회사로 발전하면서 농업금융기관으로서 역할을 충실히 수행하고 있다.

24) 김두년 외(2008).

25) 1,000만 원 부채에 대해 이자율을 1% 포인트 인하하면 연간 10만 원의 가처분소득 증가효과를 나타내는데 그친다.

롯되는 농가경제문제는 소득보전직불제와 같은 소득안정대책으로 대응하여야 한다. 그런 대책이 전제되지 아니한 부채대책은 반복의 함정과 도덕적 해이의 함정에 빠지게 되므로 앞으로 부채대책은, '정상적으로 부채를 상환할 수 없는 농가(전체 부채농가의 10% 정도인 것으로 추정됨)'의 채무를 조정하여 회생시키거나 파산시키는 프로그램을 적용함으로써 해당 농가의 근본적인 부채문제를 해결해야 한다는 것이다.

한편, 농업금융은 왜 개혁되어야 하고 어떠한 방향으로 나가야 하는가?[26]

현재 농업정책금융은 복잡한 절차, 사업의 세분화, 역금리, 시중은행의 참여기피, 비경쟁적 이차보전과 대출, 수동적 신용보증, 대출건수의 팽창과 수요자의 불만 등 많은 문제가 있으나 이런 문제들은 상호 연관되어 있다. 무엇보다 먼저 농업정책금융이 금융의 논리보다 정책사업 추진수단이자 농가경제 보조수단으로 이용됨에 따라 많은 부작용을 파생시켰다. 역금리현상이 나타날 정도로 이자율은 낮아지고, 정책금융사업이 세분화되고 복잡화되어 대출업무량은 폭주하고 대출소요기간이 1년 이상으로 길어져 자금의 적기공급이 어렵게 되었다. 또한 정책금융의 세분화와 복잡성, 이차보전 수준문제 등으로 일반시중은행이 진입을 기피하여 정책금융의 재정자금 의존도가 아직도 높고 비경쟁적 대출로 농가의 만족도가 떨어졌다. 한편, 폭주하는 보증업무를 소화하기 위해 대출기관인 농협중앙회와 조합이 보증업무를 담당하는 구조가 된 결과, 부실보증이란 비판과 보증회피라는 비난을 동시에 받게 되어 보증업무의 발전을 어렵게 하고 있다.

게다가 지금까지 필요에 따라 농업정책금융을 관리하는 관련조직과 기구가 늘어나, 정부가 정책금융을 일관성 있게 운용하기 어려울 뿐만 아니라 현황을 정확히 파악하고 전체를 효율적으로 통제하고 관리하는 것이 매우

26) 이정환(2010a).

그림 1-11 농업정책금융문제의 연관구조

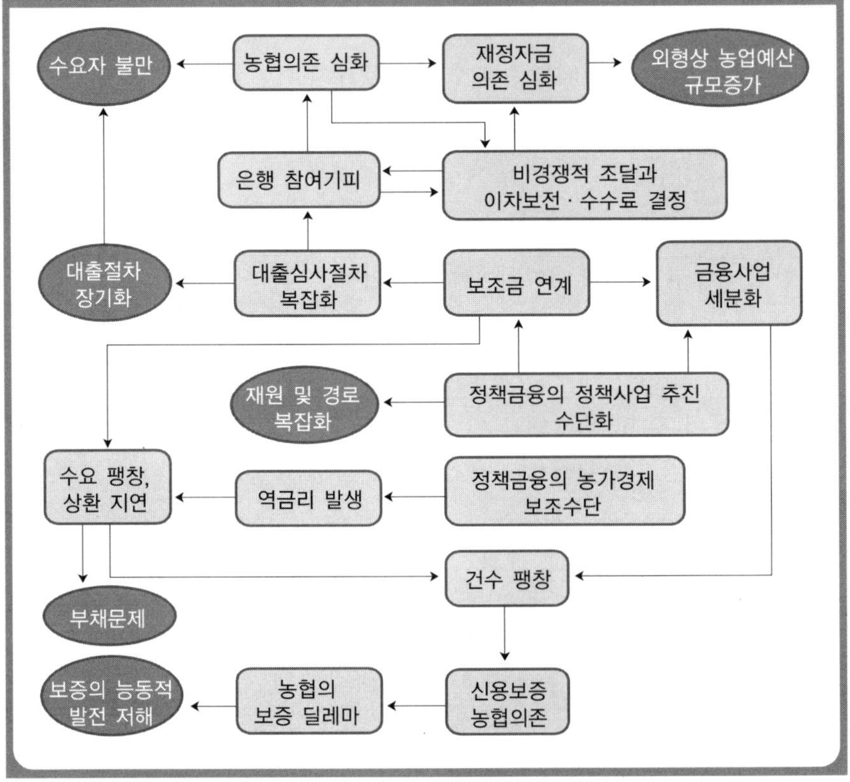

어렵게 되었다. 더욱이 농협과 지자체의 독립성과 자치성이 높아짐에 따라 정부의 목적과 의도에 맞게 농업정책금융을 관리 · 운용하기가 점점 어려워지고 있고, 농협중앙회의 신경분리 등으로 현재의 농협의존적 정책금융운용체계가 그대로 유지되기 어려울 것으로 예상된다. 따라서 농업정책금융체계를 전반적으로 검토하여 획기적인 개혁을 추진할 필요가 있다.

그러면 농업금융개혁의 핵심 요체는 무엇인가?[27] 농업정책금융사업의

27) 이정환(2010b).

세분화와 복잡한 절차 등의 농업정책금융문제는 농업정책추진체계 전반과 불가분의 관계에 있으므로 이러한 문제를 해결하기 위해서는 농업정책추진체계를 개편하는 것에서 출발하지 않으면 안 된다. 따라서 무엇보다 먼저 농업정책금융이 정책사업의 추진수단, 농가경제 보조수단으로 활용하는 것을 배제하고 금융의 논리에 따라 운용되어야 하며, 이렇게 하기 위해서는 농업정책금융사업을 농업정책보조금사업에서 분리하여야 한다. 그리고 앞으로 정책금융자금을 공급하는 목적은 상업금융에만 의존할 경우 발생하는 농업부문의 외적 자본제한[28]을 완화하는 데 두어야 한다. 외적 자본제한을 완화하기 위해서는 정부가 적극적인 신용보증 기능을 담당하여 금융기관의 대출리스크를 완화함으로써 금융자금에 대한 농가의 접근성을 높여 주어야 하며, 특히 신용보증을 통해 신용정보가 부족한 새로운 경영주체와 신규 사업에 대한 자금공급이 원활히 될 수 있어야 한다.

또한 세분된 정책금융사업을 재원별로 통합하여 단순화하고, 각각 지원 용도와 대상을 포괄적으로 규정하되 서로 중복되지 않도록 한다. 재원별로 통합된 모든 정책금융자금은 농협, 시중은행, 저축은행 등 금융기관이 경쟁적으로 상품을 개발하고, 대출서비스를 제공하여 자금수요자 중심의 대출이 이루어지도록 하며, 수수료와 이자보전 수준도 시장에서 경쟁적으로 결정되도록 하여, 정책금융 재원이 민간금융자금 중심으로 조달되도록 한다. 그리고 대출금리가 예수금리보다 낮거나 실질금리가 마이너스가 되어 대출자체가 소득기회가 되지 않도록 하여 금리차를 목적으로 한 대출수요 또는 상환지연이 발생하지 않도록 한다.

한편, 효과적인 농업정책금융 관리체계를 검토할 필요가 있다. 현재 재원별로 관리 및 금융사업 업무가 분산되어 전체적인 농업정책금융 상황을

28) 대출금 회수와 관련된 불확실성과 위험부담, 그리고 영세분산적인 금융수요로 인한 관리비용 과다로 농업자금 공급을 회피하고 금리가 고율화되는 현상을 의미함.

신속 · 정확하게 확인하고 관리하기가 쉽지 않고, 정책금융 개편을 일관성 있게 추진하는 데도 한계가 있을 것으로 생각된다. 또한 농협중앙회의 사업구조 개편이 예상되는 상황에서 농업정책금융의 재원조달과 대출을 현재와 같이 농협중앙회에 의존하기는 어려울 것이며, 사업성이 있는 경영체에게 적극적으로 신용보증을 제공하려면 정부 스스로의 책임 아래 보증을 하고 대위변제의 위험을 담당할 필요가 있다.

이상과 같은 이유로 농업정책금융을 전담할 기구를 신설할 필요성은 있으나 새로운 기구의 효율성과 효과에 대한 비판적 의견도 적지 않을 것으로 예상되므로, 미국의 농가지원국(FSA)과 같이 직불제도 등 농정업무를 담당하면서 정책금융업무를 수행하는 방안을 검토할 수 있을 것이다.

참고문헌

김두년 외, 「함정에 빠진 농가부채대책, 대안은 무엇인가?」, 『시선집중』 제57호, GS&J, 2008.

김한호 외, 「뉴질랜드 농업개혁, 우리의 모델이 될 수 있을까?」, 『시선집중』 제77호, GS&J, 2009.

서진교 · 이정환, 「한미 FTA를 해부한다: 쇠고기와 감귤」, 『시선집중』 제35호, GS&J, 2007.

이명헌, 「농가단위 직접지불제도: EU의 단일직접지불제」, 『시선집중』 제10호, GS&J, 2006.

이정환, 농업의 구조전환 그 시작과 끝, KREI, 1998, pp. 164~167.

______, 「'05 쌀값대란 해부」, 『시선집중』 제8호, GS&J, 2006.

______, 「농정현안의 쟁점과 대안 (1): 소득보전제도」, 『시선집중』 제47호, GS&J, 2007.

______, 「식량자급론과 수출농업론의 꿈과 현실」, 『시선집중』 제80호, GS&J, 2009.

______, 「농업정책금융체계, 이대로 좋은가?」, 『시선집중』 제93호, GS&J, 2010a.

______, 「농업정책금융체계, 어떻게 바꿀 것인가?」, 『시선집중』 제97호, GS&J, 2010b.

이정환 외, 「한미 FTA 대응 미국농업예산 및 농업법 연구와 시사점 도출」, GS&J 리포트, 2007, pp. 48~51.

______, 「WTO/DDA 농업협상 국내보조 주요 내용 및 양허방향 검토」, 농림수산식품부, 2009.

이정환 · 박영범 · 박진도 · 이헌목 등, 「농업개혁연구시리즈」, 『시선집중』 제75호, GS&J, 2009.

임송수, 「미국의 농가소득안정제도: 발전경과와 실태」, 『시선집중』 제11호, GS&J, 2006.

전장수, 「농가소득불평등과 양극화분석」, 고려대학교 박사논문, 2008, p. 95.

채광석, 「정부 직접지불금의 농지 임차료 귀속에 관한 연구」, 『농업경영 · 정책연구』 34-3, 2007, pp. 630~649.

KREI, 「한미 FTA 협상 결과에 따른 농업부분 파급영향」, 2007.

Chapter 2

농가소득보전직불제도의 현실과 발전방안

1. 한국의 현황
2. 외국의 직불제
3. 결론

이태호

서울대학교 교수

e-mail: aglee@snu.ac.kr

1. 한국의 현황

1990년대 이후 농산물 시장개방이 급속히 이루어지고 농업의 다원적 기능에 대한 이해가 높아짐에 따라 정부의 농업보조가 크게 활성화되었다. 정부의 농업보조는 '농업보조는 분리적(decoupled) · 조준적(targeted)으로 하여 시장왜곡을 최소화하도록 하여야 한다'는 WTO의 농업보조원칙에 부응하기 위하여 점차 농가소득보전직불제도의 방향으로 나아가게 되었다.

현재 한국 농가가 수령하는 여러 가지 정부보조금은 〈표 2-1〉과 같이 농가소득의 공적보조금 항목에 반영되고 있다. 〈그림 2-1〉은 연령, 면적, 작목, 지역별 농가당 정부보조금 수취액을 나타내는 것이다. 〈그림 2-1〉에 의하면 면적이 넓을수록 보조금 수취액은 크다. 농식품부의 다양한 직접지불제에

표 2-1 현행 농가소득 보조

공적보조금 항목		내용 예시
농업투자보조금		농업정책자금 보조 등
기타 농업보조금		농약, 비료 등의 보조, 쌀직불제 등
기타 공적보조금	연금 (매월 수령)	공무원, 사학, 국민, 농어민연금 등 각종 연금법에 의해 지급받는 일체의 연금 * 보험회사 등의 개인연금 수령은 보험수입
	기디 사회 보장 수혜	- 실업수당 - 산업재해보험금여(요양급여, 휴업급여, 장해급여, 간병급여, 유족급여, 상병보상연금 등) - 영세민생활보조금, 노인교통수단, 장애인보조금 등 정부 및 공공단체로부터 받는 경상적 또는 일정 기간 동안 받는 일체의 공적보조금

자료: 농가경제조사, 통계청, 각 연도.

그림 2-1 농가당 평균보조금 수취액 (2003~2006년 평균)

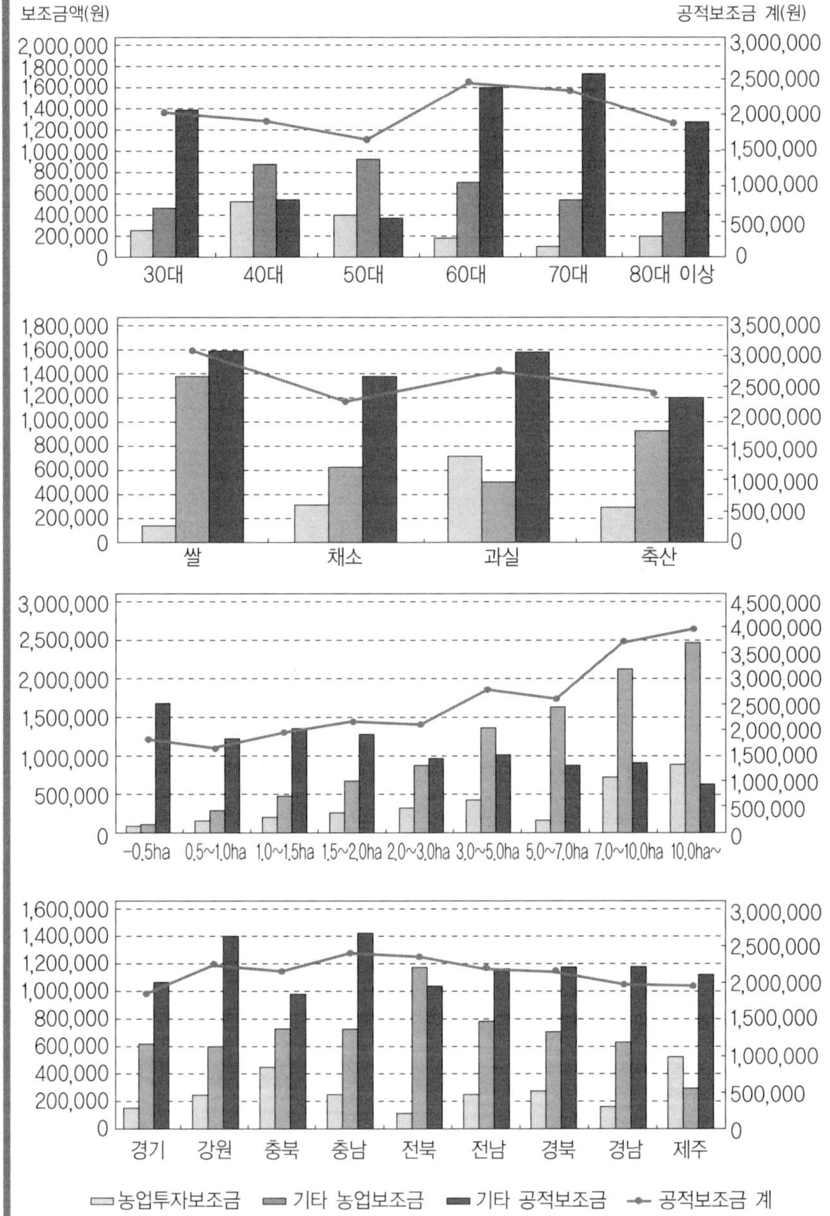

자료: 농가경제조사, 통계청, 2003~2006.

표 2-2 현행 직접지불제

유형		연도	유형	대상농지 및 대상자	지원단가
쌀소득 보전	고정	2005	공익	1998~2000년간 논농업에 이용된 농지의 경작자	70만 원/ha
	변동	2005	소득 안정	벼재배 농가	목표가격과 수확기 쌀값의 85% 보전
친환경농업		1999	공익	친환경인증 농가	밭: 유기전환 794천 원/ha, 무농약 674, 저농약 524 논: 유기전환 392천 원/ha, 무농약 307, 저농약 217
경관보전		2005	공익	협약에 따라 경관작물을 재배하는 농가	동계작물 100만 원/ha 하계작물 170만 원/ha
조건불리		2004	공익	조건불리지역 밭, 과수원, 초시	밭: 40만 원/ha 초지: 20만 원/ha
FTA 피해보전		2004	소득 안정	지원대상 품목을 생산하는 농업인	(기준 조수입-당해연도 평균 조수입)×보전비율(85%)
경영이양		1997	구조 조정	65~74세(벼농사 영농경력 10년 이상) 3년 이상 소유하고 있는 논, 밭, 과수원	250천 원/ha/월

자료: 김태곤(2009).

의한 직불금은 〈표 2-1〉의 기타 농업보조금 항목에 포함된다. 현재 농식품부가 시행하고 있는 직접지불제의 종류는 〈표 2-2〉와 같다. 각 직접지불제로 지출된 예산의 추이는 〈표 2-3〉과 같다. 〈표 2-3〉은 2006년과 2007년의 경우 '쌀소득 등의 보전을 위한 직접지불제(이하 쌀직불제)' 예산비중이 전체 직불제 예산의 약 80%가 된다는 것을 보여 주고 있다.

농가소득보전직불제의 주요 목적은 농가소득수준의 향상과 농가소득의 안정이다. 〈표 2-4〉는 농가소득과 농식품부가 지불하는 기타 농업보조금을 보여 주고 있는데, 이것은 소득보전직불제가 농가소득수준 향상에 기여

표 2-3 직불금 예산 추이 (단위: 억 원)

연도	총계	쌀소득보전 직불	친환경농업 직불	조건불리지역 직불	기타 직불
1997	607	0	0	0	607
1998	518	0	0	0	518
1999	534	0	57	0	477
2000	402	0	57	0	345
2001	2,509	2,105	57	0	347
2002	4,289	3,929	30	15	315
2003	6,432	5,053	30	5	1,344
2004	8,675	5,765	55	100	2,755
2005	10,014	7,402	69	123	2,420
2006	19,441	16,082	114	523	2,722
2007	20,825	16,672	175	523	3,455

자료: 농림부 농업정책자금관리단.

표 2-4 표본농가 농가당 평균보조금 수취액 (단위: 천 원)

구분	공적 보조금계	농업투자 보조금	기타 농업 보조금	기타 공적 보조금	농가소득	농외소득*	호당 농업예산
2003	1,706	186	506	1,015	26,878	9,397	13,630
2004	2,250	256	749	1,251	29,001	9,544	14,790
2005	2,825	397	961	1,467	30,503	9,884	16,470
2006	3,151	325	1,122	1,705	32,303	10,037	18,000

주: *는 농업소득 이외의 소득에서 이전소득과 비경상소득을 제외한 것.
자료: 농가경제조사, 통계청, 2003~2006; 농림수산식품 주요 통계, 농림수산식품부, 2008.

하는 정도를 나타내는 것이라고 할 수 있다. 2006년 농가경제조사에 의하면 농식품부의 기타 농업보조금이 농가소득의 약 3.5%를 차지하고 있다. 〈그림 2-1〉에 의하면 면적이 큰 농가일수록 기타 농업보조금을 많이 받고 있다는 것을 알 수 있다. 이것은 기타 농업보조금이 농가의 규모확대를 장려하는

그림 2-2 지역별 농가소득, 농업소득, 농외소득 변이계수

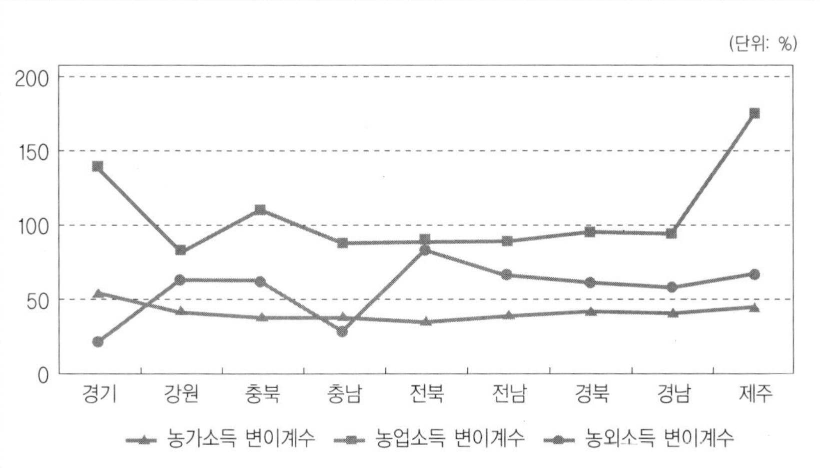

주: 변이계수는 2003년부터 2006년까지 농가별 변이계수를 지역별로 평균한 것임.
자료: 기타무라(2009).

효과를 가져올 수 있다는 것을 뜻한다.

〈그림 2-2〉를 보면 농업소득과 농외소득의 변이계수가 농가소득 변이계수보다 상당히 크다는 사실을 알 수 있다. 이것은 농가가 농업소득의 불안정성을 극복하기 위한 방편으로 농외소득 취득에 노력하고 있기 때문이라고 생각된다.[1] 〈그림 2-3〉을 보면 실제로 농업소득의 변동성이 큰 지역일수록 농외소득의 비중이 높다. 반면에 농식품부의 기타 농업보조금은 농업소득의 변동성이 작은 쌀 농업지역(전북, 전남)에 주로 지급되고 있어서 정책의 농가소득 안정효과가 높지 않다(〈그림 2-4〉 참조).

1) Mishra and Sandretto(2002).

그림 2-3 농업소득의 불안정성과 농외소득률

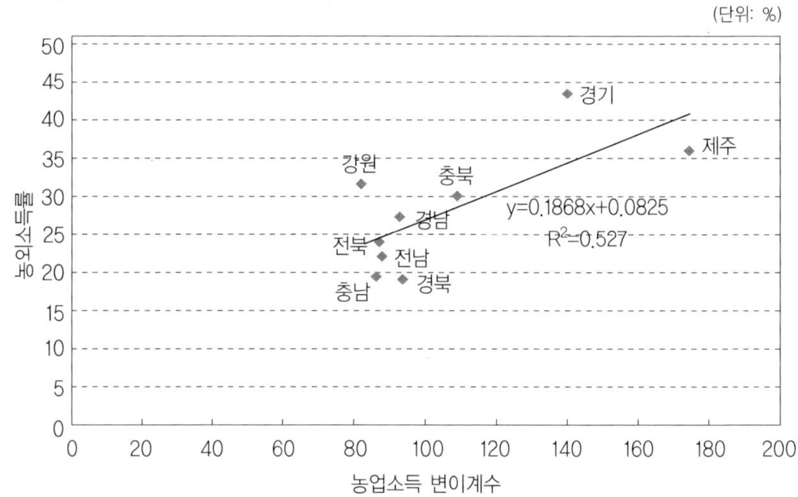

자료: 농가경제조사, 통계청, 2003~2006.

그림 2-4 농업소득의 불안정성과 기타 농업보조금

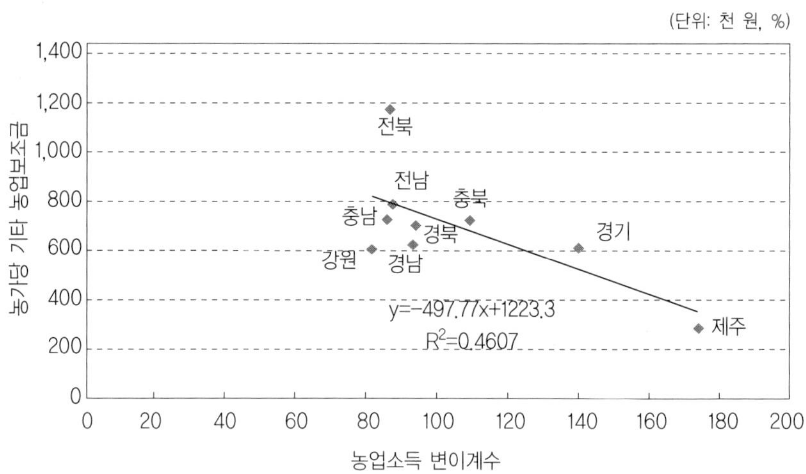

자료: 농가경제조사, 통계청, 2003~2006.

2. 외국의 직불제

2.1. 미국

미국은 1930년대 농업공황 이후 농가의 소득지지를 위해 끊임없이 노력해 왔으나 직불제로 인한 농산물 수급의 불일치를 근본적으로 해결하지 못하였고, 직불금이 대농에게 집중되는 문제도 여전히 숙제로 남아 있다.

미국의 소득보전직불제는 목표가격과의 차이를 지불하는 부족분지불제(Deficiency Payment), 고정직불금을 지불하는 생산탄력적직불제(Production Flexibility Contract: PFC), 판매가격의 안정을 목표로 하는 가격보전직불제(Couter-Cyclical Payment: CCP)를 거쳐 현재는 판매수입의 안정을 도모하는 수입보전직불제(Average Crop Revenue Election: ACRE)로 발전하고 있다. 수입보전직불은 일정 규모 이상의 농가에는 지급되지 않는다.

구조조정이 진행되어 소규모 농가의 소득 중 농업소득이 차지하는 비중이 적게 되고, 전체 농업생산액의 대부분을 소수의 대농이 생산하게 됨에 따라[2] 미국의 농업예산 중 소득보조가 차지하는 비중은 감소하고 있다(〈표 2-5〉 참조). 또한 농업에 종사하는 인구가 감소하여 정치적 영향력이 축소됨에 따라 정치논리보다 시장논리에 따라 정책을 결정하는 방향으로 선회하고 있다.

미국 농업생산의 대부분은 소수의 대규모 전업농이 담당하고 있으며, 농업수입의 안정을 목적으로 하는 ACRE는 이들 대규모 전업농의 소득 위험

2) 미국의 농업생산이 소수의 대규모 농가에 집중되게 된 주요 원인 중의 하나는 농지의 넓이에 따라 보조금을 지불하는 형태의 소득보전직불제이다(Key and Roberts, 2007). 그러나 한국처럼 농지가격이 높은 국가에서는 농업보조금이 농지가격을 상승시켜 오히려 규모화를 저해할 우려가 있다(김관수 · 안동환 · 이대호, 2007). 미국과 EU의 평균농지가격은 평당 1~2달러 정도이다.

표 2-5 미국의 농업예산 (단위: 억 달러)

구분	국민영양정책	소득지원	환경보전	기타	합계
2002 농업법 (2002~2007)	1,782 (55%)	729 (22%)	183 (6%)	546 (17%)	3,240 (100%)
2008 농업법 (2008~2012)	2,090 (68%)	350 (11%)	250 (8%)	380 (12%)	3,070 (100%)
(2008~2013)	2,534 (68%)	407 (11%)	312 (8%)	463 (12%)	3,716 (100%)

자료: 김한호 · 임정빈(2008).

표 2-6 미국의 농가소득 구성 (단위: 달러, %)

연도	농가소득	농업소득	농외소득	농가소득 중 농외소득 비율	벼농가	벼농가소득에 대한 농가소득 비율
1960	4,054	1,913	2,141	0.53	6,227	0.65
1965	6,344	2,552	3,792	0.60	7,704	0.82
1970	9,472	3,498	5,974	0.63	10,001	0.95
1975	15,692	6,212	9,479	0.60	13,779	1.14
1980	18,504	4,285	14,219	0.77	21,063	0.88
1985	35,473	11,417	24,056	0.68	29,066	1.22
1990	38,237	4,626	33,611	0.88	37,403	1.02
1995	44,392	4,720	39,671	0.89	44,938	0.99
2000	62,223	2,872	59,351	0.95	57,135	1.09
2003	68,506	7,640	60,865	0.89	59,067	1.16
2004	81,480	14,201	67,279	0.83	58,200	1.40

자료: 김한호(2006).

을 감소시키기 위한 정책이라고 할 수 있다(〈표 2-6〉, 〈표 2-7〉 참조). 소규모 가족농은 수입의 대부분을 농외소득에 의존함으로써 부족한 농업소득을 보충하고 소득불안정 문제를 해결하고 있다.

표 2-7 미국의 영농규모별 농가호수와 농업생산액 비중

(단위: %)

농가판매규모	총농가 구성비율		농업생산액 비중	
	1989년	2004년	1989년	2004년
가족농가(family farm)	100	98.3	93.9	86.3
10,000달러 미만	48.3	57.1	2.1	1.6
10,000~100,000달러	37.3	26.5	19.5	11.3
100,000~250,000달러	9.5	7.9	20.7	14.2
250,000~500,000달러	3.1	3.9	19.9	14.4
500,000달러 이상	1.8	2.9	31.6	44.7
비가족농가(non family farm)		1.7	6.1	13.7

자료: 김한호(2006).

2.2. EU

1957년 로마 조약에 의해 EU의 공동농업정책(Common Agricultural Policy: CAP)이 탄생되었다. 공동농업정책은 수입제한, 특정 작물생산에 대한 직접지불, 가격안정(정부개입가격 이상, 목표가격 이하로 가격변동폭 유지) 등의 내용을 포함하고 있었다. CAP는 미국의 농업정책과 달리 농가소득보다 식량안보 등 농업의 다원적 기능에 중점을 두고 전개된다.

1960년대 말에 EC 농업위원회 위원장 만스홀트(Sicco Leendert Mansholt)는 공동농업정책을 수정하여 EC의 농가수와 총경지면적을 줄이는 한편, 농가규모를 확대하려 하였으나 농업계의 격렬한 반대로 무산되었다. 1992년에 EU 농업위원회 위원장 맥셰리(Ray MacSharry)는 농업보조를 줄이고 휴경보상제 등을 실시하여 농산물 공급과잉문제를 해소하려 하였다.

여러 차례 개혁을 시도하였음에도 불구하고 EU의 CAP에 의한 농업보조는 종종 지나치다는 비판을 받아 왔다. 프랑스의 예를 들자면, 2004년 프랑스 농민에게 지급된 직불제보조금이 115억 8,000만 유로에 달하였다. 이는

그림 2-5 국가별 상위 25% 농가가 차지하는 농업총수입, 농업보조금, 농업순자산 비중

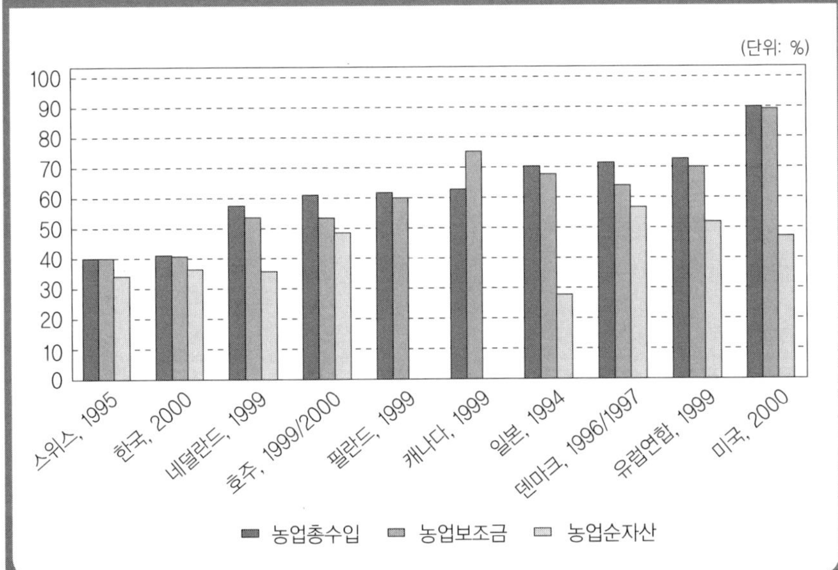

자료: OECD(2003).

프랑스 전체 농가의 농업소득 111억 1,000만 유로(프랑스의 농업생산액은 약 550억 유로)를 넘어서는 것이다. 현재 프랑스 농가가 60만 가구인 점을 감안하면 한 가구당 평균소득이 3만 7,800유로인데, 소득의 절반이 넘는 1만 9,300유로를 유럽연합의 보조금으로 충당하고 있는 것이다.[3] 그러나 이렇게 많은 보조는 대부분 소득 상위 25%의 농가가 차지한다(〈그림 2-5〉 참조).

EU는 1975년 조건불리지역 직불제를 시작으로 1985년 환경농업직불제, 1992년 생산감축을 전제로 하는 소위 블루박스(blue box)형 소득보상직불제를 도입하였다. 2003년에 EU는 과도한 농업예산(〈그림 2-6〉 참조)[4]을 줄이고

3) 농민신문, 2005년 7월 25일자에서 인용.
4) EU의 공동농업정책 예산(농촌개발 예산 제외) 비중은 1990년대 초에 약 60%에 달하였고, 2013년에는 30% 정도가 될 것이라고 한다. EU의 예산이 EU 회원국 전체 GNI의 1%에 불과하고 EU의 주요 목적의 하나가 농업을 공동으로 관리하는 것이기는 하나 EU의 농업인구 비중에 비해 과도

그림 2-6 EU의 예산 중 공동농업정책(CAP)과 농촌개발 예산

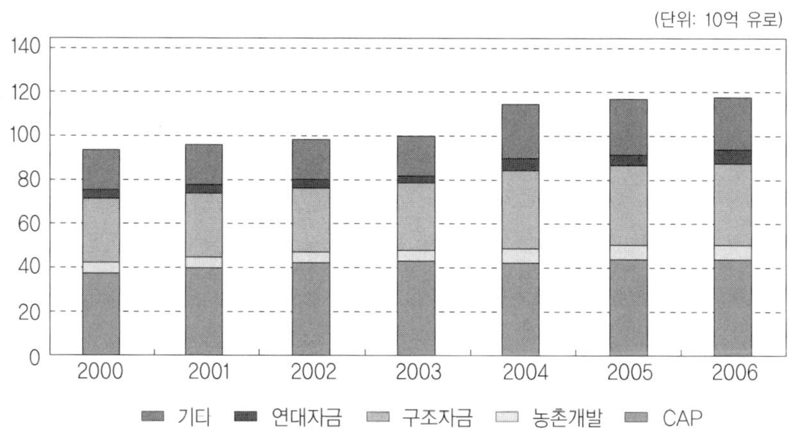

주: 2000~2004년은 1999년 가격기준이고, 2004~2006년은 2004년 가격기준임.
자료: 임송수 · 힐(2007).

생산과잉문제를 해결하기 위하여 농업보조의 총액을 동결하고 생산중립성을 강조하는 단일직불제(Single Payment Scheme: SPS)를 도입하였다.

품목별로 면적과 두수에 따라 지불되던 소득보상직불제와 달리 단일직불제는 농가단위로 지불된다. 경작 여부, 작물종류(영년생 작물, 과실, 채소는 제외)에 상관없이 기준기간 동안에 소득보상금을 받았던 농지에 대해 기준기간 동안의 면적당 평균지불액을 지불받을 권리(entitlement)를 부여한다. 단일직불제는 일정한 환경농업 조건이나 농지관리수준을 유지하는 것을 전제로 하는 이행조건(cross compliance)형 고정직불제이다. 각국은 매년 단일지불예산의 일정한 비율을 전용(modulate)하여 농촌개발에 사용하여야 한다. 단일직불금을 받을 권리는 농지와 분리하여 매매할 수 있다.[5)]

한 지출이라는 의견이 많다. 현재 EU의 농업인구 비중은 3% 정도이다. 2009년 EU의 예산은 1,340억 유로이고, 프랑스의 예산은 약 3,700억 유로이다.

그림 2-7 EU 농가생산액의 로렌츠곡선

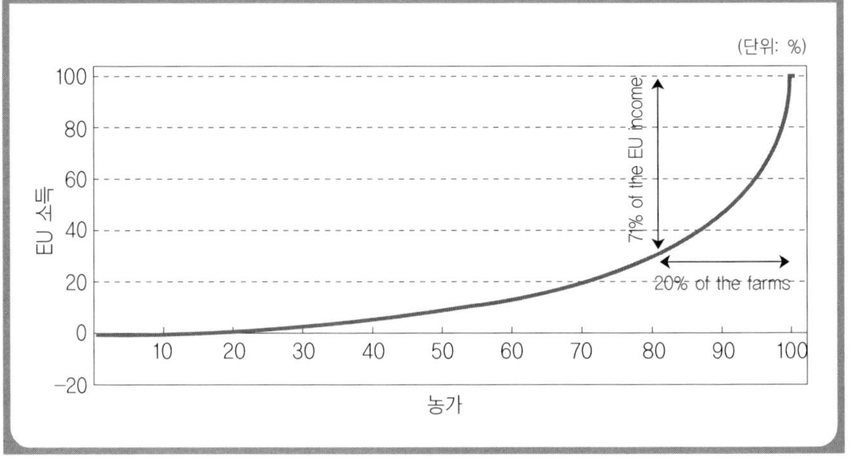

자료: EC DFRD(2006).

그림 2-8 국가별 농업소득이 농가소득에서 차지하는 비중

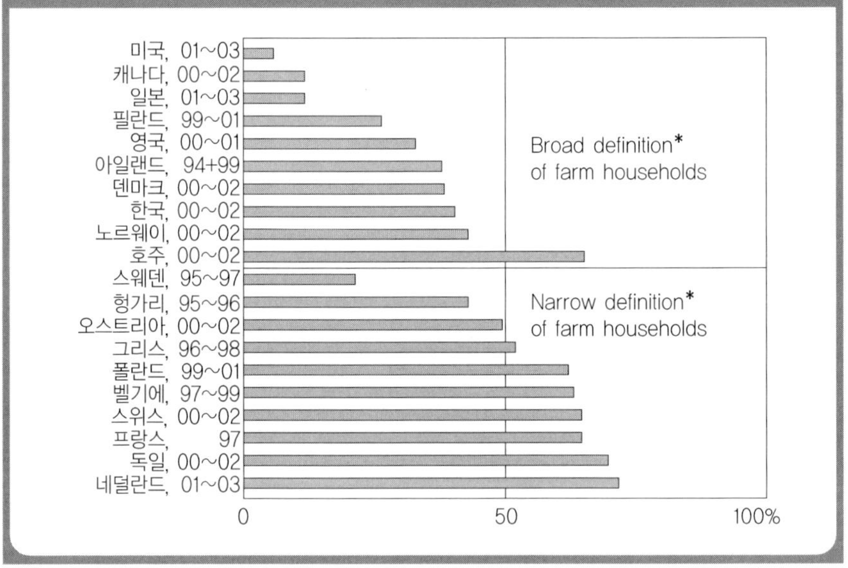

주: *는 농가의 정의가 나라별로 다른 것을 반영하기 위한 것임.
자료: OECD(2003).

EU 역시 농업생산은 소수의 대농에 집중되어 있으나 농가의 소득에서 농업소득이 차지하는 비중은 일본이나 미국에 비해서 높은 편이다 (〈그림 2-7〉, 〈그림 2-8〉 참조).

2.3. 일본

일본은 2000년부터 조건불리지역의 마을을 대상으로 중산간지역 직불제를 실시하였다. 중산간지역 직불제는 대부분 지역사회단체를 대상으로 하여 일정한 조건을 준수하는 대가로 직불금을 지불하는 것이므로 이행조건형 직불제의 성격과 단체협약적 성격을 갖는다.

2007년부터는 품목횡단적 경영안정대책에 의한 직불제(이하 품목횡단적 직불)를 실시하고 있다. 품목횡단적 직불은 외국과의 생산조건 격차를 보상하기 위한 고정직불(이하 생산격차직불)과 판매수입의 변동성을 완화하기 위한 변동직불(이하 수입변동직불)로 구성된다. 구조개혁을 촉진하기 위하여 4ha 이상 규모의 인정농업자(홋카이도는 10ha)와 20ha 이상의 마을영농에만 지급된다.

생산격차직불은 국산 농산물의 생산비와 수입 농산물 국내 판매가격의 차이를 보상하는 것이다. 맥류, 대두, 사탕무, 전분원료용 감자에 지급된다. 두 부분으로 이루어지는데 하나는 과거의 생산실적을 기준으로 하여 국산 농산물 판매가격이 국산 농산물 생산비보다 낮을 경우 그 차이를 보상해 주는 부분이고, 다른 하나는 그 해의 국산 농산물과 수입 농산물의 품질차이(=농산물이 생산되는 해의 국산 농산물가격과 수입 농산물가격의 차이)를 보상해 주는 부분이다. 이 경우 국산 농산물의 품질이 높을수록, 또 생산량이 많을수

5) 김태곤(2008).

그림 2-9 일본 농가판매액의 로렌츠곡선(2005년)

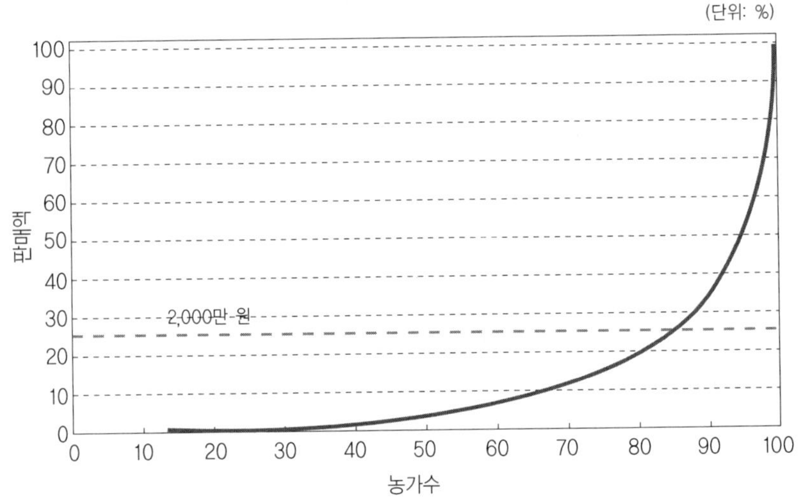

자료: 일본 농업센서스(2005).

록 많은 직불금을 받게 되므로 농업인은 품질개선과 증산에 노력하게 된다. 그러나 이것은 생산과 연계된 직불이라는 문제점을 가지고 있다.

수입변동직불은 그 해의 농가수입이 기준연도 수입의 평균에 미치지 못할 경우 차액의 90%를 보상하되 적립금의 범위 내에서 지불한다. 기준연도 수입은 현별로 계산한다. 정부와 농가는 이를 위한 예산을 공동으로 적립한다. 대상품목은 쌀, 맥류, 대두, 사탕무, 전분원료용 감자이다.[6)]

일본의 품목횡단적 직불은 맥류, 대두, 사탕무, 전분원료용 감자의 4개 품목만(쌀에는 수입변동직불제만 적용) 대상으로 하므로 품목특정적 직불이라는 비판을 면하기 어렵다. 또한 토지이용형 작물을 생산하는 경영체의 규모

6) 김태곤(2005).

표 2-8 1인당 GDP가 비슷한 시기의 한·일 농가인구 및 농외소득률 비교

(단위: 명, %, US dollars, current prices and PPPs)

한국				일본			
연도	농가가족수	농외소득률	GDP	연도	농가가족수	농외소득률	GDP
1982	4.85	32.1	3,389	1970	4.84	55.6	3,323
1985	4.42	18.5	4,643	1973	4.63	58.3	4,494
1990	3.77	25.8	8,203	1978	4.48	60.2	7,102
1995	3.23	31.8	12,818	1983	4.37	63.8	11,366
2000	2.91	32.2	16,439	1988	4.28	64.7	15,893
2005	2.70	32.4	21,342	1993	4.30	62.1	21,117
2006	2.65	31.1	23,038	1994	4.22	60.5	21,739
				1995	4.19	61.2	22,564
				1996	4.17	61.1	23,571

자료: 기타무라(2009).

를 확대시키는 것을 목적으로 하고 있으므로 생산요소의 사용과 연계(coupled)된다는 문제점이 있다.

일본은 농가당 평균경지면적이 1.65ha에 지나지 않고, 소수의 대농이 농산물 판매의 대부분을 담당하고 있다(〈그림 2-9〉 참조). 한국의 농외소득률(약 30%)의 약 2배에 달하는 농외소득률(약 60%) 때문에 농산물 판매액이 적은 소규모 농가도 상대적으로 높은 소득수준과 안정성을 유지하고 있으나(〈표 2-8〉 참조), 식량생산을 담당하는 토지이용형 농업의 국제경쟁력은 현저히 낮다. 일본의 품목횡단적 직불은 토지이용형 농업의 국제경쟁력을 높이는 데 초점을 맞추고 있다

3. 결론

3.1. 농가소득보전직불제의 목적

이상에서 살펴본 바에 의하면 농가소득보전직불제의 목적은 주로 소득안정, 소득향상, 다원적 기능 함양, 농가의 구조개선 등에 있다고 생각된다.

미국은 소수의 국제경쟁력이 아주 높은 농가가 농업생산의 대부분을 담당하고 다수의 소규모 농가는 주로 농외소득에 의존하며, 소득보전에 할당되는 농업예산의 비중이 높지 않고, 국토가 광대하여 다원적 기능 유지의 필요성이 높지 않다. 미국은 거대 농가의 소득안정을 지향하는 변동직불제를 운용하는 방향으로 나아가고 있다고 생각된다.

EU는 소수의 비교적 국제경쟁력이 있는 농가가 농업생산의 대부분을 담당하고 다수의 소규모 농가는 주로 농외소득에 의존하나, 소득보전에 할당되는 농업예산이 이미 과다하고, 문화 · 전통적으로 다원적 기능 유지의 필요성이 크다. EU는 한정된 예산 내에서 소득향상과 다원적 기능 함양을 지향하는 이행조건형 고정직불제를 운용하는 방향으로 나아가고 있다고 생각된다.

일본은 농업생산의 대부분을 담당하는 소수의 농가가 국제경쟁력을 가지지 못하고, 농외소득에 유지하는 소규모 농가가 많이 있으며, 국토가 협소하여 다원적 기능 유지의 필요성이 크다. 일본은 토지이용형 작물재배 농가의 구조개선을 지향하는 혼합형(=고정직불+변동직불) 직불제와 다양한 다원적 기능 함양을 유도하는 이행조건형 고정직불제를 운용하는 방향으로 나아가고 있다고 생각된다. 일본의 소득보전직불제는 '마을영농'의 전통을 이용하기 위하여 단체협약의 성격을 띠고 있다.

3.2. 한국 농가소득보전직불제의 발전방향

3.2.1. 고려하여야 할 사항

■ 농가소득보전직불제의 원칙

한국의 농가소득보전직불제의 발전을 위하여 고려하여야 할 원칙은 다음과 같다고 생각된다.

① 시장왜곡 최소화: WTO의 분리적 · 조준적 보조원칙을 준수하여야 한다.

② 거래비용 최소화: 정보관리비용, 행정관리비용 등이 실현가능할 정도로 낮아야 한다.

③ 자본화 최소화: 정부의 농업보조가 농지가격 상승을 초래하는 것을 정부보조의 자본화(capitalization)라고 한다. 쌀직불금을 경작자가 아닌 농지 소유자가 가져가게 되는 것 역시 정부보조의 자본화 현상이라고 할 수 있다. 특히, 한국처럼 농지가격이 높은 나라는 직불제가 자본화되어 농지가격 상승요인으로 작용되지 않도록 유의하여야 한다.

④ 기존의 직불제와의 조화: 기존의 쌀직불제 및 다른 직불제와 상충되지 않도록 하여야 한다.

⑤ 기존의 정책과의 조화: 시행되고 있는 여러 가지 지역발전정책 또는 저소득층정책과 조화되도록 하여야 한다.

■ 한국의 상황

한국은 농지의 규모확대가 필요한데도 이미 농지가격이 상당히 높으므로 면적당 지불하는 고정직불금을 억제하여 농업보조의 자본화로 인한 농지가격 상승을 방지할 필요가 있다.

그림 2-10 국가별 (농가가계소득)/(비농가가계소득)의 비율(2002년)

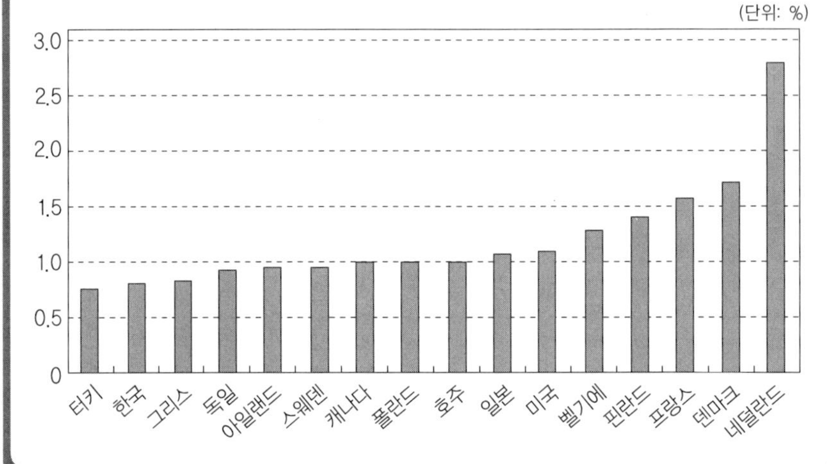

자료: OECD(2003).

그림 2-11 한국 농가판매액의 로렌츠곡선(2005년)

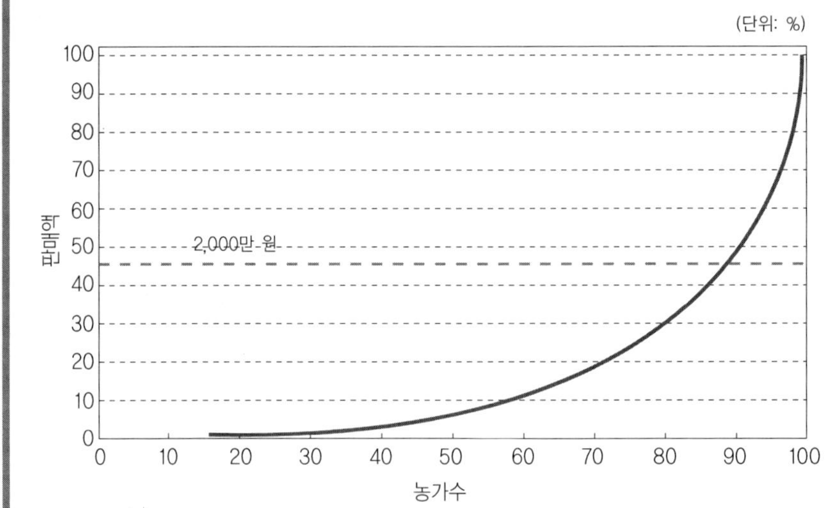

자료: 통계청, 농업조사.

한국과 같이 구조개선이 미흡하여 농가의 가계소득이 비농가의 가계소득보다 현저히 적은 나라는(〈그림 2-10〉 참조) 경영부진 농가의 퇴출, 토지이용형 작물을 재배하는 농가의 규모 확대, 작목의 전환 등 농업 구조개선을 촉진하기 위하여 분리적 · 조준적 보조원칙을 고수할 필요가 있다.

한국 농가의 대부분을 차지하는 영세 소농의 경우, 농가소득의 향상과 안정에 중요한 역할을 하는 농외소득비중이 아직도 낮으므로 이들 농가에 대한 별도의 소득정책 또는 농외소득 향상정책이 있어야 한다(〈그림 2-8〉, 〈그림 2-11〉 참조). 이들 정책은 기존의 저소득층정책 및 지역발전정책과 조화되도록 하여야 한다.

3.2.2. 한국 직불제의 발전방향

① WTO 원칙을 준수하고 구조개선을 촉진하기 위해서는 품목특정적인 평균적 직불제를 지양하고 모든 품목을 대상으로 하는 농가단위 직불제를 도입할 필요가 있다. 이를 위해서는 농가가 재배하는 '모든' 품목을 직불제의 대상으로 할 필요가 있다. 그 이유는 다음과 같다.

첫째, 농가단위 소득안정직불제를 시행하기 위해서는 농가의 소득을 파악하여야 하는데, 모든 개별 농가의 소득을 파악하는 데는 막대한 행정비용이 소요된다. 개별 농가의 소득을 파악하는 것보다 개별 농가가 재배하는 농산물의 면적과 두수를 파악하는 것은 상대적으로 쉬운 일이다. 직불제 보조의 기준을 개별 농가가 재배하는 '모든' 농산물의 면적과 두수로 한다면 결과적으로 개별 농가의 농업소득을 직불제 보조의 기준으로 하는 것과 같은 효과를 얻을 수 있다.

둘째, 농가가 재배하는 모든 품목을 직불제의 대상으로 한다면 품목불특정적인 보조를 해야 한다는 WTO의 규정을 준수할 수 있고 특정한 농산물의 공급이 지나치게 많아지는 현상을 완화시킬 수 있다.

② 정부보조의 자본화를 막기 위한 다음과 같은 장치를 마련하여야 한다.

첫째, 정부보조를 받을 권리와 농지소유권을 분리하여 정부보조를 받을 권리가 시장에서 거래될 수 있도록 하는 방안을 생각해 볼 수 있다.

둘째, 쌀직불제의 경우 고정직불금을 받을 수 있는 조건을 강화하여 단지 논을 소유하고 있다는 것만으로 직불금을 받을 수 있는 것을 지양하여야 한다. 경제학에서 무엇인가를 소유하고 있다는 것만을 근거로 하여 이익을 얻는 것은 명백한 지대(rent)이다. 경제원리에 의하면 지대는 당연히 소유주에게 돌아가도록 되어 있다. 아무리 법으로 실제로 농사를 짓는 농업인만이 고정직불금을 수령할 수 있다고 규정하여도 소용없다. 지주는 임대료를 올림으로써 간단하게 지대를 자기 것으로 만들 수 있다. 실제로 농사를 짓는 농업인이 고정직불금을 수령하게 하려면 농업인의 노력이 필요한 구체적인 지불조건을 제시하고 농업인이 노력하여 그 조건을 지켰을 때에만 직불금을 지불하는 상호 준수(cross compliance)에 입각한 제도가 되어야 한다.

③ 대규모 전업농가는 소득위험에 노출되어 있는 경우가 많으므로 이들 농가에 대해서는 소득안정정책을, 농외소득의 비중이 높아 비교적 소득위험이 작으나 소득수준이 낮은 소규모 농가에 대해서는 소득향상정책을 적용하여야 한다.

④ 소득보전직불제에 의해 직접적으로 농가소득의 안정과 향상을 도모해 볼 수 있으나 궁극적인 농가소득보전대책은 각 농가의 경영능력 향상과 농외소득 기회 확대이므로 농가인력의 역량 강화와 지역산업 발전에 힘써야 한다.

3.3. 바람직한 한국형 소득보전직불제의 설계

이상을 종합하여 바람직한 소득보전직불제를 다음과 같이 설계해 볼 수 있다.

첫째, 한국의 소득보전직불제는 대농을 대상으로 하는 소득안정직불제와 소농을 대상으로 하는 소득향상직불제로 2원화할 필요가 있다.

둘째, 대농을 위한 소득안정직불제는 가격 또는 수입위험의 85%를 보상하며, 쌀을 제외한 모든 품목을 대상으로 하여 가입을 희망하는 농가에만 지급하도록 하면 소득위험이 큰 대농이 주로 가입하게 할 수 있다고 생각된다. 가격 또는 수입위험은 이전 3~5개년의 평균가격(수입위험의 경우는 평균단수도 고려)과 그 해의 가격(수입위험의 경우는 그 해의 단수도 고려)과의 차이로부터 계산한다. 가입농가는 매년 정해진 기간에 각 작물의 재배면적을 보고하고 정해진 자조금을 적립할 의무가 있다.

셋째, 영세 소농을 위한 소득안정직불제는 가입을 희망하는 농가를 대상으로 보건복지가족부의 기초생활보장정책과 연계하여 시행하되 다양한 다원적 기능 함양정책을 이용하는 이행조건형이 되도록 한다. 가능한 한 면적보다 농가의 다원적 함양행위를 실적기준으로 하여 최대한 분리적이고 조준적이 되도록 노력한다.

참고문헌

기타무라 레이코, 「한국 농가의 농외소득 결정요인 분석」, 서울대학교 석사 학위논문, 2009.

김관수 · 안동환 · 이태호, 「쌀소득보전직불제가 농지 임차수요에 미치는 영향: 규모화 역행효과 논의를 중심으로」, 『농업경영 · 정책연구』 34(2), 2007, pp. 264~289.

김태곤, 「농가단위 소득지원 제도: 일본의 새로운 시도」, 『시선집중』 제7호, GS&J, 2005.

______, 「한국농촌경제연구원 뉴스레터 세계농업」, 한국농촌경제연구원, 2008.

______, 「직접지불제 개편과 농가단위 소득안정제 도입」, 한국농촌경제연구원 정책토론회 자료, 2009.

김한호, 「부자들의 잔치, 미국의 농가소득지지제도」, 『시선집중』 제20호, GS&J, 2006.

김한호 · 임정빈, 「미국의 새로운 농가소득지원제도: 더 충분히 그러나 더 엄격히」, 『시선집중』 제68호, GS&J, 2008.

박성재 · 김태곤 · 정호근 · 조영수 · 조용원, 「선진국형 농정으로의 전환을 위하여-한국농업의 구조변화와 관련 정책 평가-」, 한국농촌경제연구원 연구보고서 R550, 2007.

배민식, 「일본 2006년도 중산간지역 직불제 실시현황」, 한국농촌경제연구원, KREI 세계농업정보, 2007.

이정민, 「미국과 프랑스의 농업구조조정」, 미발표 논문, 2005.

이춘수 · 양승룡, 「시나리오별 쌀소득보전직불제 효과분석」, 『농업경제연구』 49(3), 2008, pp. 29~52.

임송수 · 힐 버클리, 「EU 농업구조 변화와 농정개혁의 연구」, 한국농촌경제연구원 연구보고서 R562, 2007.

Cooper, Joseph, "Economic Aspects of Revenue-Based Commodity Support, USDA ERS," Economic Research Report 72, April 2009.

EC DFARD (European Commission Directorate-General for Agriculture and Rural Development), EU Farm Economics Overview FADN 2006, 2006.

Key, Nigel and Michael J. Roberts, Commodity Payments, Farm Business Survival, and Farm Size Growth, USDA ERS, Economic Research Report 51, November 2007.

Mishra, Ashok K.and Carmen L. Sandretto, "Stability of Farm Income and the Role of Nonfarm Income in U.S. Agriculture," *Review of Agricultural Economics*, 24(1), 2002, pp. 208~221.

OECD, Farm Household Income: Issues and Policy Responses, OECD Directorate for Food, Agriculture and Fisheries, 2003.

Chapter 3

농가부채 및 금융문제의 현실과 대책

1. 농가부채의 현황과 평가
2. 농가부채대책 추진현황, 평가 및 문제점
3. 농가부채문제 해결의 길
4. 농업정책금융의 현황과 문제점
5. 농업정책금융 선진화의 길

고영곤

GS&J 인스티튜트 농정전략연구센터 소장

e-mail: ykkoh@gsnj.re.kr

김준오

농협중앙회 카드분사 팀장

e-mail: tojuno@hotmail.com

Chapter 3

1. 농가부채의 현황과 평가

1.1. 농가의 소득, 자산, 부채현황

한국 농정에서 주요 이슈 중 하나이고 오랜 논란이 되어 왔던 농가부채 문제에 대해 체계적으로 논의하기 위해서는 우선 농가의 소득, 자산, 부채 등 재무상태에 대한 현황 파악이 선행되어야 할 것이다. 우리나라의 호당 농가소득은 경상가격[1]기준으로 2008년 3,050만 원 수준이다. 농가소득은 1999년 이후 2005년까지 연평균 3.4%의 성장세를 보여 왔지만, 2006년 이후에는 정체 또는 감소 추세를 보이고 있다(〈표 3-1〉 참조). 2007년의 농가소득은 전년보다 1.1%가 감소하였고, 2008년에는 농가소득 감소율이 4.5%로 확대되었다. 한편, 비농업부문과의 소득격차는 계속 벌어져 2008년 농가소득은 도시 근로자가구 평균소득 4,670만 원의 65.3%에 불과하여 역대 최고의 소득격차를 나타내고 있다.

표 3-1 농가소득 현황

(단위: 천 원, %)

연도	1995	2000	2005	2006	2007	2008
농가소득(A)	21,803	23,072	30,503	32,303	31,967	30,523
농업소득	10,469	10,897	11,815	12,092	10,406	9,654
농외소득	6,931	7,432	9,884	10,037	11,097	11,353
기 타	4,403	4,743	8,804	10,174	10,464	9,516
도시 근로자소득(B)	22,933	28,643	39,010	41,321	44,105	46,737
도농 소득격차(A/B)	95.1	80.5	78.2	78.2	72.5	65.3

자료: 농가경제통계, 통계청.

1) 이하 통계자료는 불변가격이 아닌 경상가격기준이다.

농가소득과 관련하여 특징적인 현상은, 농외소득의 꾸준한 증가에도 불구하고 농업소득의 급격한 감소에 따라 전체 농가소득이 최근 몇 년 동안 감소하고 있다는 것과, 2007년부터는 농외소득이 농업소득을 앞지르는 현상이 나타났다는 것이다.

2007년과 2008년의 경우 농업소득은 각각 13.9%와 7.2%가 감소하였고, 농외소득은 각각 10.6%와 2.3%가 증가하였다. 농가소득 가운데 농업소득이 차지하는 비중은 꾸준히 낮아지는 추세를 보이는데, 2008년의 경우 31.6%까지 하락하였다.

한편, 우리나라 농가의 호당 평균자산규모는 2008년 현재 3억 4,100만 원 수준인데, 그간 농가의 가장 큰 자산항목인 농지가격 상승에 힘입어 꾸준한 증가 추세를 보여 왔다. 그러나 2008년부터 농가경제조사의 표본이 바뀜에 따라 시계열 단층이 발생하여 통계적으로는 전년보다 13.8%가 감소하였다.[2] 2008년 농가자산 가운데에는 토지를 포함한 고정자산이 전체의 83%를 차지하고 있고, 즉시 현금화가 가능한 당좌자산(예금, 현금 등)은 5,210만 원이었다.

농가부채는 2008년 현재 호당 평균 2,580만 원으로 전년 대비 13.9%가 감소한 것으로 나타났는데, 이 역시 농가경제조사 표본변경에 의한 시계열 단층에 기인하는 것으로 전년과 동일한 표본을 기준으로 할 경우 오히려 7.8%가 증가하였다.

따라서 최근 몇 년간 농가부채 증가율은 2006년 3.5%, 2007년 6.3%, 2008년 7.8%로 부채증가율 자체가 높아지는 양상을 보이는 것으로 볼 수 있다.

농가부채를 차입금의 용도별로 분석해 보면, 2008년 기준으로 농업용 부채가 1,360만 원으로 52.7%를 차지하고 있고, 가계용 부채와 기타 부채(겸

2) 통계청 자료에 의하면 동일한 표본으로 조사했을 때 농가자산은 2.8% 증가한 것으로 나타났다.

표 3-2 농가의 자산 및 부채 현황

(단위: 천 원)

연도	1995	2000	2005	2006	2007	2008
농가자산	158,171	159,975	298,178	356,963	395,981	341,227
고성자산	134,334	125,918	238,399	284,696	315,569	283,826
(토지)	(105,444)	(81,231)	(158,923)	(200,854)	(227,757)	(198,087)
재고자산	4,098	4,796	5,425	5,460	5,779	5,283
당좌자산	19,739	29,261	54,354	66,806	74,639	52,118
농가부채	9,163	20,207	27,210	28,161	29,946	25,786
고정부채	–	–	22,451	23,577	24,259	20,798
유동부채	–	–	4,759	4,584	5,687	4,986
〈용도별〉						
농업용	6,351	12,153	16,315	16,042	16,481	13,600
가계용	1,110	3,882	6,614	7,160	7,725	6,446
기타	1,701	4,171	4,280	4,958	5,740	5,741
〈차입처별〉						
금융기관	8,364	19,106	22,769	23,065	24,006	21,832
개인 및 기타	799	1,101	4,442	5,095	5,940	3,955

자료: 농가경제통계, 통계청.

업용 등)는 각각 25%와 22.3%였다. 농가부채 가운데 농업용 부채의 비중은 1995년의 69.3%에서 지속적으로 낮아지는 추세를 보인데 반해, 기타(겸업용 등) 부채가 꾸준히 증가하는 추세를 보이고 있다. 농가부채를 차입처별로 보면, 농협을 비롯한 금융기관으로부터의 차입이 84.7%로 대부분을 차지하고 있지만 그 비중은 조금씩 낮아지는 추세를 보이고 있다.

1.2. 농가부채문제의 심각성에 대한 평가

농가부채문제와 관련된 주요 논란 중의 하나인 "농가부채문제가 얼마나 심각한가?"라는 질문에 대해서는 다양한 의견이 존재하고 있는 것이 현실이다. 그간 농업인단체를 중심으로 농가부채문제가 점차 심화되고 있고 정책적 배려 없이는 해결하기 어려운 사안으로 평가하는 의견이 많았다. 그 근거로서 농가소득의 증가 추세에 비해 농가부채가 큰 폭으로 증가하고 있다는 것을 제시하고 있다. 실제로 1995년 이후 농가부채는 연평균 5.9%씩 증가한 반면, 농가소득 증가율은 1.9%에 불과하였다. 특히, 지난 IMF 경제위기 직후와 2007년 전후 환율상승 및 원자재가격 상승으로 농업경영비가 크게 상승하면서, 농가소득 성장이 둔화되고 대출상환이 어려운 농업인이 증가하고 있다는 지적이다.

그러나 일부에서는 1990년대 이후 농업구조개선사업이 본격 추진되면서 농업경영구조가 규모화 · 자본화되었고 그 결과 농업 투자 및 농가부채 규모의 증가가 진행되었으므로, 부채규모의 증가 자체를 부채문제의 심화로 판단하는 것은 무리가 있다고 지적하고 있다. 1990년대 이후 농업부문에 다양한 정책사업이 시행되면서 농업정책자금이 크게 늘어났는데, 이러한 농업정책의 변화가 농가의 부채규모 증가에 기여한 것도 부인할 수 없는 사실이다.

개별 농업인의 단계에서 심각한 부채문제에 직면하고 있는지를 판단하는 기준은, '부채규모의 문제'라기보다는 '차입금을 상환하지 못하는 채무불이행 상태'라고 볼 수 있다. 다시 말해서, 농가소득에 의해 농가부채를 상환하지 못하고 '부채가 계속 증가'하거나 '재무적 파산상태'에 이르느냐의 여부가 중요하다. 통상 농가부채문제에서 주 논의대상은 차입에 의해 농업에 투자하였지만 투자수익이 충분하지 못하여 차입금을 상환하지 못하는 상태에 있는 농가이다. 왜냐하면, 이런 농가의 경우 차입금 상환을 위해 추가로 자금을 차입해야 하는 악순환을 통해 부채가 점증하고 결국 대출연체와 농가의 파산에 직면할 수밖에 없기 때문이다. 따라서 농가부채의 심각성을 평가하는 지표로서 '재무적 파산상태'에 있는 농가의 수(또는 비율)를 파악할 필요가 있으나 이에 대한 유용한 통계자료가 없는 것이 아쉽다.

농가부채의 심각성 여부를 파악할 수 있는 지표의 하나로 농업인 대출금에 대한 연체율이 있다. 연체율은 이자 및 원금 상환기한을 경과한 대출금을 총대출금으로 나눈 것으로 재무적 파산상태에 있는 농가비율의 대리지표로 사용될 수 있다. 농협의 농업정책대출 연체율을 보면, 2003년에 6% 이상의 높은 수치를 기록한 이후 계속 낮아지는 추세를 보이고 있다. 2008년 현재 3% 수준까지 떨어진 연체율 추이를 볼 때 농가부채의 심각성이 점차 완화되고 있는 것으로 생각할 수도 있다. 그러나 이러한 해석에는 다소 무리가 따른다. 왜냐하면, 연체율의 하락은 농가경제가 호전되고 부채상환능력이 높아져 대출금을 정상적으로 상환하는 농가비율이 높아졌기 때문이라고 볼 수도 있지만, 2000년 이후 크게 늘어난 농신보와 대손보전기금의 대위변제, 수 차례에 걸친 부채대책에 의한 상환기간 연장 등에 힘입은 바가 큰 것으로 판단되기 때문이다. 특히, 농가부채대책에 의한 대출상환기간 연장은 단기적으로는 연체율을 낮추는 효과가 있지만 추후 상환기간 도래시의 연체율을 높이는 요인으로 작용할 수도 있다.

농가부채문제의 심각성은 농가의 주요 재무지표를 분석하여 판단할 수 있다. 일반적으로 기업이나 개인의 재무적 안정성을 나타내는 지표로 부채비율, 당좌비율, 단기상환능력 등이 많이 사용된다. 부채비율(부채/자산)은 장기적인 상환능력을 평가하는 지표인데, 농가경제 통계자료를 분석해 보면 농가의 부채비율은 2000년 이후 계속 감속하여 2008년에는 7.6%로 매우 낮은 수준을 나타내고 있다. 이 정도의 부채비율은 기업회계기준으로 볼 때 매우 건실한 재정상태를 보이는 것으로 평가된다.

한편, 당좌비율(당좌자산/단기부채)은 농가가 즉시 현금화할 수 있는 당좌자산(예금, 현금 등)으로 얼마만큼의 단기채무(유동부채)를 상환할 수 있는가를 나타내는 지표이다. 농가의 당좌비율은 2008년 기준으로 10.5인데, 이

그림 3-1 연도별 농협의 농업정책자금 연체율 추이

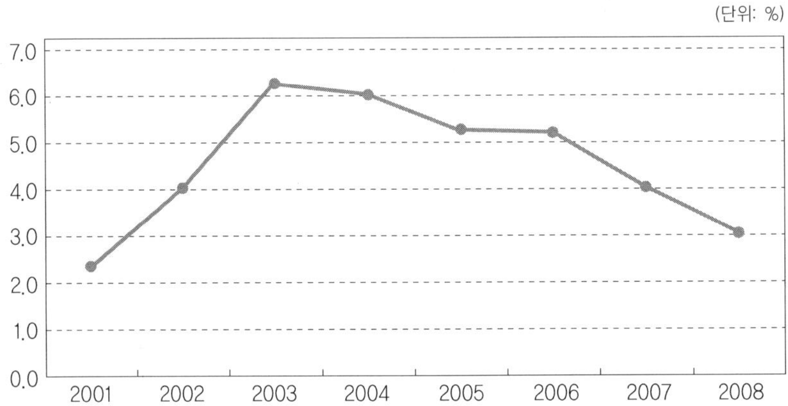

자료: 농협중앙회 농업금융부.

는 농가가 1년 이내에 상환해야 할 단기채무의 10배 이상을 당좌자산으로 보유하고 있다는 것을 보여 준다. 더구나 단기상환능력(당좌자산/부채)이 2.0이므로 농가가 보유하고 있는 현금 또는 예금의 규모가 총부채의 2배에 달해 매우 안정된 재무구조를 가지고 있다고 판단할 수 있다.

농가경제통계를 근거로 한 농가의 재무분석 결과를 보면, 부채비율, 당좌비율, 단기상환능력 등 모든 지표가 양호한 상태이기 때문에 농가부채문제는 사실상 심각한 상황이 아니고 오히려 다소 호전되고 있다고 평가할 수도 있다. 그러나 농가경제통계는 2,800 표본농가를 대상으로 한 평균치이므로 이 자료의 분석결과로서 농가부채문제를 평가하는 것은 적절하지 못하다. 농가부채문제의 심각성은 농가재무상태의 평균보다는 분포에 의해 판단되어야 한다. 특히, 재무적으로 열악한(또는 파산상태에 있는) 하위계층의 비율과 이들의 재무상태에 대한 분석 없이 부채문제의 심각성을 논하는 것은 무의미하다.

표 3-3 농가상환능력 관련 재무지표

(단위: %)

연도	1995	2000	2005	2006	2007	2008
부채비율(%) (부채/자산)	5.8	12.6	9.1	7.9	7.6	7.6
당좌비율(배) (당좌자산/유동부채)	–	–	11.4	14.6	13.1	10.5
단기상환능력(배) (당좌자산/부채)	2.2	1.4	2.0	2.4	2.5	2.0

자료: 농가경제통계, 통계청.

1.3. 농가부채문제의 실상

농가의 재무현황과 상환능력 관련지표는 품목, 경지규모, 연령, 부채규모 등 계층별로 큰 차이를 보이고 있다. 특히, 농가부채규모는 경지규모가 클수록 그리고 40~50대 계층에서 높다. 따라서 평균적인 통계치로는 금융위험에 노출되어 있는 농가규모를 파악하는 데 한계가 있는 것으로 지적되고 있다. 통계청 표본농가 원자료를 농식품부에서 분석한 자료에 의하면, 우리나라 농가의 대부분(94.6%)은 부채가 전혀 없거나 부채비율(부채/자산)이 40% 이내이지만, 이를 초과하는 위험 또는 부실농가의 규모도 6만 6,000호였다. 위험 또는 부실농가의 비율은 5.4%로 전체 농가에서 차지하는 비중이 크지는 않지만 이들 계층에 대규모 농가 또는 후계 농가가 많이 포함되어 있다면 작은 규모라고 과소평가할 수 없는 실정이다.

한편, 농가부채가 5,000만 원 이상인 고액의 부채농가는 2008년 현재 19만 7,000호로 전체 농가의 15.9%에 해당된다. 이들 계층의 가구당 평균부채규모는 1억 3,240만 원으로 매우 클 뿐만 아니라 이들이 전체 농가부채규모에서 차지하는 비중이 81.4%에 달하고 있다. 또한 2008년 중 전체 부채보유

표 3-4 부채비율별 농가수 (단위: %, 천 호)

부채비율	0	40 이하	50 이하	70 이하	100 이하	100 초과	합계
농가수 (구성비)	356 (29.4)	790 (65.2)	20 (1.6)	19 (1.6)	14 (1.1)	13 (1.1)	1,212 (100)

주: 40% 초과시 위험농가, 70% 초과시 부실농가로 평가(KREI).
자료: 농림수산식품부.

농가의 절반 이상이 부채가 증가하였고, 11.1%는 부채증가액이 3,000만 원 이상인 것으로 분석되었다. 특히, 3,000만 원 이상 부채가 증가한 농가의 부채증가액은 우리나라 전체 농가부채 증가액의 77.7%를 차지하는 것으로 나타났다. 그런가 하면 농가소득 하위 20% 계층의 경우 소득이 가계비의 절반에도 미치지 못할 뿐만 아니라 부채가 소득의 4배에 달하고 있어, 이들 농가의 경우 부채누증의 악순환 또는 채무불능이라는 심각한 상태에 처해 있는 것으로 판단된다.

이와 관련하여 최근 한농연 · 한여농 회원을 대상으로 실시한 2009년도 농가부채 설문조사 결과를 보면 농가부채문제가 심각한 것으로 평가할 수 있다. 이 조사는 조사대상의 편향성, 표본설계의 문제점, 응답자의 주관적인 계산과 판단에 의한 조사방법 등의 문제점을 내포하고 있지만, 상대적으로 대규모 젊은 농가의 부채실태를 파악할 수 있다는 점에서 의의가 있는 것으로 생각된다. 이 조사에서 응답자의 농가소득은 6,960만 원으로 농가평균에 비해 2배가 넘는 수준이고, 평균연령은 49.7세였다. 조사대상의 평균부채액은 1억 8,380만 원이고, 연대보증 총액은 7,560만 원으로 매우 크게 나타났다. 부채비율을 보면 비교적 양호한 40% 미만은 34.8%에 불과하고, 100% 미만은 28.8%, 200% 미만은 16.6%이고, 200%를 초과한 응답자도 19.9%에 달하였다. 2008년 농가경제통계에서는 부채비율이 40%를 초과하는 농가비율

표 3-5 부채문제와 관련된 주요 지표(2008년) (단위: %)			
부채규모 5,000만 원 이상		농가비율	15.9
		금액비율	81.4
부채증가 농가비중			51.1
	중 3,000만 원 이상 증가	농가비중	11.1
		금액비율	77.7
농가소득 하위 20% 계층		소득/가계비 비율	48.1
		부채/소득 비율	400.0

자료: 이정환(2009).

이 5.4%에 불과하였지만(농식품부 자료), 이번 조사대상은 65.2%로 매우 높았다.

금융스트레스(농가경제잉여에서 올해 갚아야 할 대출원리금을 차감한 금액) 조사결과를 보면 평균값이 마이너스 2,166만 4,000원이고, 중간값이 마이너스 925만 원이었다. 이는 50%가 넘는 조사대상이 농가경제잉여로 대출원리금을 상환하지 못하는 금융리스크에 직면하고 있는 것으로 해석할 수 있다.

이렇게 볼 때, 우리나라의 농가부채문제는 다음과 같이 정리할 수 있을

그림 3-2 부채비율(부채/자산) 현황

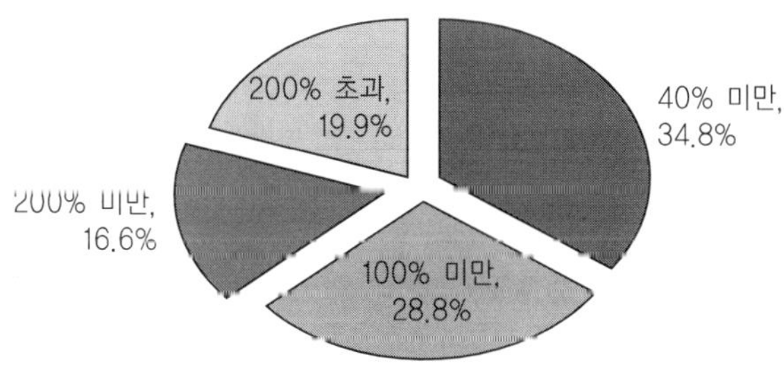

자료: 한농연 · 한여농 농가부채 설문조사(2009).

것으로 판단된다. 첫째, 농가 전체 평균을 기준으로 하면 농가의 약 30%는 부채가 전혀 없고, 65%는 부채비율이 40% 미만이라는 점에서 농가부채문제는 심각한 상황이 아니라고 할 수 있다. 둘째, 우리나라 농가부채는 일부 고액 부채농가에 집중되어 있다. 이들 5,000만 원 이상 고액부채농가의 특성(차입금의 용도, 소득, 상환능력 등)에 관한 보다 심도 있는 분석이 필요하지만, 대체로 향후 우리 농업의 핵심 인력인 40~50대의 경영규모가 큰 농가가 주류를 이루고 있다. 셋째, 부채보유농가의 절반 이상에서 부채가 증가하고 있으며, 이 또한 부채증가액이 큰 농가에 집중되는 현상이 나타나고 있다. 넷째, 농가소득 하위 20% 농가의 부채문제는 심각한 상황이다.

결국, 농가부채문제의 심각성에 대한 다양한 의견 및 통계자료를 종합해 보면, 우리나라 전체 농가의 평균적인 관점에서 보면 농가부채문제는 심각하지 않으며 최근 몇 년간 호전되고 있는 것으로 평가하지만, 개별 농가 단위로 보면 대규모 젊은 농가를 중심으로 한 고액부채와 저소득농가의 부채부담 그리고 이로 인한 금융비용의 증가로 부실 또는 파산상태에 있는 농가가 적지 않을 것으로 판단된다.

2. 농가부채대책 추진현황, 평가 및 문제점

2.1. 농가부채대책 추진내용

'반복의 함정에 빠진 농가부채대책'이라 표현될 만큼 1980년대 중반 이후 정부는 14번에 걸쳐 농가부채 대책을 수립 · 추진해 왔다. 그 동안 시행된 농가부채대책의 내용을 보면 크게 5가지 방법으로 구분되는데, 각 대책은 이들 다섯 가지 방법 중 일부를 결합하여 시행하였다(〈표 3-5〉 참조).

표 3-6 1980년대 이후 농가부채대책

시행 시기	대책명	주요 내용				
		금리 인하	상환 연기	저리자금 내체지원	저리자금 신규 지원	연대보증 해소지원
1986. 3	농어촌종합대책	●				
1987. 3	농어가부채경감대책	●	●	●		
1987. 12	농어촌경제활성화 종합대책	●	●			
1989. 4	농어촌발전종합대책	●	●			
1989. 12	농어촌부채경감특별조치		●			
1998. 상	부채경감대책		●			
1998. 11	부채경감대책	●				
1999. 3	부채경감대책	●			●	
2000	농가부채경감조치		●	●	●	●
2002. 1	농어업인 부채경감에 관한 특별조치법		●	●	●	●
2002. 12	동법개정	●	●			
2003. 5	동법개정	●	●			
2004. 3	동법개정	●	●	●	●	
2005. 12	동법개정			●		

자료: 김두년 · 이정환(2008).

① 금리인하: 정책자금 금리의 인하(기존 대출금+신규 자금)

② 상환연기: 기존 대출금의 상환기한을 연기

③ 저리자금 대체지원: 기존 대출금(상호 대출 등) 상환을 위한 저리자금 지원

④ 저리자금 신규 지원: 특정 정책목표를 위해 저리자금을 신규 지원

⑤ 연대보증 해소지원: 연대보증을 해소하기 위한 정책자금지원

가장 일반적인 농가부채대책은 금리인하와 상환연기였는데, IMF 경제위기 이후에는 금리부담이 많은 상호금융 대출을 저리의 정책자금으로 대체하는 대책이 포함되었으며, 이후 몇 차례에 걸쳐 이들에 대한 상환연기도 시행하였다. 또한 2000년과 2002년에 시행된 농가부채대책은 농촌 금융시장에서 관행적으로 이루어져 있던 맞보증에 의한 농가의 연쇄도산을 방지하기 위해 기존 연대보증을 해소하기 위한 정책대출도 추가되었다.

이들 농가부채대책은 특정 시점을 기준으로 특정 기준에 부합하는 대출금 또는 농가 전체를 대상으로 획일적이고 한시적으로 실시되었다는 데 그 특징이 있다. 정부는 2003년 그 동안 반복적으로 시행된 부채대책의 문제점을 보완하기 위해 상시적이고 선별적인 부채대책을 도입하였다. 대표적인 상시적 부채대책으로는 농업경영회생자금과 농지은행에 의한 경영회생지원을 위한 농지매입사업을 들 수 있다. 이들 사업은 경영위기에 직면한 농가가 필요시 농협이나 한국농촌공사에 사업지원을 신청하고 대출기관의 심사에 의해 지원 여부가 결정되는 대출제도이다.

2.2. 평가 및 문제점

그 동안 정부가 추진한 농가부채대책은 1998년 IMF 경제위기, 2007년 전후 농자재가격 급등에 의한 농업경영 위기 등을 해소하는 데 기여한 것으로 평가할 수 있다. 금리인하, 저리대체자금지원 등으로 농가의 금융비용 부담을 완화시켰고 상환기간 연장, 연대보증 해소지원 등을 통해 농가의 도산 및 연쇄도산을 막는 데 기여하였다. 특히, 2003년 이후 실시된 농업경영회생자금 등은 상시적이고 효율적이면서 단위농가의 경제상황을 종합적으로 고려하는 새로운 방식의 농가부채대책을 정착시킨 것으로 평가된다.

이러한 긍정적 평가에도 불구하고 농가부채대책에 대한 문제점 지적과 비판적인 시각이 존재한다. 우선 그 동안의 대책은 농가부담을 경감하는 데 목적을 두고 있었기 때문에 근본적인 농가부채대책으로서는 한계가 있다는 지적이다. 농가의 금융부담을 덜어 주는 일시적이고 획일적 소득보조적 정책에 불과하다는 비판도 있고, 위기의 궁극적 해결이 아닌 연장을 통해 몇 년 후 또 다른 부채대책이 필요한 "반복의 함정"에 빠진다는 문제점도 대두되었다. 부채 있는 농가 중심의 대책이라는 특성 때문에 농가 간 형평성, 소득분배 왜곡 등의 부작용이 발생하였다. 또한 정부의 저금리 정책자금 수혜를 이미 받은 농가가 부채대책에서도 주요 정책대상이 됨으로써 농가 간 형평성 시비도 제기되었다.

뿐만 아니라 대출상환에 문제가 없는 농가도 지원대상에 포함시킴으로써 한정된 자원이 효율적으로 이용되지 못하였다는 문제점이 지적되었고, 부채가 많은 대규모 농가가 더 많은 혜택을 받고 상환능력이 있는 농가가 정상상환이나 조기상환을 통해 이자감면을 받음으로써 소득분배의 왜곡을 초래하는 결과를 가져왔다. 그런가 하면 정작 자금지원이 필요한 연체농가의 경우 지원대상에서 제외됨으로써 파산하는 사례도 다수 발생하였다.

그 동안 반복적으로 시행된 농가부채대책은 정치적인 고려에 의해 제기되고 입안된 경우가 많지만, 현재는 부채문제의 원인과 심각성에 대한 추진 주체(농업인, 정부 등) 간 입장 차이가 커서 합리적인 논의가 어려운 상황에 봉착한 것으로 판단된다. 각종 선거 때마다 농가부채대책은 단골 공약으로 제시되었는데, 정부는 공약이행 및 그 효과를 홍보하기 위해 총지원규모를 발표하는 행태를 반복하였지만 농업인의 실제 경제적 이익은 정부발표에 크게 미치지 못하여 부채대책에 대한 농업인의 불신이 심화되었다.[3] 이명박 정부는 대선공약으로 「농가부채동결법」을 제시하였지만 재정 부족,

3) 예를 들어, 1조 원의 정책대출금리를 1%p 인하하는 경우 정부의 예산지출 또는 농가의 경제적 이익은 100억 원에 불과하지만 정부는 '정책자금 1조 원 지원'으로 발표하였다.

당위성에 대한 회의, 농가의 도덕적 해이 등 부작용 때문에 공약을 적극 추진하려는 동력이 약화된 상황이다.

농가나 농업인단체는 농가부채문제의 주요 원인이 시장개방 및 정책실패로 인식하고 부채탕감 등 획기적인 부채대책을 요구하고 있지만, 농가의 도덕적 해이나 경영실패도 무시할 수 없는 원인 중의 하나이다. 학계에서는 '부채대책의 필요성'과 '부채대책의 한계 및 부작용' 양자 사이에서 합리적 대안을 제시하는 데 한계를 보이고 있다. 어느 누구도 부채대책이 필요하지 않다는 주장을 하기 어려운 상황이므로, 추가적인 부채대책의 필요성에 대한 주장만 있을 뿐 농가부채의 본질적인 문제 및 그 대책에 대해 합리적인 논의가 활발하게 진행되고 있지 않는 것이 현실이다.

3. 농가부채문제 해결의 길

3.1. 근원적 접근방향

농가부채문제의 해결방안을 도출하기에 앞서 우선 그 발생하는 원인에 대한 분석이 필요하다. 농가부채문제의 발생원인은 크게, ① 농업인의 경영관리 실패, ② 개방정책 및 정부 실패, ③ 농업금융 시스템의 실패로 대별할 수 있을 것이다.

첫째, 농가의 경영능력 부족, 방만한 경영, 부적절한 경영관리 등은 필연적으로 사업 실패를 가져오고, 차입농가를 부채로 고통 받는 부실농으로 전락시키는 요인으로 작용한다.

둘째, 개방정책으로 인한 농산물 가격하락, 정부정책의 실패 등도 농업경영의 실패와 농가부채문제를 발생시키는 원인이 되고 있다. 최근에 나타나고 있는 농가소득 중 농업소득의 감소와 비중 저하현상은 이런 구조적인 요인과 무관하지 않다. 농업인단체가 농가부채문제의 가장 큰 원인이 정책실패에 있는 것으로 인식하고 정부의 적극적인 대책을 요구하고 있는 것도 이 때문인 것으로 보인다.

셋째, 농업(정책)금융 시스템이 적절한 농가를 선정하여 적정 규모의 자금을 지원하지 못함에 따라 농가경영이 부실화되고 농가부채문제를 유발하게 된다. 투자 또는 사업에 부적합한 농가에 자금을 지원하거나 또 필요 이상으로 과도하게 자금을 지원하게 되면 농가는 부실화될 가능성이 높아진다. 예를 들어, 농가에 공급되는 정책자금의 금리가 지나치게 낮다거나 정부 투자사업에 융자금과 함께 별도의 정부보조금이 지급될 경우, 농가의 자금차입 수요는 늘어나고(부채증가) 상환(부채감소)의욕은 떨어뜨려 단순한 금융 측면의 요인만으로도 농가부채는 늘어날 가능성이 크다. 그 밖에 자연재해 등으로 인한 농가자산의 손실과 농작물 손실 등도 농가부채 발생의 중요한 요인의 하나이다.

농업인의 경영관리 실패로 인한 부채증가요인을 완화하기 위해서는 농업경영컨설팅의 확대가 가장 중요하다. 우리나라의 농업인에 대한 경영컨설팅 시스템은 선진 농업국에 비해 미흡한 수준이므로 체계적인 컨설팅 시스템을 구축하기 위해 정부의 적극적인 지원이 필요하다. 기존 농업컨설팅은 생산, 금융, 유통 등 분야별 컨설팅이 많아 효율성이 떨어진다는 문제가 있으므로 행정, 지도기관, 대학, 농협 등 가능한 모든 자원을 유기적으로 활용할 수 있는 체계적인 컨설팅 시스템을 구축할 필요가 있다. 이를 위해 미국 농무부의 융자시스템에서 보는 바와 같이 자금 차입농가는 농업경영에 관한 기록(장부)을 유지하고, 의무적으로 필요한 교육을 이수하며 정기적인 컨설팅을 받도록 하는 방안도 검토될 필요가 있다. 그리고 이러한 과정에서 대출금 상환시기 조정, 금리조정, 추가대출 등의 채무조정이 가능하도록 함으로써 농가들의 성실한 참여를 유도하는 방안이 필요하다.

개방정책의 추진, 농업정책의 변화 등으로 불가피하게 발생할 수 있는 가격하락, 농업경영 및 소득불안을 보완할 수 있는 정책이 필요하다. 과거에는 소득보조 성격의 농가부채대책, 즉 금융정책에 의해 이러한 문제를 해결하려 했지만, 이는 사후적인 대책이라는 점 그리고 궁극적인 해결책이 되지 못한다는 점에서 한계가 있다. 따라서 선진국형의 소득보조정책을 확대하여 부채의 함정에 빠지는 농가를 사전에 차단하고 대규모 부채대책 요구를 방지해야 한다. 농작물재해보험, 소득보험 등을 확대(또는 도입)하여 소득안정망을 구축할 필요가 있다.

농업금융 시스템의 실패로 인한 부채문제 심화를 방지하기 위해서는 농업정책금융의 선진화가 절실히 요청되고 있는 바, 이 문제에 대해서는 본절 이후에 기술하게 되는 농업금융부문에서 자세히 다루게 될 것이다.

3.2. 부채농가 유형별 접근방안

향후의 부채대책은 모든 부채농가를 대상으로 하는 획일적 · 한시적 대책을 지양하고 선별적 · 상시적인 부채대책 중심으로 추진해야 한다. 농가부채대책의 대상이 되는 농가는, ① 정상농가, ② 소규모 생계형 부채농가, ③ 대규모 사업형 부채농가로 구분할 수 있다. 먼저 정상농가는 정부의 특별한 대책 없이도 충분한 상환능력을 지니고 정상적으로 영농활동을 할 수 있는 농가로서 부채대책의 대상에서 제외함으로써 과거의 부채대책에서 나타난 문제점을 방지할 필요가 있다.

소규모 생계형 부채농가는 경영규모가 작고 부채규모도 크지 않지만 경영이 열악하여 채무불이행 상태이거나 우려가 높은 농가를 의미한다. 이들은 대부분 영농 또는 가계비 충당을 위해 대출을 받았지만 소득이 적어 연체가 계속되고 있거나 이자만 상환하고 원금은 돌려막기를 통해 유지하고 있는 상태이다. 현재의 소득구조상 부채상환 가능성이 매우 적고, 나이가 많아 투자에 의해 소득을 높여 부채를 줄여 나갈 가능성도 낮다는 특성을 지닌다.

이런 농가에 대해서는 금융정책이 아닌 복지정책 차원에서 부채문제를 해소하는 것이 필요한데, (가칭) "영세농 생업자금" 지원을 통해 기존 채무를 상환하는 방안을 제안을 하고자 한다. 영세민 생업자금은 농가의 부담을 최소화하기 위해 장기 저리로 지원하고 상환방법도 농가 사정에 맞게 월, 분기, 년 단위로 정하고 대출과정에서는 농신보 특례보증을 통해 금융기관의 참여를 제고하도록 한다. 그러나 이 자금을 지원받은 농가에 대해서는 농축산경영자금을 비롯한 농업정책자금 지원대상에서 제외함으로써 마지막 정책자금이 되게 하는 것이 바람직하다.

대규모 사업형 부채농가는 많은 대출을 받아 농업에 투자하여 큰 경영규모를 가지고 있지만 소득으로 경영비, 금융비용 등을 감당하기 어려워 채무불이행 상태에 빠진 농가를 의미한다. 이들은 정부지원사업을 통해 보조금과 비교적 큰 규모의 정책대출을 받은 농가가 대부분으로 과거 부채대책에서 형평성 문제의 주요 원인을 제공한 농가이다. 이러한 농가는 채무조정이나 자산조정을 통해 경영이 회생할 수도 있고 불가피한 경우 파산절차를 거치게 될 수도 있다.

이런 농가에 대해서는 기존 시행하고 있는 농업경영회생자금이나 농지매입사업과 같은 상시적이고 선별적인 부채대책을 통해 회생을 지원하되, 연간 2,000억 원 규모인 농업경영회생자금과 농지매입사업 규모를 확대하고 지원조건을 완화하는 등 정책보완이 필요하다. 그러나 회생가능성이 없는 농가에 대해서는 파산절차 진행이 불가피할 것으로 판단된다. 왜냐하면, 파산해야 할 농가의 파산지연은 전체 농업금융시장의 교란을 초래하고 모든 농가에 손해를 끼칠 우려가 있기 때문이다. 신속한 파산절차 진행으로 예산 낭비와 농업자본 손실을 방지하고, 농가에 대해서는 신규 취업 프로그램을 통해 재활을 지원하는 것이 필요하다.

이와 함께 보다 효율적이고 종합적인 경영회생지원을 위해서는 여러 경로를 통해 논의되고 있는 법에 근거한 '농가채무조정제도'를 도입하는 것도 검토할 필요가 있다. 경영회생지원은 농가의 의지와 자구노력을 전제로 실시해야 하며, 채무조정기구가 결정한 엄격한 과정을 통해 채무조정을 실시하여 도덕적 해이 가능성을 차단해야 한다. 채무조정 대상은 자금지원에 상응하는 규모의 자산처분 등 모든 자구노력을 선이행해야 하고 컨설팅 실시, 경영 정상화 경과보고 등 채무조정기구의 요구사항을 성실히 지켜야 한다. 금융기관은 회생대상으로 결정된 농가에 대해 법적 절차를 중단하고 기한연장, 연체이자 감면 등 부채경감을 위한 조치를 병행함으로써 그 효과를 제고해야 할 것이다.

4. 농업정책금융의 현황과 문제점

4.1. 농업정책금융의 목표

농업정책금융이란 정부가 정책목적 달성을 위해 설치한 재정 또는 제도를 통해 농업부문에 지원되는 자금을 의미한다. 농업정책금융의 목표는 정부의 정책목표에 의해 결정되는데, 이를 정리해 보면 다음과 같다.

첫째, 농업정책금융의 가장 큰 목표는 다양한 재원을 활용하여 충분한 자금을 농업에 공급함으로써 자금부족현상이 나타나지 않게 한다는 것이다. 이를 달성하기 위해 재정특별회계가 설립되고 각종 기금이 설치되었으며, 이러한 공공자금의 한계를 극복하기 위해 이차보전방식으로 민간금융 자금이 동원되어 재원이 매우 복잡해졌다.

정책금융의 두 번째 목표는 정부가 다양한 정책사업을 수립하고 여기에 일반금융보다 유리한 조건의 정책자금을 연계해 사업에 대한 수용성을 높이는 것이다. 모든 정책사업은 보조금, 정책자금, 또는 두 가지가 혼합되어 지원되어 왔는데 시대상황에 따라 보조금과 정책자금의 비중이 변화하였지만 정책금융은 정책사업 추진의 필수적 수단이 되었다. 그 결과 새로운 정책이 나올 때마다 정책자금의 종류가 지속적으로 증가하고 세분화될 뿐만 아니라 보조금과 연계되는 현상이 나타났다.

세 번째 목표는 담보력이 부족하여 금융자금에 접근하기 어려운 농업자금 수요자에게 신용보증을 제공하는 것이 중요한 농업금융정책의 목표이다. 이를 위해 농림수산업자신용보증기금이 설립되어 자금수요자에게 신용보증을 제공하는 한편, 대손보전기금제도를 운용하여 금융기관의 손실을 보전함으로써 정책자금이 원활히 공급될 수 있었다.

농업정책금융의 마지막 목표로는 시장개방, 경제위기 등으로 어려움에 처한 농가의 부담을 경감시키는 것을 들 수 있다. 경제적 어려움에 직면한 농가에 저금리 자금을 공급하여 농가에게 경제적 이득을 제공하기 위해 저금리 기조가 지속되었고, 그 결과 예금금리보다 낮은 금리의 자금을 공급하거나 실질금리가 마이너스인 자금을 융자하여 그 자체로 소득보조 기능을 나타냈다. 금리가 높은 상호금융 부채를 저리의 정책금융으로 대체하여, 농가의 부담을 경감시키는 부채대책도 농가의 금리부담 경감에 목표를 둔 것이었다.

4.2. 정책금융의 지원규모

1990년대 말까지 농업정책자금 규모가 급팽창하였으나 2001년 부채대책 이후에는 소폭 감소하여 현재 26조 8,000억 원 규모이다. 1980년대 말부터 농정의 목표가 구조개선과 경쟁력 향상으로 설정되어 1991년에는 10개년 '농어촌구조개선사업'이 착수되었고, 1994년에는 다시 10년간의 「농어촌발전대책」(이른바 농발대책)이 수립 추진되었다. 그 결과 1992~2001년 사이에 모두 22조 7,095억 원의 정책금융자금이 농업부문에 공급됨으로써 정책금융의 규모가 급팽창하였다.

그러나 2001년 농가부채대책 이후 정책자금 공급은 다소 줄어들어 농업정책자금 융자잔액은 2001년 31조 9,000억 원에서 2007년 26조 2,000억 원으로 계속 감소 추세에 있는데, 2008년에는 사료가격 급등에 따른 양축농가의 부담을 줄이기 위해 지원된 사료자금의 영향으로 소폭 증가하였다. 2001년 및 2004년 시행된 상호금융 대체자금 등 부채대책자금을 제외하면, 융자잔액규모는 2001년 21조 8,000억 원에서 2007년 17조 4,000억 원으로 감소한 후 2008년에는 19조 4,000억 원으로 11.5% 증가하였다. 한편, 정책금융자금 신

표 3-7 농업정책금융 규모의 변화 (단위: 억 원)

구 분	잔 액		신규 공급	
	부채대책 포함	부채대책 제외	부채대책 포함	부채대책 제외
2001	319,088	218,445	106,481	98,602
2005	308,615	180,082	74,031	58,327
2006	283,220	174,045	73,233	72,900
2007	262,017	173,566	72,275	72,108
2008	267,557	194,036	90,880	90,759
평 균	296,132	192,812	82,239	76,313

자료: 농림수산식품부 기획재정담당관실, 2006~2008년은 농업금융정책과.

표 3-8 농가부채와 정책금융 규모 비교

(단위: 10억 원)

구 분	농가차입금[1]			농업정책금융		정책금융 비중		
	잔 액		신규 (C)	잔액 (D)	신규 (E)	D/A	D/B	E/C
	총액(A)	농업용(B)						
2003	32,567	22,071	10,850	29,809	7,629	91.5	135.1	70.3
2004	31,967	21,039	11,607	32,496	7,842	101.7	154.5	67.6
2005	32,861	20,767	12,804	30,862	7,043	93.9	148.6	55.0
2006	32,682	19,974	12,517	28,322	7,323	86.7	141.8	58.5
2007	33,840	20,288	10,190	26,202	7,228	77.4	129.2	70.9
2008	29,656	16,483	11,590	26,756	9,088	90.2	162.3	78.4
평 균	32,262	20,104	11,593	29,075	7,692	90.1	144.6	66.4

주: 농가차입금은 농가경제통계의 차입금잔액과 부채증가액에 농가호수를 곱하여 추산함.
자료: 농가경제조사 및 〈표 3-7〉.

규 공급액은 2001년 10조 6,000억 원에서 2007년 7조 2,000억 원으로 감소한 후 2008년에는 9조 1,000억 원으로 증가하였다.

농가의 농업자금 수요는 주로 정부정책자금에 의존하고 있는 것으로 추정된다. 즉, 농가의 부채 총액과 농업정책금융 잔액을 비교하면(D/A) 농업정책금융이 농가부채 총액의 90% 수준이 되어 농가부채의 상당부분이 정책금융자금인 것으로 추정된다(〈표 3-8〉 참조). 농가의 신규 차입금과 정책금융 신규 공급액을 비교하면(E/C), 그 비율이 2005년에 55%까지 감소한 후 다시 증가하여 2008년에 78%까지 증가함으로써 농업인의 정책자금 의존도는 하락 추세에 있다가 2005년 이후 다시 높아지는 경향을 보이고 있다.

4.3. 자금소날 빛 지원체계

농업정책자금은 총 10개의 회계, 기금, 금융기관 등에서 조달되어, 6개 대출기관에서 자금지원이 이루어지고 있다. 10개의 조달원천은 크게 공공

표 3-9 농업정책금융의 재원구성(잔액기준) (단위: 억 원)

연 도	합 계	농특 회계	공자기금 (재특 회계)	농안 기금	농지 기금	축발 기금	FTA 기금	차관 자금	민간자금 (이차보전 자금)
2001	319,088	82,377	16,766	22,873	23,208	19,707	-	669	153,488
2002	305,503	78,440	11,183	25,597	23,156	19,664	-	699	146,764
2003	298,092	69,040	15,633	28,172	23,180	19,241	-	624	142,202
2004	324,960	55,564	15,097	29,025	22,683	18,541	391	194	183,465
2005	308,615	46,274	15,778	28,199	23,671	19,180	793	146	174,574
2006	283,220	37,575	16,006	30,157	25,026	18,840	1,168	156	154,292
2007	262,017	31,474	15,836	30,463	25,927	16,805	1,462	87	139,963
2008	267,557	28,875	15,224	31,295	26,867	17,002	1,946	118	146,230

자료: 농림수산식품부 기획재정담당관실, 2006~2008년은 농업금융정책과.

부문과 민간부문으로 나눌 수 있는데 공공부문의 경우 공자기금, 농특회계, 농안기금, 농지기금, 축발기금, FTA기금, 차관자금으로 구분되고, 민간부문은 농협중앙회 금융자금, 농협 상호금융자금, 산림조합자금 등으로 구분할 수 있다. 정책금융의 대출기관으로는 농협중앙회, 농협조합, 산림조합, 시중은행, 유통공사, 농촌공사 등이 있고 2004년부터 일부 시중은행이 농업정책자금 대출에 참여할 수 있도록 되어 있다.

과거에는 재정특별회계를 중심으로 재원조달이 이루어졌지만 농안기금(1968년), 축발기금(1974년), 농지기금(1981년), FTA이행기금(2004년) 등이 설치되면서 재원조달 범위가 다원화되고 관련기구도 확대되었다. 그 결과 2001년 이후 농특회계와 재특회계(공자기금)에 의한 농업정책금융 잔액은 급격히 감소한 반면 농안기금, 농지기금, FTA기금 등은 증가 추세이다.

농업정책금융의 재원별 융자잔액 추이를 보면 농특회계는 2001년 8조 2,000억 원에서 2008년에는 2조 9,000억 원으로, 공자기금은 1조 7,000억 원에서 1조 5,000억 원으로 감소한 반면, 같은 기간 농안기금은 2조 3,000억 원

표 3-10 농업정책금융의 민간자금 점유비

(단위: 억 원, %)

연 도	잔 액			신규 공급액		
	정책금융 (A)	민간자금 (B)	점유비 B/A	정책금융 (C)	민간자금 (D)	점유비 D/C
2001	319,088	153,488	**48.1**	106,481	54,855	51.5
2005	308,615	174,574	56.6	74,031	28,038	37.9
2006	283,220	154,292	54.5	73,233	28,242	38.6
2007	262,017	139,963	53.4	72,275	28,967	40.1
2008	267,557	146,230	**54.7**	90,880	46,410	**51.1**

자료: 농림수산식품부 기획재정담당관실, 2006~2008년은 농업금융정책과.

표 3-11 민간자금의 재원구성

(단위: %)

연 도	농 협			산림조합	은 행	합 계
	중앙회 자금	조합자금	계			
2006	30.1	69.1	99.2	0.8	0.003	100
2007	34.9	63.5	98.4	1.5	–	100
2008	42.9	56.2	99.1	0.9	–	100

자료: 농협자금은 농협중앙회 농업금융부, 기타는 농식품부 농업금융정책과.

에서 3조 1,000억 원으로, 농지기금은 2조 3,000억 원에서 2조 7,000억 원으로 증가하였다. 그리고 농협중앙회 자금은 1970년부터, 조합의 상호금융자금은 1999년부터, 그리고 시중은행자금은 2004년부터 이차보전방식으로 정책자금에 투입되었는데, 이들 민간자금의 대출잔액은 2004년 18조 3,000억 원까지 늘어났으나 2008년 현재 4조 6,000억 원으로 줄어들었다.

농업정책자금의 조달 및 공급 체계상의 특징으로는, 첫째 자금의 조달원전과 대출기관이 서로 교차되기 때문에 매우 복잡한 체계를 나타내고 있다.

둘째, 이차보전자금, 즉 민간금융기관으로부터 조달된 민간자금의 의존도가 계속 높아지는 추세를 보이고 있다. 정책금융자금 대출잔액 중 이차

표 3-12 농업정책자금 대출창구별 구성(잔액기준) (단위: 억 원, %)

연도	합계	농협	산림조합	유통공사	농촌공사	시중은행
2004	310,004 (100)	**273,031** **(88.1)**	7,489 (2.4)	6,531 (2.1)	22,896 (7.4)	57 (0.0)
2005	297,683 (100)	**260,280** **(87.4)**	7,289 (2.4)	5,534 (1.9)	24,086 (8.1)	494 (0.2)
2006	282,248 (100)	**243,683** **(86.3)**	6,580 (2.3)	5,501 (1.9)	25,319 (9.0)	1,165 (0.4)
2007	258,359 (100)	**218,220** **(84.5)**	7,156 (2.8)	6,001 (2.3)	25,535 (9.9)	1,447 (0.6)
2008	263,707 (100)	**222,392** **(84.3)**	5,750 (2.2)	5,778 (2.2)	28,119 (10.7)	1,668 (0.6)

주: 대출기관별 잔액기준으로 작성되어 재원별 잔액으로 작성된 〈표 3-9〉 및 〈표 3-10〉과는 차이가 있음.
자료: 농림수산식품부 농업금융정책과.

보전자금의 비중이 2001년에는 48.1%였으나 2008년에는 54.7%로 증가하였고 이러한 증가 추세는 향후에도 계속될 것으로 예상된다. 그리고 민간금융자금의 원천을 보면 거의 전액 농협자금이고, 그 중 중앙회자금과 조합 상호금융자금이 각각 대체로 반반인 것으로 나타났다.

셋째, 농업정책자금의 대출경로는 농협계통(중앙회 및 조합)에 전적으로 의존하고 있는 구조이다. 즉, 2008년 총대출금(잔액기준)의 84.3%가 농협계통을 경유하여 대출되고, 산림조합이 2.2%, 유통공사가 2.2%, 농촌공사가 10.7%, 시중은행이 0.6%를 담당하는 것에 그쳤다.

넷째, 농업정책금융자금의 조달과 대출경로가 사업별로 특정 기관에 의존하고 있어 여러 가지 부작용이 우려된다. 이차보전자금의 조달을 거의 전적으로 농협에 의존하고 있으므로 경쟁적 가격(즉, 이차보전수준) 형성이 불가능하고, 농림수산식품부 훈령에 규정된 기준금리에 따라 이차보전을 실시하고 있으나 정부와 농협 사이에 논란의 대상이 되어 왔다. 재정 및 기금을 재원으로 하는 대출도 각각 농협, 유통공사, 농촌공사가 전적으로 공급하고 있으므로 대출서비스가격(즉, 수수료)이 경쟁적으로 결정될 수 없고, 정부와의 협의에 의해 결정되므로 논란의 대상이 될 수밖에 없다.

다섯째, 농업정책금융 수요자의 선택기회가 사업별로 특정 대출기관으로 제한되어 있어 다양한 대출상품 개발, 대출편의 제공 등이 경쟁적으로 이루어지지 못하고 있다. 대출수요자인 농가가 대출조건과 편리성에 따라 대출기관을 선택할 수 있어야 대출조건과 대출편리성을 개선하기 위한 경쟁이 일어날 수 있다. 대출창구 다변화를 위해 2004년부터 정책자금 대출업무를 시중은행에 개방하였지만 2008년 잔액기준으로 1,668억 원에 머물고 있어 미흡한 수준이다. 이는 시중은행이 정책자금 취급을 통해 수익을 기대하기 어렵기 때문인 것으로 판단된다.

4.4. 대출금리

농업정책자금의 대출금리는 정책사업에 대한 수용성을 높이고 소득을 보전하는 기능을 할 수 있도록 시장금리보다 낮게 설정하고 있다. 정책사업이 시장개방 등에 대응한 대책의 성격을 가지므로 예금금리보다 낮은 자금을 제공함으로써 농가소득 증대효과를 가져온다는 정책적 의미를 내포한다. 즉, 정책자금금리 1% 포인트 인하는 1,000만 원 융자사업의 경우 연간 10만 원, 5,000만 원 융자사업의 경우 연간 50만 원의 소득보전효과를 나타낼 수 있다.

그러나 이와 같은 저금리는 융자수요를 확장시키고 상환을 지연시켜 자금수요의 팽창을 초래할 수 있다는 부작용이 불가피하게 나타날 수 있다는 점을 간과해서는 안 된다. 즉, 정책자금금리가 너무 낮으면 대출금리가 예금금리보다 낮은 역금리현상이 나타날 뿐만 아니라 경우에 따라서는 물

그림 3-3 농업정책금융금리와 일반 기업대출금리 동향

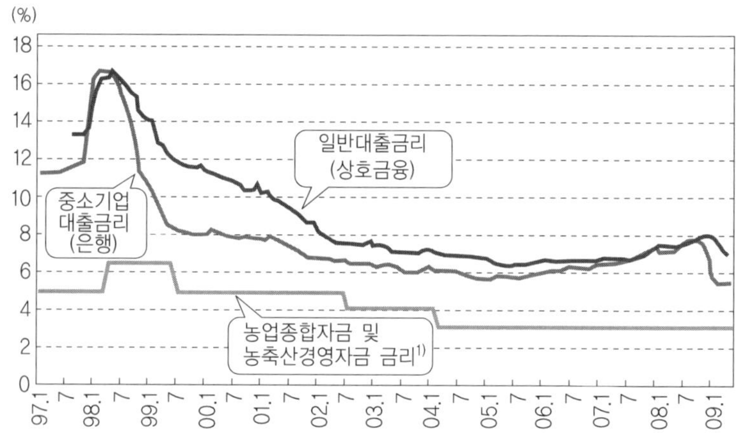

주: 1997~1999년 사이는 농축산경영자금 금리를 나타내며, 농업종합자금은 1999년부터 실시함.
자료: ECOS, 한국은행.

가상승률보다 낮아 실질금리가 마이너스가 되므로, 모든 투자가 자체자금보다 정책금융자금에 의존할 가능성이 있다. 금리차(비은행 예수금금리-농축산경영자금 대출금리)와 정책자금규모를 그래프로 비교해 보면 〈그림 3-4〉와 같이 높은 상관관계를 보이고 있다.

농가경제통계에서 부채규모보다 많은 당좌자산을 보유하고 있는 농가가 70%이고 부채가 증가한 농가의 74%가 당좌자산이 동시에 증가한 것으로 나타나, 농가가 자기자금의 여유가 있음에도 부채의 상환을 미루거나 정책금융자금 대출에 의존하는 사례가 적지 않은 것으로 판단된다. 이런 현상은 결국 정책금융자금에 대한 수요 팽창으로 재원관리, 융자, 보증 등의 업무량이 지속적으로 늘어남으로써 관련기관의 확대 및 고비용 구조를 초래할 가능성이 높음을 시사하고 있다.

또한 농업투자의 수익성은 변동성이 큰 농산물가격과 보조금 수준에

그림 3-4 역금리차와 대출규모의 변화

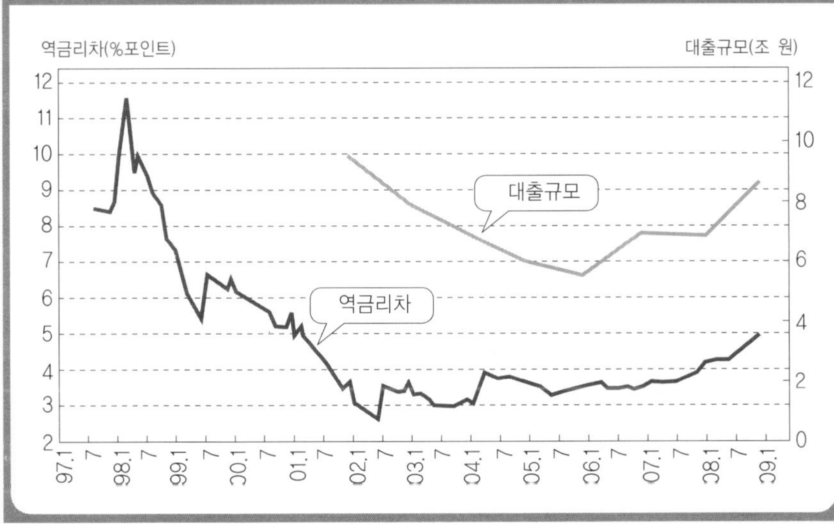

주: 1) 금리차는 (비은행 예수금 금리-농축산경영자금 금리)를 나타냄.
2) 대출규모는 부채대책을 제외한 신규 대출금액임.
자료: 비은행 예수금 금리는 한국은행 ECOS자료임.

따라 큰 폭으로 변동하므로, 정책금융자금금리는 대출수요에는 큰 영향을 미치지만 투자수요에 미치는 영향은 상대적으로 제한적일 것이라는 점에서 면밀한 검토의 여지가 있다. 농가소득이라는 측면에서 본다면 오히려 정책자금 저금리에 따른 금리차에 의한 소득보다 가격안정정책이나 농작물보험 등 소득안정정책이 더욱 효과적이라 판단된다.

4.5. 대출절차

농업정책금융의 상당부분은 지방자치단체가 융자사업 및 융자대상자 선정에 중요한 역할을 담당한다는 특징을 지니고 있다. 이러한 과정은 자금 신청에서 대출까지 1년 이상 소요됨으로써 농가가 경영여건 및 시장상황 변화에 따라 신속하게 농업정책금융자금을 활용하는 데 한계가 있다.

수요자 선정을 담당하는 '농림수산심의회'와 행정기관은 전문성이 떨어지고 지역별 배분을 고려하고 있어서 정책자금의 효율성이 떨어질 우려가 있다. 뿐만 아니라 대출과정에 시 · 군, 시 · 도, 농식품부, 조합, 농협중앙회, 각각의 위원회, 농업정책자금관리단 등 여러 기관이 관여하고 있어서 절차가 복잡하고 책임소재가 불명확하며 과도한 행정비용을 발생시킨다는 지적도 있다. 이러한 농업정책금융의 문제점은 정책금융의 금리가 낮은데다가 많은 경우 농식품부 또는 지방자치단체의 보조금이 병행 지급된다는 점 때문에, 금융적인 요소를 충족시켜야 하는 동시에 행정적인 절차를 거쳐야 된다는 점에 기인한다고 볼 수 있다. 따라서 농업정책금융의 관리체계를 단순화하여 행정비용을 최소화하면서 신속하게 대출이 이루어지도록 농업정책금융의 관리체계를 개편할 필요가 있다.

4.6. 정부의 사업추진방식

농업정책자금사업은 농업 · 농촌과 관련된 다양한 정책분야별로 정책사업이 수립되고 이들 다양한 사업분야별로 세부 사업이 설계되어 분야별로 농산물 품목별로 수많은 사업으로 세분화되어 있다. 그리고 이들 세분화된 각종 사업별로 정책자금 대출과 보조금 지급이 병행되는 가운데 사실상 농식품부에 의해 결정되는 대출조건과 절차가 각각 다르다. 현재 추진되고 있는 정책사업분야는 100여 개 이상인 것으로 파악되고 있으나(〈표 3-13〉 참조) 내용상으로는 그보다 훨씬 더 세분화되어 있다고 보아도 지나치지 않을 것이다.

이러한 결과는 UR협상 타결, FTA협상 타결, 정권교체로 인한 새 정부의 출범, 농식품부 장관의 교체 등 정책여건이 바뀔 때마다 새로운 정책사업이

표 3-13 대출기관별 사업 세분화 실태

기관	주요 사업수	주요 사업명
농협	45	농업종합자금, 후계농업경영인육성, 미곡종합처리장, 축산분뇨처리시설, 농기계구입자금, 가공용수매자금 등
유통공사	36	저장용원료수매자금, 산지일반조직지원자금 등
축발기금	15	종축시설현대화, 마필육성사업, 브랜드경영체종합지원 등
농촌공사	5	경영회생지원농지매입사업, 농지구입자금지원사업 등
합계	101	

자료: 농협 농업금융부, 유통공사 재무관리처, 축발기금 사무국, 농촌공사.

추진되고, 새로운 정책사업이 만들어질 때마다 정책금융사업이 추가되면서, 그 때마다 해당 사업에 대한 금리결정기준, 보조금 비율, 지방비 및 자부담 비율 등이 각각 결정되어 왔기 때문이다. 또한 사업별로 참여주체에 따라 금리와 보조금 지급비율이 다른 경우도 많다. 이처럼 농업정책금융이 지닌 낮은 금리와 보조금 때문에 불가피하게 세부적인 규제(융자조건과 절차 및 사후관리 등)가 필요하고 이는 결국 과도한 행정관리비용을 발생시키는 동시에 자원배분과 금융시장을 왜곡할 우려가 있다.

농업정책금융사업의 과도한 세분화는 농식품부 및 지방자치단체의 행정관리비용뿐 아니라 대출금융기관의 관리비용을 증가시키는 요인이다. 유사한 사업이라 하더라도 융자재원, 사업조건이 각각 달라 정책자금 취급요령의 다기화 · 복잡화로 인한 금융기관의 비능률과 관리비용 증가를 피할 수 없다. 농업정책금융의 이러한 문제는 이차보전사업 등 농업정책자금을 시중은행도 대출할 수 있도록 개방되어 있음에도 불구하고 시중은행들의 참여가 지극히 부진한 원인의 하나로 작용하고, 이는 다시 농업정책금융의 농협 의존적인 구조를 고착시키는 요인이 되고 있다.

이러한 정책자금 세분화와 절차의 복잡성 문제를 해결하기 위해 1999년

표 3-14 농업종합자금 규모와 비중 변화 (단위: 억 원, %)

연도	대출잔액			신규 공급액		
	정책금융(A)	종합자금(B)	B/A	정책금융(C)	종합자금(D)	D/C
2001	218,445	3,826	1.8	98,602	2,307	2.3
2005	180,082	16,715	9.3	58,327	8,233	14.1
2006	175,817	21,486	12.2	58,495	9,567	16.4
2007	171,605	26,639	15.5	59,657	10,202	17.1
2008	183,521	30,904	16.8	73,949	12,010	16.2

자료: 농협중앙회 농업금융부.

표 3-15 농축산경영자금의 비중(부채대책 제외, 신규 공급액 기준) (단위: 억 원, 건, %)

연도	농업정책 자금액(A)	농협 정책대출		농축산경영자금		비중		
		금액(B)	건수(C)	금액(D)	건수(E)	D/A	D/B	E/C
2008	90,759	80,765	776,988	27,029	635,434	29.8	33.5	81.8

주: 정책금융 신규 대출은 부채대책 제외 수치임.

부터 원예, 특작, 축산부문을 대상으로 시범사업을 거쳐 농업종합자금제도를 시행해 왔다. 이 제도는 농가의 영농분야별로 세분화되어 있는 정책자금을 농가단위로 종합하여 자금수요자인 농업경영체별로 융자하는 제도로서 2008년까지 14개 자금이 농업종합자금으로 통합되었다. 그러나 아직까지도 농업종합자금의 총대출규모는 3조 904억 원으로 부채대책자금을 제외한 총 정책자금 대출잔액의 16.8%, 신규 대출액의 16.2%에 머물고 있다(〈표 3-14〉 참조).

농업정책금융에 있어서 또 하나의 쟁점은 농축산경영자금의 예에서 보는 것처럼 과거에 시행되어 오던 정책금융을 지속적으로 유지할 필요가 있는가의 여부이다. 2008년 농축산경영자금의 신규 대출액은 2조 7,000억 원으로 농협이 취급한 정책대출액의 29.8%이다. 그러나 대출건수는 총 63만

5,000건에 달해 전체 77만 7,000건의 82%를 차지하고 있다. 이 자금은 여러 재원(농특, 중앙회, 조합)이 혼용되고 매년 신규 연장에 따른 업무부담은 매우 크지만, 건당 대출액은 425만 원에 불과하여 대출기관 취급비용을 증가시키는 요인이 되고 있다. 따라서 농가가 극심한 자금경색에 시달려 고리사채에 의존하던 1960년대부터 공급되기 시작된 농축산경영자자금은 현재의 운용방식을 계속 유지할 필요가 있는지를 재검토하여 전면 개편할 필요가 있다.

5. 농업정책금융 선진화의 길

5.1. 농정추진방식의 개편: 설계주의 농정 지양

농업정책금융사업의 세분화와 복잡한 절차의 문제를 해결하기 위해서는 먼저 농업정책 추진방식이 개편되어야 한다. 왜냐하면, 우리나라의 현행 정책금융체계는 단순한 정책금융이라는 독립적인 분야의 문제가 아니라 농업정책 추진체계 전반과 불가분의 관계에 있는 문제이기 때문이다. 즉, 농업정책의 광범위한 분야에서 정책금융이 연계되어 있고 새로운 정책사업이 추진될 때마다 정책금융사업이 추가되고, 세밀한 관리를 위해 사업이 대상자별, 세부 용도별로 다시 세분화되게 된다. 그 결과 정책금융과 관련된 사업내용이나 추진절차 등이 농식품부의 세부적인 계획 및 지침에 의해 사전적으로 규제되고, 정책금융이 국고보조금과 지방정부 예산과 연결되어 있다. 따라서 농업정책금융사업을 근본적으로 개편하기 위해서는 이러한 정책추진방식이 개편되지 않으면 안 된다.

농정추진방식의 개편을 위해서는 정부기능에 대한 검토, 즉 먼저 정부가 해야 할 일과 시장에 의존할 일의 범위와 한계를 분명히 해야 한다. 정부는 시장기능이 잘 작동되도록 경제주체가 지켜야 할 규칙을 만들고(rule making) 시장이 할 수 없는 일을 선별적으로 담당하여, 시장 실패를 보완하는 데 중점을 두어야 한다. 따라서 정부가 생산 작목, 생산과 유통의 주체 및 방식, 판매경로 등을 사전적으로 결정하고, 거기에 보조금 및 융자금을 연결시켜 정부주도로 추진하는 방식, 이른바 설계주의적 농정방식을 지양해야 한다.

설계주의 농정에 의존하는 정책금융의 특징은 한마디로 정부주도이다. 즉, 이러한 분야(농업생산, 유통, 가공 등)에 농업인 또는 농업관련 주체가 투자할 필요가 있다고 정부가 판단하여 정책사업을 만들고, 농업관련 주체들이 그런 분야에 투자하는 경우 정책자금을 공급하되 그런 투자사업(정책사업)에 투자주체들의 참여를 촉진하기 위해 금리를 낮게 하는 동시에 필요시 별도의 보조금을 지급하는 농정 추진방식이었다. 경우에 따라서 정부는 직접 또는 간접으로 자금공급 대상자를 선정하고 투자규모 사업방식을 사전적 또는 사후적으로 규제하는 방식이다.

따라서 설계주의 농정을 지양하고 시장기능(금융시장 포함)을 보완하는 방향으로 정부의 기능이 정리되면 정책사업이 단순화되고 따라서 금융사업도 과도한 세분화와 복잡한 관리절차문제에서 벗어나는 동시에 정책금융의 과다수요 방지 및 투자사업의 효율성 제고를 도모할 수 있을 것이다.

5.2. 농업정책금융의 목적 정립: 재정과 금융의 분담, 자본제한 완화

농업정책금융의 목적이 무엇인지에 대한 기본 인식을 확립할 필요가 있다. 이제까지 농업정책금융은 보조금과 함께 다양한 정책사업을 추진하기 위한 인센티브의 하나로 간주되었다. 그러나 앞으로 정책금융자금을 공급하는 목적은, 정부가 주도하는 사업을 추진하기 위한 수단으로서의 기능보다 농업부문의 농업인을 비롯한 투자주체들이 상업금융에만 의존할 경우 발생하는 농업부문의 자본제한을 완화하는 데 두어야 한다. 그리고 정부가 특정 분야에 대한 민간부문의 투자를 촉진할 필요가 있을 경우에는 보조금을 투입하고 이를 정책금융과 연계시키지 않도록 함으로써 금융시장의 왜곡을 최소화할 필요가 있다. 가령 한 · 미 FTA에 의한 농축산물 가격하락문제에 대응하기 위해서는 저리자금의 새로운 금융사업을 만들기보다는 소득보전직불제도를 확충하는 것이 바람직하다. 다시 말해서, 정책의지를 반영하는 보조금과 직불제도는 정부와 지자체가 운영하고, 금융관련분야는 금융원리가 반영되도록 함으로써 재정 및 행정원리와 금융시장의 금융원리의 혼합으로 인한 각종 부작용을 최소화하면서 정책목적 달성을 추구해야 한다는 것이다.

농업부문에 대한 자본제한의 완화가 정책금융의 목적이라고 할 때, 내적 자본제한의 완화를 위해서 일반금융시장에서 조달하는 경우보다 낮은 금리의 자금을 공급할 수도 있으나, 소득보전직접지불 등 적절한 보조금을 지급하거나 보험제도를 확충하여 농가 스스로 수익성을 과소평가하지 않도록 하는 것이 바람직하다. 선진국의 경우 미국의 론레이트(Loan Rate)제도와 유럽의 개입가격제도(Entry Price)의 예에서 보는 바와 같이 가격지지정책을 토대로 하고, 소득보전직불제도, 보험제도를 통해 가격과 작황의 위험을 완화시키는 것이 농정의 중심이 되고 있다.

외적 자본제한 완화를 위해서는 정부가 적극적인 신용보증으로 금융기관의 대출리스크를 완화하여 금융자금에 대한 농가의 접근성을 높여야 한다. 특히, 신용보증을 통해 신용정보가 부족한 새로운 경영주체와 신규 사업에 대한 자금공급이 원활히 될 수 있어야 한다.

5.3. 농업정책금융 운용방식 개선: 단순화와 경쟁원리의 도입

대출금리가 예금금리보다 낮거나 실질금리가 마이너스가 되어 대출 자체가 소득기회가 되지 않도록 하여, 금리차를 목적으로 한 대출수요 또는 상환지연이 발생하지 않도록 하되 금융자금 부족으로 인한 투자위축이 발생되지 않도록 할 필요가 있다. 이를 위해 정책자금의 금리가 매년 한은 기준금리, 공자기금 대출금리 등 시장금리 상황을 반영하는 기준금리에 연동한 수준에서 결정되도록 하여 일반대출금리보다는 낮으나 예금금리보다는 높은 수준이 되도록 하는 방안이 검토되어야 한다.

세분된 정책금융사업을 재원별로 통합하여 단순화하고, 각각 지원 용도와 대상을 포괄적으로 규정하되 서로 중복되지 않도록 한다. 가령 축발기금을 재원으로 하는 정책금융은 축산물 가공 · 유통관련 종합자금으로, 농안기금을 재원으로 하는 금융은 농산물 가공 · 유통관련 종합자금으로 단순화하고, 금융자금을 재원으로 하는 사업은 농축산종합자금으로 통합할 수 있을 것이다.

재원별로 통합된 모든 정책금융자금은 농협, 시중은행, 저축은행 등 금융기관이 경쟁적으로 상품을 개발하고, 대출서비스를 제공하여 자금수요자 중심의 대출이 이루어지도록 한다. 현재는 정부가 정책금융 사업별로 대출이자율을 정한 뒤 재정자금을 재원으로 하는 대출금에 대해서는 수수료율, 금융자금을 재원으로 하는 대출금에 대해서는 정부가 정한 기준금리와 정책자금 대출금리와의 차이를 보전하여 주는 이차방식으로 운영하고 있다. 이때 대출관리비용 및 기준금리 산정방식에 따라 수수료와 이차보전 수준이 달라지므로, 정부와 대출기관 사이에 항상 쟁점이 되어 왔고, 농협 이외의 금융기관은 사실상 농업정책금융의 취급을 외면하는 중요한 원인이 되어 왔다.

농업정책금융에 대출기관이 경쟁적으로 참여하도록 하기 위해서는 다음과 같은 두 가지 대안을 검토할 필요가 있다. 하나는 '대출수수료 입찰방식'이고 다른 하나는 '대출금리 및 서비스 경쟁방식'이다. 여기서는 편의상 민간자금을 활용하는 이차보전방식을 중심으로 논의하지만 정부가 조달하는 자금의 경우에도 큰 차이가 없다.

첫째, '대출수수료 입찰방식'의 경우 정부가 농가에 대한 대출이자율을 결정하고 수수료 및 이자보조 수준은 민간금융기관을 대상으로 입찰을 통해 결정하여, 대출기관과 수수료 및 이자보조 수준이 동시에 경쟁을 통해 결정되도록 하는 방안이다. 정부는 정부가 원하는 대출금리로 농가에 대출금이 공급되도록 하면서도 금융기관의 금융비용을 비롯한 수수료와 이자차액은 금융기관 간의 경쟁을 통해 결정되도록 함으로써, 정부의 부담을 줄이는 동시에 이를 둘러싼 논란의 여지가 없어지게 된다는 장점이 있다.

둘째, '대출금리 및 서비스 경쟁방식'은 정부가 대출기관의 대출수수료와 이자보조수준을 사전에 결정하고 대출기관은 이를 기초로 대출상품과 대출서비스를 개발하여 경쟁하도록 하는 방식이다. 이 방식에 따르면 대출기관은 경쟁적으로 다양한 대출상품을 개발하고 대출서비스를 개선하려는 노력을 하게 될 것이며, 대출수요자는 대출기관의 금리, 서비스, 편리성 등을 평가하여 대출기관을 선택하게 될 것이다. 정부는 대출대상자 또는 사업분야 등에 관한 기본 지침만 규정하고, 세부적 대출심사와 관리는 각 금융기관의 노하우에 따르도록 하여도 문제가 없을 것이다.

이 방식은 대출수수료율과 이자보조 지급방법에 따라 다음과 같이 두 가지로 나누어 생각할 수 있다. 하나는 대출기관이 정부가 보전하는 수수료율 및 이자보조 수준을 차감한 금리(저금리)로 대출을 실시하고, 대출이 이루어진 후에 대출실적에 따라 정부가 대출기관에 수수료와 이자보조를 지급하는 방식이다. 그리고 다른 하나는 대출기관은 정부가 지원하는 수수료율 및 이자보조에 관계 없이 정상금리 또는 시장금리로 대출을 시행하고, 정부는 이자보조금을 직접 대출받은 농가에 지급하는 방법으로, 가장 금융시장원리에 충실하면서도 농가로 하여금 저금리 혜택을 받게 할 수 있다는 장점이 있다.

그러나 보조금 지급방식이 어떠하든 대출금리 및 서비스 경쟁방식의 경우, 금융기관별로 금리가 달라지고 농가 간에도 금리에 차이가 나타날 수 있어 단일금리에 익숙해져 온 우리나라 농가가 쉽게 수용하기 어려울 수 있다는 단점이 있다.

5.4. 새로운 농업정책금융 전달체계 논의

농업정책금융의 관리를 담당하는 전담기구 설립 및 농축산관련 기금의 통합 등을 둘러싼 논의가 있는 것으로 언론을 통해 보도되고 있다. 이러한 논의는 농업정책금융 시스템이 재원별로 관리되고 관련 금융사업 업무가 분산되고 있어 종합적인 관리 및 효율적인 사업 추진이 어렵다는 지적에 기인하는 것으로 볼 수 있다. 또한 농협중앙회의 사업구조 개편에 대비하여 농업정책금융 관련업무를 수행할 새로운 체계를 갖출 필요가 있다는 주장도 있다.

그러나 새로운 정책금융 전담기구의 설립은 '공공기구 확장과 비용 상승'을 초래할 가능성이 높다는 비판의 소지가 있다. 먼저 농업정책금융을 위한 기관의 신설은 규제완화와 공공기관의 정비 축소를 지향하는 정부의 정책방향에 어긋나고 실효성이 떨어진다는 비판이 제기될 소지가 있다.

또한 현재 농업정책금융 및 농축산 관련 기금관리업무가 각 기관에 분산되어 있지만, 현 체제가 나름대로 현실여건에 적응하여 온 결과이고 기금별로 각각 고유의 목적과 특수성이 있으므로, 새로운 기구설립과 기금통합이 오히려 비효율과 혼란을 불러올 가능성도 있다.

앞에서 제안한 농정추진방식과 추진체계의 재검토가 없이 논의되는 새로운 농업금융 관련기관을 신설한다는 것은 전술한 바와 같이 설계주의 농정을 지양하고, 농업정책금융의 목적을 재정립하여 농업부문 자본제한 완화에 초점을 맞추는 한편, 재정기능과 금융기능의 혼합으로 인한 부작용을 최소화하는 동시에 금융기관의 경쟁원리를 도입하는 등의 정책금융 선진화를 추구해야 한다는 점에서도 재검토의 여지가 있다. 특히, 농업정책금융의 규모가 점차 축소되는 추세에 있는데다가 정책금융의 지나친 세분화로 인한 각종 비능률을 줄여야 하는 상황에서 정책금융 전담기관의 신설은, 자칫 방향 착오의 우를 범할 우려가 있다는 점에서 보다 신중하고도 면밀한 검토와 논의과정을 거칠 필요가 있다.

참고문헌

고영곤, 「농업정책금융의 조직체계와 역할: 미국의 경우」, 『시선집중』 제81호, GS&J, 2009.

김두년 · 이정환, 「함정에 빠진 농가부채대책, 대안은 무엇인가?」, 『시선집중』 제57호, GS&J, 2008.

농업정책자금관리단, 「농어촌 구조개선 특별회계 관리 업무편람」, 2009.

서종혁외, 『농수산정책자금 지원제도 개선방안』, 한국농촌경제연구원, 1990.

이정환, 「덫에 걸린 농가경제, 무엇이 쟁점인가?」, 『시선집중』 제87호, GS&J, 2009.

한국농어촌공사, 「농지관리기금 업무편람」, 2009.

Dodson, Charles and Steven Koenig, "Evaluating the Relative Cost Effectiveness of the Farm Service Agency's Farm Loan Program," Report to the Congress, USDA, 2006.

PART 2

제2부

저탄소성장에서 소득기회를 찾는다

Chapter 4

탄소배출권 거래의 이해

1. 탄소배출권 거래란 무엇인가?
2. 누가, 왜 탄소배출권을 거래하는가?
3. 어디서, 어떻게 거래하는가?
4. 농업은 어떻게 참여할 수 있는가?
5. 무엇을 어떻게 할 것인가?

양승룡

고려대학교 교수

e-mail: sryang@korea.ac.kr

1. 탄소배출권 거래란 무엇인가?

지구온난화는 지구상 누구도 피해갈 수 없는 위기이자 새로운 성장과 사업기회가 된다. 최근 MB정부의 녹색성장은 온실가스를 줄이기 위한 노력의 과정에서 발생하는 생산성 향상과 새로운 사업/고용 창출을 통한 성장전략을 의미한다. 녹색성장의 바탕에는 탄소배출권 거래제도가 있다.

탄소배출권이란 지구온난화를 일으키는 탄소(CO_2), 메탄(CH_4), 아산화질소(N_2O)와 3종의 프레온가스 등 6개 온실가스를 배출할 수 있는 권리를 의미한다. 온실가스 중에서 탄소의 비중이 80%로 가장 크기 때문에 이산화탄소(또는 탄소)를 대표로 하여 거래한다. 탄소배출권은 이미 전 세계 여러 거래소에서 활발하게 거래되고 있다. 2008년 1,000억 달러가 넘는 거래규모를 기록한 국제 탄소시장은 웬만한 상품시장을 능가하는 규모로 성장하였으며, 향후 원유시장보다 더 큰 규모로 성장할 것으로 예상된다.

많은 나라들은 이러한 탄소시장을 새로운 성장동력으로 이해하고, 이 시장에서 헤게모니를 잡기 위해 제도적 지원과 인력 양성에 힘쓰고 있다. 한국 또한 이러한 추세에서 예외가 될 수 없다. 2002년 11월 교토의정서를 비준한 한국은 세계에서 9번째로 많은 온실가스 배출 국가로 제1차 의무감축기간인 2008~2012년에는 탄소감축의무를 지지 않는 개발도상국으로 인정받았으나, 2013년 이후부터 의무감축규제를 받을 것으로 예상된다. 최근 이명박 대통령은 유엔 기후변화정상회의에서 한국이 의무 국가는 아니지만 2009년 내에 2020년까지의 감축목표를 설정하겠다는 약속을 하였다. 한국은 2010년 온실가스배출권 거래제를 도입할 예정이다.

2. 누가, 왜 탄소배출권을 거래하는가?

1992년 리우에서 체결한 기후변화협약을 실천하기 위한 국제적 합의사항인 교토의정서에 가입한 국가 중 선진국(Annex I)들은 2008년부터 2012년까지 온실가스 배출량을 1990년 대비 평균 5.2% 감축하기로 약속하였다. 국가의 온실가스 감축의무는 온실가스 다배출산업과 산업에 속한 기업에게 이전(또는 분담)된다. 배출량을 줄이는 방법으로는 배출의 직접적인 제한이나 탄소세 등이 있으나, 정확한 감축비용을 반영하지 못해 대체로 비효율적이다.

교토의정서는 온실가스 감축의무를 보다 저렴하고 효율적으로 이행하기 위한 수단으로 교토메커니즘으로 불리는 국제배출권거래제도(International Emission Trading: IET), 공동이행제도(Joint Implementation: JI), 청정개발체제(Clean Development Mechanism: CDM; Emission Reduction Unit: ERU)를 도입하였다(〈표 4-1〉 참조). 국제배출권거래제도(IET)는 온실가스 감축의무가 있는 국가에 배출할 수 있는 할당량을 부여한 후 이들 국가 간에 할당된 배출권의 거래를 허용하는 제도이다. 할당량을 초과배출한 국가는 타국의 잉여분을 배출권으로 구매하여 자국의 할당목표를 달성할 수 있다.

공동이행제도(JI)는 감축의무가 있는 선진국들이 온실가스 감축사업을 공동으로 수행하는 것을 인정하는 제도이다. 즉, 선진국 A가 여타 선진국 B의 온실가스 배출감축 노력을 지원한 후 감축된 B국의 배출량 일부를 A국의 배출감축량으로 인정해 주는 제도이다.

청정개발체제(CDM; ERU)는 선진국이 개도국에 투자하여 배출감축량(Certified Emission Reduction: CER)을 창출하여 이를 획득할 수 있도록 하는 제도이다.[1)] CDM사업을 통해 선진국은 감축목표 달성에 사용할 수 있는 온실가

표 4-1 교토메커니즘(Kyoto Mechanisms)

국제배출권거래제(IET와 AAU) - 교토의정서 제17조에 규정된 것으로, 온실가스 감축의무가 있는 국가에 배출권을 할당한 후 할당된 배출권(Assigned Amount Unit: AAU)을 국가 간에 거래하여 의무를 이행하도록 허용하는 제도
공동이행제도(JI와 ERU) - 교토의정서 제6조에 규정된 것으로, 선진국인 A국이 또 다른 선진국인 B국에 투자하여 발생된 온실가스 감축분의 일정 분을 A국의 배출감축 실적으로 인정하는 제도. 이를 통해 발생된 배출권을 ERU라 한다. ERU는 선진국에 할당된 AAU에서 제하여 선진국의 배출가능 총량은 동일하게 된다.
청정개발체제(CDM과 CER) - 교토의정서 제12조에 규정된 것으로, 선진국인 A국이 개도국인 B국에 투자하여 발생된 온실가스 배출 감축분을 자국의 감축실적에 반영할 수 있도록 하는 제도. CER은 AAU에 추가되어 배출가능 총량은 증가하게 된다.

스 감축량을 얻고, 개도국은 선진국으로부터 기술과 재정 지원을 받음으로써 산업의 효율성을 제고하고 지속가능한 개발을 추진할 수 있게 된다.

교토메커니즘은 온실가스 감축의무를 지는 기업들이 직접 많은 비용을 들여서 감축하기보다는 시장에서 배출권을 구입하여 의무를 이행할 수 있는 기회를 제공한다. 따라서 시장가격보다 감축비용이 낮은 기업은 의무적으로 감축해야 하는 배출량보다 많이 감축하여 배출권을 획득하고, 이를 감축비용이 높은 기업에게 판매함으로써 두 기업이 모두 이득을 얻을 수 있다. 교토메커니즘은 또한 CER이나 ERU 등 사업배출권을 할당배출권 대신 의무이행을 하는데 사용할 수 있게 하여 배출권의 총공급을 증가시키고, 이는 배출권가격을 기업들이 수용가능한 수준으로 낮추는 데 도움이 된다.

〈그림 4-1〉은 의무를 지는 두 기업 A, B 간의 배출권 거래가 주는 경제적

1) 개도국 자격으로 교토의정서를 비준한 한국은 CDM을 통해서만 국제 탄소시장에 진입할 수 있다.

그림 4-1 배출권거래제의 경제적 효과

총 40톤(각 20톤) 감축		
	기업 A	기업 B
감축비용	톤당 10만 원	톤당 7만 원
매매비용	톤당 8만 원	

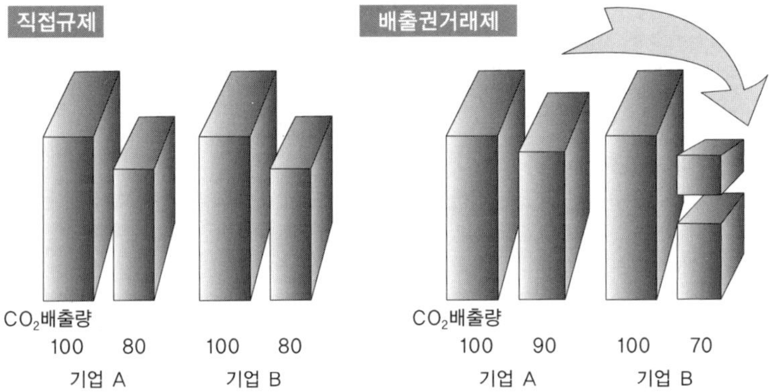

직접규제시 총감축비용		
기업 A	20톤×10만 원/톤	200만 원
기업 B	20톤×7만 원/톤	140만 원
합계		340만 원

배출권 거래시 총감축비용		
기업 A	10톤×10만 원/톤+8만 원	180만 원
기업 B	30톤×7만 원/톤-8만 원	130만 원
합계		310만 원

효과를 보여 주고 있다. 각각 100톤의 CO_2를 배출하는 두 기업은 정부의 규제에 의해 20톤씩을 감축해야 하며, 감축비용은 기업 A는 톤당 10만 원이고 기업 B는 톤당 7만 원이라고 하자. 만약 배출권거래제가 도입되지 않았다면 두 기업은 직접 감축해야 한다. 이때 소요되는 감축비용은 기업 A의 경우 200만 원(=20톤×10만 원)이고, 기업 B는 140만 원(20톤×7만 원)이다.

그러나 만약 배출권거래제가 도입된다면 감축비용이 많이 소요되는 기업 A는 의무감축량보다 적은 10톤만 감축하고, 감축비용이 적게 드는 기업 B는 의무감축량보다 많은 30톤을 감축하여 기업 A에게 톤당 8만 원에 10톤을 판다면 두 기업 모두 경제적 이득을 얻을 수 있다. 기업 A의 감축비용은 직접 감축의 200만 원보다 적은 180만 원(=10톤×10만 원+10톤×8만 원)이 소요되고, 기업 B도 직접 감축비용 140만 원보다 적은 130만 원(=30톤×7만 원-10톤×8만 원)이 소요된다. 결과적으로 배출권거래제로 인하여 기업 A는 동일한 CO_2를 감축하는데 20만 원, 기업 B는 10만 원의 경제적 이득이 있었다.

IET의 가장 중요한 역할은 온실가스 감축목표를 최소비용으로 달성할 수 있으며, 오염 총량을 직접 관리할 수 있게 한다. IPCC(Intergovernmental Panel of Climate Change)의 분석결과에 따르면, OECD 국가들이 자국 내에서만 감축의무를 이행하는 경우 감축비용은 탄소 톤당 20~665달러이지만, 배출권 거래가 이루어지면 그 비용이 14~135달러로 줄어들 것으로 추정된다.

3. 어디서, 어떻게 거래하는가?

전 세계 탄소배출권시장은 국가 간 거래뿐 아니라 국내 기업 간, 그리고 기업 내 시장 등 다양한 형태로 이루어져 있다(〈그림 4-2〉 참조).

탄소시장은 교토 의무이행을 위한 시장인지 아니면 자발적 동기에 의한 시장인지의 여부, 교토메커니즘에 의해 발행된 배출권 거래시장인지의 여부, 거래대상이 허용배출권인지 사업배출권인지의 여부, 거래장소가 지정된 거래소인지 아니면 장외시장인지 여부에 따라 성격이 다르다(〈표 4-2〉 참조).

탄소시장은 크게 교토의정서상의 감축의무를 이행하기 위해 도입된 교토메커니즘을 통해 얻어진 AAU나 CER, ERU 등을 거래하는 이른바 교토시장(Kyoto market)과 온실가스 감축의무가 없는 기업체나 정부, 개인들이 온실가스 감축사업을 통해 얻은 배출권을 거래하는 비교토시장(non-Kyoto market)

그림 4-2 세계 탄소시장 지도(2008년)

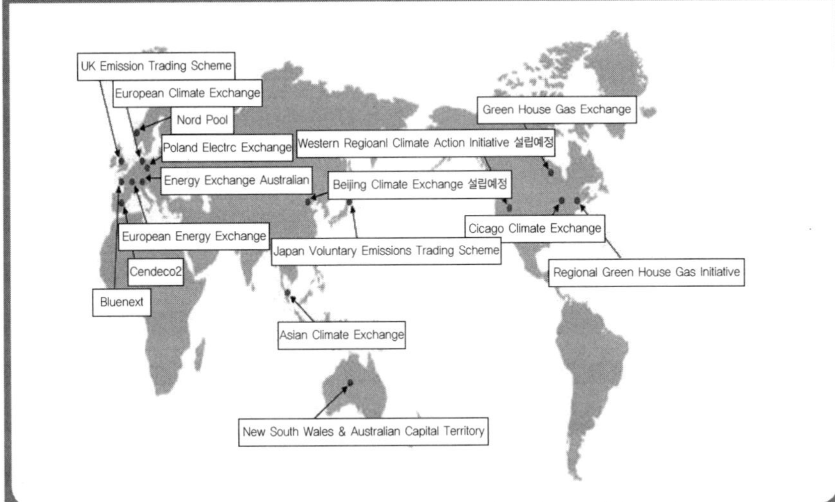

표 4-2 탄소시장의 분류기준

교토의정서에 기초한 시장 여부	
- 교토시장(Kyoto market)	- 비교토시장(non-Kyoto market)
거래대상 배출권의 근거	
- 할당배출권(allowance)	- 사업배출권(credit or offset)
거래장소별 구분	
- 거래소(exchange)	- 장외시장(OTC)
의무이행 여부	
- 강제적(compliance)	- 자발적(voluntary)

으로 구분된다.

거래대상별로는 온실가스 감축의무를 지는 국가(Annex I)들 간에 할당된 배출권인 AAU를 거래하는 할당배출권(allowances) 거래소와 온실가스 감축 사업을 통해 획득한 CER과 ERU 등 사업배출권(credits)을 거래하는 거래소로 구분할 수 있다.

또한 거래장소별로는 경매나 청산소 등 여러 제도적 장치를 통해 가격 효율성을 제고하고 신용위험을 제거한 거래소(exchange)시장과 거래소 밖에서 개별 주체들 간에 계약(emission reduction purchasing agreement: ERPA)을 통해 거래가 이루어지는 장외거래(over-the-counter: OTC)시장이 있다.

의무이행의 측면에서는 의무감축을 이행하기 위해 도입된 강제적(compliance) 시장과 자발적인 필요나 책임감에 따라 배출권을 구매하는 자발적(voluntary) 시장이 있으며, 감축의무는 교토의정서뿐만 아니라 정부의 규제 또는 스스로의 약속에 의해 지게 될 수도 있다. 예를 들어, EU ETS는 EU 국가들의 교토의정서상 의무준수를 위해 만들어진 할당배출권시장인 반면, 미국의 CCX(Chicago Climate Exchange)는 자발적으로 설정한 감축의무 이행을 위한 할당배출권 거래소시장이지만 교토시장은 아니다.

탄소시장은 크게 의무이행시장(compliance market)과 자발적 시장(voluntary market)으로 구분할 수 있다. 의무이행시장은 교토의정서나 EU ETS, RGGI(Regional Greenhouse Gas Initiative)와 같이 국제적 온실가스 감축제도나 국가적 규제에 의해서 발생되는 시장이다. 반면 자발적 시장은 기업이나 정부, 지자체, NGO, 개인들이 자신들의 온실가스 배출을 상쇄(offsetting)하기 위해 감축량을 구매하는 동기에 의해서 형성되고 있다.[2)]

회원들이 자발적 탄소거래시장에 참여하는 가장 큰 이유는 향후 국가적인 총량거래가 도입될 경우를 대비하고 국제탄소시장의 경험을 얻는 것이다. 이 밖에도 기업의 친환경이미지를 제고하고 마케팅전략으로 활용하거나 탄소감축기술을 적극적으로 도입하기 위함이다. 여기에는 탄소거래를

2) 최근 탄소중립(carbon neutral)을 위한 정부나 개인의 자발적 구매가 증가하고 있는 추세이다. 또한 소비자들이 자기들이 구매하는 여러 제품이나 서비스의 탄소발자국(carbon footprint)에 대한 관심이 증가하면서 기업들의 자발적 참여가 증가하고 있다.

통한 경제적인 유인도 포함되어 있다. 아직 초기단계인 탄소시장은 선진국 기업들에게 높은 투자수익의 기회를 제공하고 있다.

의무이행시장은 배출량을 감축하는 규제에 의해 수요가 창출되는 데에 비해서 자발적 시장은 기업의 사회적 책임이나 홍보 등에 의해 만들어지기 때문에 거래규모가 의무이행시장에 비해 훨씬 적은 편이다.

CDM이나 JI 사업은 프로젝트 유형이나 사용방법론, 배출권 발행과정에 엄격한 규제가 적용되나, 자발적 시장의 경우 참여조건이 보다 유연하고 창의적이며, 등록에 따른 비용이 상대적으로 저렴하다는 이점이 있다(〈표 4-3〉 참조).

그러나 자발적 시장은 배출권의 품질을 보장해 줄 수 있는 표준(standards)이 자의적이기 때문에 감축량에 대한 신뢰도가 낮고 배출권 인수도 위험(delivery risk)이 매우 크다는 단점이 있다. 또한 거래규모가 작기 때문에 거래비용이 높고 여타 시장과의 연계성이 부족한 것도 시장의 발전을 제약하는 요인이다.

한국이 2013년부터 시작되는 2차 의무이행기간에 온실가스 감축의무를 지는 것이 확실시되는 상황에서 배출권 거래에 대한 경험 축적과 시장활성화를 위해 자발적 시장의 도입에 적극적으로 추진할 필요가 있다.

자발적 온실가스 감축은 보다 다양한 분야에서 많은 참여자를 유인하고, 자발적 탄소시장이라는 새로운 거래시장을 마련해 나가는 계기를 제공한다.

표 4-3 자발적 탄소시장의 장단점

장점	단점
- 다양성과 유연성	- 품질에 대한 신뢰성 부족
- 낮은 발행비용과 배출권가격	- 높은 인수도 및 거래리스크
- 탄소시장에 대한 학습 및 참여 경험 제공	- 상대적으로 높은 거래비용
- 기업브랜드 가치 제고	- 여타 시장과의 연계 제약

4. 농업은 어떻게 참여할 수 있는가?

한국은 제1차 의무감축기간(2008~2012년)에 온실가스 감축의무가 없는 개도국 지위로 교토의정서를 비준한 상태이다. 따라서 할당배출권은 없는 상태이며, CDM사업을 통한 배출권(CER)과 자발적 사업을 통해 발행된 배출권(VER 또는 KCER)의 거래만 가능하다. KCER은 에너지관리공단에서 발행하는 VER로, 톤당 5,000원에 정부에서 구매하고 있다.

한국은 현재 세계 4위의 CDM사업국이다. 2009년 9월 현재 추진 중인 국내 CDM사업은 총 77건으로 연간 1,900만 톤(CO_2e)의 CER이 예상된다. 울산화학의 HFC 열분해사업은 이미 CER이 발행되어 시장에서 거래되었고, 강원풍력발전과 시화조력발전 등 12개 사업에서 발행된 인증배출권(CER)도 유통시장에서 거래되거나 준비 중에 있다. 농축산부문에서는 (주)유니슨의 주관하에 충남 청양에서 추진되고 있는 바이오가스 플랜트사업이 있다. 이 사업은 가축분뇨의 혐기발효공정을 통한 바이오가스화 처리공정 개발로 바이오가스의 생산과 열병합 발전을 도모하는 것이 목적이다.

농업부문에도 다양한 CDM사업이 추진되고 있다. 2009년 9월 현재 UN에 의해 인정된 농업분야 CDM방법론은 10건이며(〈표 4-4〉 참조), 등록된 사업은 전체 CDM사업 1,832건의 5.5%인 101건에 이른다.

〈표 4-5〉에서 보는 바와 같이 농업관련 CDM사업은 다음과 같은 사업활동(project activity)이 주를 이루고 있다.

- 양돈 · 가금류 분뇨관리 시설로부터의 메탄/온실가스 포집 및 연소
- 가축분뇨 관리(AWMS)를 통한 온실가스 저감
- 바이오매스 전력 생성 및 동력발전
- 쌀겨(rice husk)를 이용한 바이오 폐열발전

표 4-4 농업관련 CDM 승인방법론 현황		
구분	방법론 일련번호	방법론 제목
대규모 사업	AM0041	신규 플랜테이션농장의 바이오매스를 이용한 전기발전 전력망 연계
	AM0047	폐식용유를 이용한 바이오디젤 생산
	AM0073	다지역 분뇨수집 및 처리를 통한 온실가스 저감
	ACM0006	바이오매스를 이용한 발전통합 방법론
	ACM0010	축분처리 시스템의 온실가스 감축통합 방법론
소규모 사업	AMS-Ⅲ.A	콩-옥수수 윤작체계를 통한 질소비료 감축
	AMS-Ⅲ.D	축분처리 시스템의 메탄 회수
	AMS-Ⅲ.E	바이오매스의 연소, 가스화, 물리적/열적 처리를 통한 메탄 발생 회피
	AMS-Ⅲ.F	바이오매스의 생물학적 처리를 통한 메탄 발생 회피
	AMS-Ⅲ.R	농업활동의 메탄 회수

자료: UNFCCC(유엔기후변화협약) CDM EB.

- 바이오매스 열병합발전
- 바이오매스 스팀 및 동력발전
- 바이오에너지 발전소 설립
- 야자유로부터의 바이오가스 회수 및 전력 생성
- 바이오매스 에너지작물
- 폐수 방지와 에너지효율 증대 및 재생에너지 생성 등

CDM사업은 복잡하고 까다로운 절차를 거쳐 이루어진다. 이는 사업을 통해 실제로 온실가스가 감축됨을 증명해야 하는 것은 물론, CDM사업을 통한 배출권 확보가 되지 않으면 사업이 이루어지지 않음(추가성)을 증명해야 한다. CDM사업은 사업주체(개도국)와 재정지원자(선진국) 간의 사업에 대한 합의 후 다음의 절차를 거쳐 이루어진다.

① 사업계획서(Project Design Document) 작성: 컨설팅회사

표 4-5 농업부문의 주요 CDM사업				
등록일	사업명	유치국	투자국	예상저감물량 (연간 tCO_2e)
2005. 9. 2	Methane capture and combustion from swine manure treatment for Pocillas La Estrella(양돈분뇨처리)	칠레	캐나다 일본	247,428
2005. 12. 10	AWMS GHG Mitigation Project, MX05-B-01, Mexico(가축분뇨관리체계)	멕시코	네덜란드 영국 북아일랜드	147,380
2006. 2. 11	CAMIL Itaqui Biomass Electricity Generation Project(바이오매스 전력생산)	브라질	네덜란드 독일	57,341
2006. 6. 10	LDEO Biomass Steam and Power Plant in Malaysia(바이오매스 스팀 및 동력발전)	말레이시아	캐나다	208,871
2006. 8. 10	Angkor Bio Cogen Rice Husk Power Project(쌀겨 이용 바이오폐열 발전)	캄보디아	일본	51,620
2006. 9. 2	Bentong Biomass energy plant in Malaysia(바이오에너지 발전소 설립)	말레이시아	–	172,763
2006. 9. 2	Eecopalsa- Biogas recovery and electricity generation from Palm oil Mill Effluent ponds, Houduras(야자유/바이오가스 회수)	온두라스	–	27,615
2006. 9. 8	Avoidance of wastewater and onsite energy use emissions and Renewable energy generation in IFB Agro distillery unit(재생에너지 생산)	인도	–	70,760
2006. 9. 11	Methane capture and combustion from poultry manure treatment(가금류 분뇨처리)	아르메니아	덴마크	62,832
2006. 9. 29	Methane recovery and power generation in a distillery plant(메탄 회수 및 전력생산)	인도	–	44,729
2007. 6. 18	A.T. Biopower Rice Husk Power Project in Pichit(쌀겨 바이오매스 발전소)	태국	일본	70,772
2007. 10. 19	Phu Khieo Bio-Energy Cogeneration Project(사탕수수찌끼 바이오매스 발전)	태국	영국	102,493
2007. 12. 19	Shandong Wudi Biomass Generation Project(목화대 바이오매스 발전)	중국	영국	113,433
2008. 5. 10	Surat Thani Biomass Power Generation Project in Thailand(바이오매스 발전)	태국	일본	106,592
2008. 9. 3	35 MW Bagasse Based Cogeneration Project(사탕수수찌끼 바이오매스 발전)	케냐	일본	129,591
2009. 4. 27	Animal Manure Management System (AMMS) GHG Mitigation Project(축분 바이오가스 열병합발전소)	중국	캐나다 덴마크 등	66,393
2009. 6. 4	Jiangsu Rudong Biomass Power Generation Project(볏짚, 목화대 바이오매스 발전)	중국	영국	143,751

자료: UNFCCC(유엔기후변화협약) CDM EB.

② 국가 승인: DNA(Designated National Authority)

③ 타당성(validation): DOE(Designated Operational Entity)

④ 등록(registration): CDM EB(Executive Board)

⑤ 모니터링(monitoring): 사업주체

⑥ 검증(validation): DOE

⑦ 인증(certification): CDM EB(UN 산하 기구)

⑧ CER 배분: 사업참가자가 합의

먼저 개도국의 사업자와 선진국의 투자자가 만나 사업계획서(PDD)를 작성한다. PDD 작성은 대부분 전문 컨설팅회사의 도움을 받는다. 컨설턴트들은 대상사업이 CDM사업으로 가능한지, 얼마만큼의 탄소배출권이 발생할지 등을 면밀하게 검토한 후 UN의 CDM 담당부서인 EB(executive board)에 제출할 PDD의 작성을 도와준다. 컨설팅비용은 건당 수수료로 받을 수도 있지만 발행될 탄소배출권의 일정량이나 비율을 요구하는 경우도 많다. 이 경우 사업자와 투자자 그리고 컨설팅회사가 CER 발행에 공동의 책임과 의무를 지게 된다.

작성된 PDD는 국가의 승인을 얻어 UN에 제출한다. 국가의 승인은 UN의 CDM 집행위원회(EB)에서 정한 DNA를 거치며, 승인을 얻은 PDD는 전문 인증기관인 DOE를 통해 타당성 검토를 얻어야 한다. 타당성 검토를 통과한 사업은 비로소 UN에 등록할 수 있으며, 이때부터 향후 발행될 CER을 시장에 판매할 수 있다(선도계약). 등록된 사업이 예상하였던 대로 탄소배출이 감축되었는지 모니터링과 검증과정을 거쳐 최종적인 인증을 받게 되면 CDM EB에 의해 인증배출권(certified emission reductin: CER)이 발행된다.

PDD 작성에서부터 CER을 발급받는데 걸리는 시간은 대략 1년 반 정도이며, 비용은 5,000만 원 가량 소요된다. 그러나 최근 CER 발급요건이 까다

로워지고 사업물량이 늘어나면서 보다 많은 시간이 소요되고 있으며, 우선적으로 처리받기 위한 수요가 늘면서 컨설팅비용이나 DOE 수수료가 상승하는 추세를 보이고 있다. 이는 CER 발행이 늦어지면 그만큼 탄소를 공중에 버리게 되기 때문이다.

5. 무엇을 어떻게 할 것인가?

먼저 모든 경영주체들은 탄소마인드를 가져야 한다. 모든 경제활동은 탄소를 배출한다. 따라서 각 활동이 배출하는 탄소량을 인지하고, 이를 줄이는 방법을 강구해야 한다. 또한 탄소감축을 배출권 확보와 연계시켜서 생각해야 한다. 배출권을 확보하지 않은 탄소감축은 돈을 날려 버리는 것과 같다.

탄소마인드를 바탕으로 탄소시장에 적극적으로 참여해야 한다. 농업부문에서는 타 산업에서와 같은 규모의 배출권 감축사업이 존재하지 않는다. 그러나 아무리 작은 규모의 사업이라도 적극적인 감축 및 배출권 확보 노력을 통해 농업의 탄소중립을 추구해야 한다. 농업부문의 탄소포인트제와 탄소라벨링제도를 도입할 필요가 있다.

또한 전략적으로 소규모 CDM과 프로그램 CDM사업에 중점을 두고 추진할 필요가 있다. 소규모 CDM사업은 주거환경이나 경제적 여건이 열악한 상황의 마을단위를 위해 일반사업에 비해 보다 간편하고 신속한 인증절차를 허용하는 방법론을 이용한 사업이다. 마을단위를 대상으로 하는 조건불리지역직불제와 연계하기 위해서는 소규모 CDM사업이 더욱 적합할 것이다. 프로그램 CDM은 정부정책을 통한 탄소감축을 일괄적으로 배출권으로 확보하는 사업이다. 프로그램 CDM으로 확보한 배출권은 농업정책의 보조

재원으로 사용할 수 있다.

프로그램 CDM 추진은 정부주도로 이루어져야 한다. 농업정책과 연계된 프로그램 CDM사업을 추진하기 위해서는 정부의 세밀한 전략과 전체 사업을 총괄할 수 있는 정책부서, 실제 사업을 실행하는 주체, 그리고 실사업자를 대신하여 사업을 기획하고 배출권 등록절차를 대행하는 사업개발자(project developer)가 필요하다.

5.1. 정책 주관부서

정책 주관부서의 역할은 정책목표에 부합하는 사업을 선정하여 사업내용을 조율하며, 생성된 탄소배출권을 실사업자에게 분배하는 등 전체 사업을 총괄하여야 한다. 농업과 연계된 사업은 그 규모나 사업의 성격상 개별 경제주체단위로 시행하기보다는 마을이나 소규모 생산자집단, 또는 조합 등 여러 개별 주체들을 통합한 형태로 운영되는 것이 바람직하다.[3] 또한 주관부서는 정부 내 여러 관련부서로부터의 행정적 · 제도적 지원을 이끌어 내고, 대외홍보 및 교육 등의 역할도 수행할 수 있어야 하며, 이해당사자 간 분쟁이 발생하였을 경우 이를 조정하는 역할도 중요하다.

배출권거래제를 활용한 CDM사업과 조건불리지역 직불제의 연계는 농식품부가 총괄 주관하고 각 지방자치단체 또는 농협이 관리하는 방식을 고려할 수 있다.

3) 예를 들면, 미국의 아이오와농업사무소(Iowa Farm Bureau)는 농민과 지역주민 가족으로 이루어진 15만여 회원을 거느린 민간단체로 CCX에 옵셋을 공급(offset aggregator)하는 참여회원(participant member)으로 등록되어 있음.

5.2. 실사업자

실사업자들은 사업을 통한 각자의 권리와 책임을 부여받는 것이 마땅하다. 이 경우 권리는 해당 정책의 수혜와 생성된 배출권에 대한 법률적 권한을 뜻한다. 책임은 정책사업에서 요구하는 의무와 CDM사업이 계획한 대로 실행될 수 있도록 하는 책임을 의미한다.

5.3. 사업개발자

사업개발자(PD)는 실사업자를 대신하여 CDM사업이 실제로 배출권을 생성할 수 있도록 기획하고 제안서를 작성하여 인증을 받고, 실제 사업에 대한 모니터링과 사업배출권을 확보하여 시장에서 현금화하는 일을 담당한다. 정책과 연계된 CDM사업에는 특히 규모가 크고, 여러 주체를 통합하여 사업을 추진한 경험을 가진 사업개발자가 필요할 것이다.

5.4. 사업추진방식

농업정책과 CDM사업의 연계는 권리와 의무의 적절한 조화가 이루어질 때 성공적으로 추진될 수 있다. 실사업자에 대해 책임을 지우는 방식으로 각 지역에 맞는 CDM사업을 의무화하거나 사업을 통해 얻는 배출권을 인센티브로 제공하는 방안이 있을 것이다.

CDM사업의 의무화는 연계된 정책의 명분이나 대외 이미지를 제고할 수 있는 장점이 있지만, 각 지역에 적합한 사업을 찾기 어려운 경우에는 적용하기 어렵고, 정책 수혜대상의 반발도 예상할 수 있다. 따라서 사업을 통해 획득하는 배출권을 수혜대상에게 인센티브로 제공하면 정책 예산을 절감하거나, 정책 수혜금액을 확충하는 데 사용할 수 있을 것이다.

실사업자가 주어진 책임을 회피하는 경우를 방지하기 위한 제재방안과 사업으로 인해 얻어진 배출권의 배분 및 처리에 대한 방안도 사전에 다양한 각도에서 검토되어야 한다. 구체적인 시행방식은 정책목표와 사업내용, 참가대상 등에 따라 달라질 수 있다.

Chapter 5

저탄소농업으로 가는 길

1. 온실가스 감축목표 설정과 영향
2. 저탄소농업의 기본 요소
3. 농업분야 녹색기술의 유형 및 종류
4. 기후변화와 저탄소농업

남재작

농업기술실용화재단 인증사업팀장

e-mail: jjnam@efact.or.kr

1. 온실가스 감축목표 설정과 영향

1.1. 우리나라의 온실가스 감축목표

대통령 직속 녹색성장위원회에서는 우리나라의 온실가스 감축목표(이산화탄소 기준)를 2005년 배출량(594백만 ton) 대비 2020년 배출량을, ① 8% 이내 증가로 억제하거나, ② 동결 또는, ③ 4% 이상 감축하는 것을 제시하였다(2009. 8. 4). 정부는 이 안 중에서 가장 감축량이 많은 4% 감축안을 최종적으로 채택하여 기후변화에 대응하는 정부의 의지표명과 함께 국제사회의 책임 있는 노력을 촉구하였다.

그리고 그에 따른 각 시나리오별 감축목표 달성을 위한 방법으로 다음

- 1안: 냉난방과 조명에너지의 효율을 높인 그린홈 · 그린빌딩 보급 확대, 발광다이오드(LED) 등 고효율 제품 보급
- 2안: 1안의 감축수단 외에 하이브리드카 보급, 바이오연료 사용 확대, 공장에서 배출되는 CO_2를 모아서 땅 속에 저장하는 기술(CCS) 도입 등
- 3안: 2안에 더하여 전기차 · 연료차 등 차세대 그린카 보급, CCS기술의 본격 도입 등

표 5-1 온실가스 감축시나리오

분류	감축목표	2020년 예상온실가스 배출량	2005년 배출량 5억 9,400만 톤 대비
시나리오 1	BAU 대비 21% 감축	642백만CO_2eq.t	8% 증가
시나리오 2	BAU 대비 27% 감축	593백만CO_2eq.t	동결
시나리오 3	BAU 대비 30% 감축	569백만CO_2eq.t	4% 증가

주: 1990년 우리나라의 온실가스 배출량은 298백만 톤임. BAU: business as usal.

과 같은 기술을 제시하였다.

1.2. 농업부문 온실가스 배출량

국내의 농업부문 온실가스 배출량은 14.7백만 톤으로 우리나라 전체 배출량의 약 2.5%를 차지하는 것으로 보고되었다(농촌진흥청, 2007). 농업부문에서는 주로 논토양과 축산에서 발생하는 메탄, 밭토양의 아산화질소로 구성되었는데, 농경지 면적의 감소에 따라 1990년대 이후 정체된 상태를 보여주고 있다. 그러나 이러한 통계는 농업용으로 사용되는 전기와 유류 등의 사용이 포함되지 않은 것으로 농림업의 정확한 온실가스 배출량을 표현하고 있지 못하다. 2007년에 농업용 면세유로 사용된 250만kL 역시 산업부문(농림업 제외) 배출량 통계에 포함되었으며, 농업용 전기 또한 농업용 배출량으로 포함되지 않았다.

그림 5-1 농업부문 온실가스 배출통계

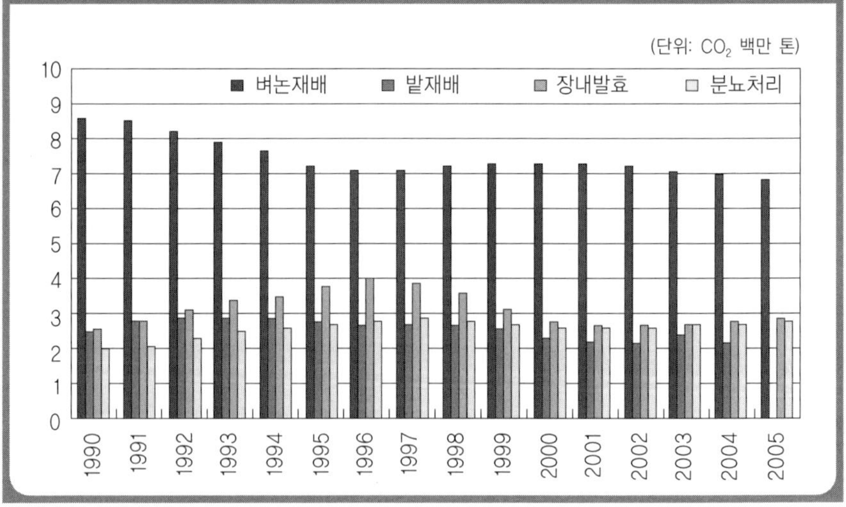

또한 직접적으로 농업용 생산을 위해 사용된 에너지뿐만 아니라 농업의 연관산업인 농자재 생산업과 식품, 농산물 운송, 유통 등에 사용된 에너지 역시 포함되지 않았다. 2005년 농산업 부가가치 비중 10.6%(농림업 3.2%, 농관련산업 7.4%)를 고려하면 우리나라 농업 및 관련산업의 온실가스 배출량은 10% 정도로 추정하는 것이 타당할 것이다.[1)] 하지만 이 역시 식품산업 및 외식산업은 포함하지 않은 수치이다.

1.3. 주요 선진국들의 감축목표(안) 및 감축수단

유럽연합(EU)은 2020년까지 1990년 대비 20% 감축목표를 설정하고, 이의 달성을 위해 2020년까지 신재생에너지 활용비율을 20%까지 높이고, 자동차 온실가스 배출규제 도입과 함께 2013년부터는 백열전구에 대한 판매금지(생산중단) 등을 제시하였다. 이 중 영국은 2020년까지 1990년 대비 34%를 감축하는 것을 제시하였는데 이를 위해 세계최초로 기후변화 법안 도입과 함께 5년 단위로 온실가스 배출 상한선 설정계획을 발표하였다.

미국은 2020년까지 2005년 대비 17% 감축방안을 마련하였고 청정에너지와 안보에 관한 법안을 하원에서 통과시켰다(2009. 6). 일본 역시 2020년까지 2005년 대비 15% 감축목표를 설정하고 에너지절약형 가전제품 구입시 포인트를 지급하는 에코포인트제 시행과 이산화탄소세 도입, 원자력 발전 확대 등을 검토하고 있다.

1) 김철민 · 이명기 · 김명수(2007).

1.4. 온실가스 감축목표 설정에 따른 영향

정부의 온실가스 감축목표의 명시적 제시는 신재생에너지사업 등 녹색산업에 대한 불확실성을 감소시켜 관련산업에 대한 기업들의 참여를 활성화시킬 것으로 기대되고 있다. 산업분야별 온실가스 감축목표 달성을 위한 노력들이 대규모 사업장에서의 감축노력과 병행하여 진행될 것으로 예상되고 있으며, 이를 위한 산업 간 온실가스 배출권 거래제의 도입가능성에 대한 논의 필요성 역시 증가하고 있다. 그러나 국내의 경제상황과 산업의 국제경쟁력을 고려한 합리적인 감축목표 설정과 이를 달성하기 위한 구체적인 방법이 제시되어야 함을 온실가스 다량 배출산업인 철강 및 화학업계에서 제기하고 있다.

EU와 미국 등에서는 온실가스 감축의무가 없는 국가에서 수입되는 제품에 세금을 부과하는 '국경세' 도입에 대한 논의가 진행되고 있는데, 삼성경제연구원은 "국경세가 도입되면 우리나라의 수출이 3.9% 감소하고, 수출피해는 43억 달러에 이를 것"이라고 추정하였다.

농업과 산림의 경우에는 온실가스 흡수원으로서의 기능을 강화할 수 있는 정책적 수단을 강화할 필요성이 있으며, 농업분야 감축목표안을 조기에 제시하여 기후변화대응 정책방향을 분명히 하는 것이 필요할 것이다. 이를 위해서는 농림수산식품분야의 온실가스 인벤토리 작성과 감축잠재량(emission reduction potential)에 대한 평가가 우선적으로 선행되어야 할 것이다.

산업분야에서의 노력뿐만 아니라 저탄소 녹색소비문화의 활성화를 위한 노력들이 민간차원에서 적극적으로 추진될 것으로 기대되고 있다. 특히, 농업분야에서는 새로운 소비문화의 출현에 따라 제철 농산물 및 지역농산물(local food) 등에 대한 수요가 증가하는 등 새로운 소비형태가 등장할 것으로 기대되고 있다.

2. 저탄소농업의 기본 요소

국가적인 온실가스 감축목표 달성을 위한 노력에 농업분야에서도 적극적인 참여가 요구되고 있다. 전술한 바와 같이 농업 및 농업관련 산업에서 온실가스 총배출량의 10% 정도를 차지하고 있고, 국가의 저탄소녹색성장정책에 따라 그에 상응하는 감축노력을 기울일 필요가 있다. 또한 논농업 직불제, 조건불리지역 직불제 등 농업지원 보조금사업에 대한 당위성을 확보하고 국민들의 국내 농업에 대한 지지기반을 확충하는 데에도 이는 중요한 인자로 작용할 것이기 때문이다.

이와 더불어 농업생태계 보존과 지속가능한 생산기반 유지를 위한 노력도 요구되고 있다. 에너지 사용 저감, 대체농자재 사용 등 저탄소농업기술들은 결국 농가경영비 절감에 기여할 뿐만 아니라, 품질 및 안전성을 향상할 수 있는 기회를 제공할 수 있다. 이러한 저탄소농업기술은 대부분 친환경농업기술과 그 근원을 같이하며 농업생태계 보존을 위해 지속적인 추진이 필요하다.

2.1. 녹색소비

녹색소비란 녹색상품의 구매와 함께 생활 속에서 친환경 소비문화의 확산으로 정부의 저탄소 농식품 산업정책을 지지하고 생산자들의 녹색기술 채택을 끌어(pull)주기 위한 접근방법으로 일반소비자들의 적극적인 참여를 전제로 하고 있다. 농식품분야의 대표적인 녹색소비 방법으로 제시되고 있는 내용은 다음과 같은 것들이 있다.

- 제철 식재료를 사용하여 요리를 함으로써 온실의 난방에너지 사용을 절감
- Food Mileage를 고려하여 지역농산물(local food) 또는 국내 농산물을 이용
- 가공수준이 낮은 식품과 식물성 식품의 비중 확대
- 요리방법의 개선: 튀김 또는 구이 → 찜, 샐러드, 절임 요리
- 일시 대량구매와 장기간 냉장보관 관행의 개선 등 식품 구매패턴의 개선
- 도보통행권 내의 식품 소매점 이용을 활성화
- 먹을 만큼 조리하여 음식물 쓰레기 발생 억제 등

녹색소비는 생산자로 하여금 친환경적 생산과 탄소배출을 감축시키는 기술의 채택을 촉진하는 효과를 가져와 농식품산업 전반의 에너지효율성과 산업의 녹색도를 향상시킬 것으로 기대되고 있다. 녹색소비를 유도하고 기후변화에 대응하는 국민들의 역량을 강화하기 위하여, 이러한 소비자운동에 대한 정부의 적극적인 지원이 필요하다. 이러한 정책적 목적을 달성하기 위해 현재 추진되고 있는 제도로는, 환경부에서 시도하고 있는 탄소포인트제도와 지식경제부에서 실시하는 탄소캐쉬백제도가 있다.

2.2. 녹색구매

녹색구매는 녹색상품의 우선구매를 통해 생산자들의 녹색기술 채용을 촉진하기 위한 지원제도이다. 현재 논의되고 있는 녹색구매제도로는 공공기관 녹색상품 우선구매제도가 있다. 이 밖에도 탄소포인트제 역시 녹색구매제도와 연계한 인센티브제도로 논의되고 있다. 농업분야에서도 친환경농산물 우선공급제도, 저탄소농식품 및 농자재 우선구매제도 등에 대한 논의가 필요하며, 농식품 탄소표시제와 연계한 녹색구매 지원방안에 대한 연

구도 필요할 것이다. 또한 저탄소농산물에 대한 마케팅 지원, 친환경 저탄소농자재 인증제도 활성화 등에 대한 논의와 함께 농자재에 대한 전과정목록(life cycle inventory: LCI)자료 공개로 저탄소농자재에 대한 간접지원방안도 고려할 수 있을 것이다.

녹색구매제도는 정부가 직접적인 장려정책을 통하여 기업들에게 녹색기술의 채용을 유도하는 적극적인 개입정책으로 단기간에 성과를 올릴 수 있는 장점이 있다. 하지만 이러한 정부의 직접개입정책보다는 소비자들에 대한 기업의 사회적 책임이라는 관점에서 기업들의 자발적인 참여가 점점 더 중요시되고 있다. 농업분야에서도 유기농업의 확산과 친환경농업 및 우수농산물관리제도(GAP)의 확산은 소비자들의 인식변화와 함께 농업인들의 사회적 책임감에 대한 변화된 인식을 보여 주는 것으로 평가할 수 있다.

2.3. 녹색기술

녹색소비와 녹색구매가 소비 측면에서 저탄소기술의 채용을 독려하는 정책이라면, 녹색기술은 생산자 측면에서 직접적인 기술의 제공을 통해 저탄소 생산을 지원하는 정책이다. 녹색기술은 저탄소 녹색성장의 가장 중요한 핵심 요소 중 하나이지만 기술개발에는 시간과 비용이 소요되므로 초기단계에서는 정책적인 지원이 수반될 필요성이 있다. 농업분야에서 개발 또는 도입이 추진되고 있는 녹색기술로는 다음과 같은 것들이 있다.

- 농기계 제어 및 에너지사용량 저감기술
  - 하이브리드 대형 건조기, 온실부온 능력 향상 기술, IT를 접목한 제어기술, LED 이용확대
- 농기계 운영: 에코드라이빙(Eco-driving) 메뉴얼
  - 에너지 10% 사용절감 가능(2,500억 원 경제적 가치)

- 식품산업의 에너지 수준 향상(Eco-design 적용)
  - 식품의 전반적인 가공수준을 하향 최적화시키고, 식품의 가공 · 포장 · 저장 및 유통 등과 같은 시스템의 에너지효율성을 높여 나가는 활동
- 녹색공간 조성기술: 도시농업, 그린빌딩, 옥상 및 벽면 녹화
- 생물농약, 유기비료, 사료첨가제 개발 등 대체자원 개발
- 바이오매스 자원화 기술, 바이오에너지작물 개발, 에너지절감형 농기자재 개발
  - 우드펠릿 보일러, 바이오에탄올, 자연순환농업기술 등

2.4. 녹색정책

녹색정책은 녹색기술의 개발과 보급에 대한 정책과 함께 녹색기술이 산업현장에 적용될 수 있도록 하는 구매 및 소비 측면을 포괄하는 정부의 정책을 총괄하는 용어로 사용되고 있다. 이러한 요소에는 녹색구매를 장려하기 위한 인센티브제도 도입, 녹색기술 개발 및 보급을 가속화하기 위한 R&D정책, 녹색기술 및 저탄소 제품에 대한 인증제도의 도입 등이 있다.

이 밖에도 농업분야에서는 농업분야의 탄소흡수원 기능을 활용한 탄소배출권거래제 참여, 식품안전을 보장하는 고품질 친환경 농산물 생산, 유채와 자운영 등의 대체에너지원 생산, 지역별 · 수계별 환경용량을 고려한 재배기술과 농법 전환, 환경친화적 또는 저탄소를 지향하는 농업정책 추진, 녹색 농어촌 공간을 조성하고 기후변화에 적응하는 대책 등이 있다.

이러한 녹색정책을 조화 있게 추진하기 위해서는 전업농 · 정예인력육성 등 농업구조정책, 농업생산기반정책, 농산물유통정책, 농가소득 · 경영안정정책, 축산정책, 농촌개발정책 등 농정 전반의 프로그램에 대한 환경성 평가를 통해 저탄소정책과의 통합 · 조정방안 마련이 요구되고 있다.[2)]

2) 김창길(2009).

3. 농업분야 녹색기술의 유형 및 종류

직접적인 온실가스 감축가능 녹색기술로 현재 활발한 논의와 연구가 진행되고 있는 녹색기술로는 다음과 같은 유형들이 있다.

이러한 녹색기술 중 일부는 시행을 위해 활발한 연구와 논의가 진행되고 있지만, 토양 유기탄소 저장과 같이 국내 환경에서의 적용에 현실적인 어려움이 존재하는 기술들도 포함되어 있다. 시설원예분야는 겨울철 난방에너지 수요가 많아 농업분야에서 가장 우선적으로 에너지효율성 향상사업을 추진할 필요성이 제기되고 있다. 원예분야에서 논의되고 있는 녹색기술로는 원예작물 육종기술의 개발과 IT, BT 등 신기술과의 융합, 신재생에너지의 농업적 이용 또는 히트펌프(지열과 지하수의 열을 이용)를 이용한 온실 냉난방비의 획기적 절감, 발광다이오드(LED) 광원을 이용한 작물의 수확시기와 비타민 등 성분조절기술, 화학비료 및 농약 절감, 첨단자동화기술로 친환경 농산물을 생산하는 기술, 깨끗하고 신선한 안전 농산물의 사계절 공급을 위한 콜드체인(cold chain)기술 등이 있다.

표 5-2 농업분야의 녹색기술의 종류

분 야	녹색기술
농경지 메탄 및 아산화질소 배출량 감축	화학비료 절감, 녹비작물 활용, 물 관리기술
휴경농경지 초목 조성	조림 · 초지 조성, 피복작물재배
축산분뇨 처리시설 개선	바이오가스 발전, 축산분뇨 보관 및 이용방법 개선
반추가축 장내발효 개선	사료의 에너지 함량 및 소화효율 개선, 가축개량, 양질조사료 급여, 반추위 발효조정제 사용
바이오매스 활용	바이오에너지 작물재배, 바이오매스 자원화기술 확대
토양 내 유기탄소 저장	화학비료의 유기물 대체, 토양피복, 관개방법 개선, 무경운 농법, 윤작

표 5-3 농업분야의 온실가스 감축능력 향상을 위한 과제

분 야	세부 방법론
에너지 절감기술	• 에너지절감형 냉난방 보온시설 • 순환식 수막시설 및 보온덮개 활용 • 태양에너지 및 지열이용 • 온도, 관수, 농기계 운영 매뉴얼 보급
대체농자재 이용 활성화	• 대체사료(청보리) 적극 활용 • 한계농지 이용 사료곡물재배 • 녹비작물(자운영) 적극 활용 • 축산과 연계한 자연순환농업
탄소감축인증 인센티브 제도 도입	• 저탄소농업 인증제와 연계한 직불제도 도입(탄소감축량과 연계한 직접지불제도) ※ '저탄소농업직불제'의 도입 검토 필요 • 자발적 탄소배출권시장 활성화를 통한 농업에 대한 사회적 투자유도

주: 다겹 보온커튼은 50%, 온풍난방기는 32%의 유류비 절감효과가 있는 것으로 나타났으며, 이러한 에너지 저감기술은 버섯재배사 등으로 확대가 가능함.

앞에서 언급한 직접적인 온실가스 감축 이외의 방법으로 농업분야에서 온실가스 감축 잠재능력을 향상하기 위해서는 에너지 저감기술의 적용, 대체농자재 이용 활성화, 그리고 정책적으로는 탄소감축 인증제도 및 인센티브 제공방식 도입 등이 중요한 검토과제가 될 것이다.

3.1. 저탄소 시대에 각광받고 있는 주요 신기술

3.1.1. 자원순환형 바이오에너지 마을[3]

자원순환형 바이오에너지 마을 개념은 우리나라의 평균적인 축산농가

3) 농업과학원 내부 자료(2009).

규모의 경우 단일농가별 바이오가스 발전을 도입하는 것은 경제성이 없으므로, 인근지역의 축산농가가 연합하여 규모를 확대하는 것이 바람직하기 때문에 도입되었다(〈그림 5-2〉 참조). 또한 바이오가스 생산과정에서 최종처리 부산물로 발생하는 혐기성소화액을 액비로 활용하여 넓은 농경지에 환원함으로써 화학비료를 대체하고 환경오염을 감소시킬 수 있다. 이러한 협력모델이 가능하기 위해서는 축산농가와 경종농가 간의 유기적인 협력과 이를 지원하기 위한 시스템의 구축이 선행되어야 한다. 우리나라에서는 농림수산식품부를 중심으로 2010년부터 이러한 개념을 모두 적용할 수 있도록 마을단위의 바이오매스 발전시설을 설치하는 사업이 추진되고 있다. 해외에서는 독일의 윤데 마을과 일본의 야마다 타운 등 세계적으로 다양한 모델이 시범적으로 운영되고 있다.

바이오가스 시설의 경제성 향상을 위해서는 유기물 함량이 풍부한 재료와 혼합 처리하여 발전의 효율성을 높이는 것이 필요한데, 음식물폐기물 30%를 가축분뇨에 혼용하여 바이오가스를 생산할 경우 약 4배 정도의 바이

그림 5-2 경종 및 축산농가 협력형 바이오에너지 마을

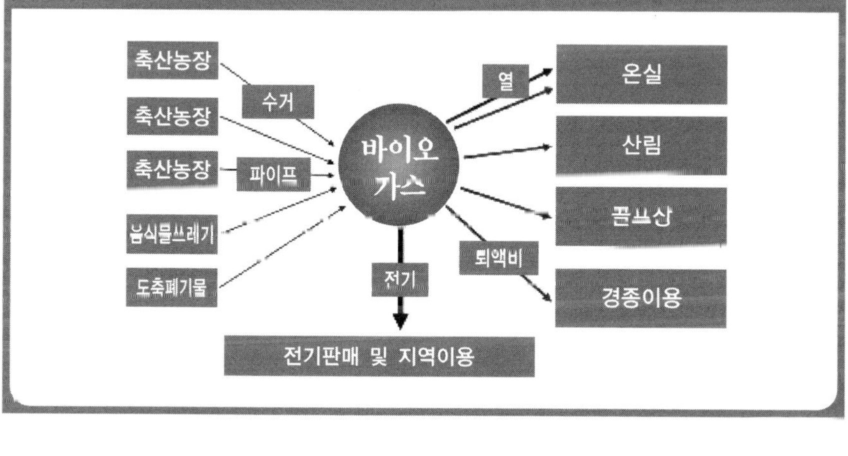

오가스 생산량을 늘릴 수 있다는 연구결과도 발표되었다.[4] 바이오에너지 마을의 경제적 효과분석에서는 50톤/일 규모의 돈분을 처리하는 자원순환형 바이오가스 플랜트의 경우 전력생산, 액비 및 퇴비 생산 등으로 연간 7억 원 이상의 경제적 이익달성이 가능할 것으로 예측되었으며, 연간 1,500톤의 직접적인 온실가스 감축과 함께 비료사용량 감소 등으로 인한 추가적인 환경이익과 온실가스 감축효과를 기대할 수 있는 것으로 평가되었다. 이러한 바이오에너지 마을이 현실화된다면 친환경적인 농축산 협력모델의 구축과 함께 안정적인 축산업 경영기반 조성과 농업자원순환체계의 구축이 가능할 것으로 기대되고 있다.

3.1.2. 지열을 이용한 냉난방기술의 농업적 이용

토마토, 오이 등 시설재배작물의 경영비 중 유류비가 차지하는 비율은 30~40%로 높아 에너지 절감기술 개발 · 보급의 경제적 효과는 상당히 큰 것으로 평가되고 있다.[5] 최근 고유가에 대비하여 시설원예에서 사용되는 냉난방에너지를 지열로 대체하는 사업이 2008년부터 본격적으로 추진되고 있다. 지열을 이용할 경우 기존의 유류를 이용할 경우와 비교하여 전력사용량의 60~70%(냉방 성능: 에어컨의 1.2배)를 절약할 수 있어, 난방비의 78%(경유난방 대비) 감소가 가능한 것으로 평가되었다. 이를 통해 연간 11,214천 원(온실면적 1,000㎡)의 난방비를 절감할 수 있어 에너지 절약과 함께 농가경영비 절감에도 큰 기여를 할 것으로 기대되고 있다.

3.1.3. 우드펠릿 난방기의 농업적 적용

우드펠릿(wood pellet)은 목재 부산물과 톱밥을 접착제를 사용하지 않고

4) 남재작 외(2009).
5) 춘천시 농업기술센터(2009).

그림 5-3

수직형 지열교환기(기존)	수평형 지열교환기(개발)

매설깊이: 100~150m 설치비용: 1억 원/10a	매설깊이: 3m 설치비용: 55백만 원/10a

표 5-4 우드펠릿의 열량 및 연료비

연료 구분	연료비(원/kg, L)	발열량(kcal/kg, L)	발열량(kcal/원)
우드펠릿	300	4,800	16.0
경　　유	1,215	9,200	7.6

사출 성형하여 건조시킨 것으로, 다른 난방연료보다 가격이 저렴하며 바이오매스 자원으로 화석연료의 사용에 의한 온실가스 배출을 감소시킬 수 있는 장점이 있다. 우드펠릿은 경유에 비하여 kg당 연료비는 25%, 단위무게당 발열량은 52%이며, 단위가격당 발열량은 경유의 2.1배이다.

3.1.4. 겨울 유채를 이용한 바이오디젤 생산

현재 우리나라에서 생산되는 바이오디젤 원료의 대부분은 해외에서 수입되고 있지만 정부에서는 겨울 유채를 이용한 바이오디젤의 생산량을 점진적으로 늘려 나갈 계획을 밝히고 있다. 바이오디젤용 유채 재배면적은 2008년 현재 정부의 시범사업으로 추진되고 있는 1,500ha가 전부이지만, 이를 계속적으로 확대시켜 나갈 예정이다. 하지만 이러한 계획을 달성하기 위해서는 유채의 작부체계 개선, 수확시기 앞당기기, 논재배에서 수량성을 유지할 수 있는 신품종의 보급이 시급히 이루어져야 가능할 것으로 보여진다. 국내 토양, 기후 및 규모에 적합한 최적 작부체계 구축을 위해서는 논재배 동계작물로 유채, 하계작물로는 벼, 고구마, 단수수, 해바라기 등이 고려되고 있는데, 이는 정부정책에 따라 영향을 크게 받을 것으로 예상되고 있다. 유채 바이오디젤의 경우 1톤당 2.2톤의 CO_2 저감이 가능한 것으로 나타났다.

3.1.5. LED 조명을 이용한 에너지 절감과 품질향상 기술

LED를 농사용으로 이용하는 보광·전조재배 기술혁신으로 새로운 시장수요 창출과 에너지사용량 절감이 가능한 것으로 평가되고 있다. 이 기술을 적용할 경우 에너지 절감, 농작물 생산성 및 품질향상, 전기에너지(농업용) 절감 등으로 연간 120억 원/년(2,864ha), 생산량 및 상품성 향상으로 311억 원/년의 경제적 효과가 있을 것으로 기대되고 있다.

LED 조명을 온실에 사용할 경우 농업 전기에너지 절감으로 14만 톤의 탄소배출 감소효과가 있는 것으로 나타났다.[6] 현재 적용되고 있는 온실작물로는 잎들깨, 국화, 딸기, 장미 등이 있으며, LED 조명을 사용할 경우 각각 수량증가, 초장 향상, 당도 향상, 절화수명 연장 등의 효과를 거둘 수 있는 것으로 나타나 새로운 시장수요를 창출할 수 있을 것으로 기대되고 있다.

3.1.6. 기타 바이오에너지 개발기술

이 밖에도 바이오에탄올 생산자원을 개발하기 위한 연구도 진행되고 있으며, 식량작물과 경쟁을 유발하지 않도록 간척지, 겨울철 유휴경지, 하

6) 농촌진흥청 내부 연구자료(2009).

천부지, 오염지, 매립지 등의 유휴지를 활용한 원료작물 생산연구도 진행 중에 있다. 셀룰로스계 원료작물로는 억새, 갈대, 볏짚, 보릿짚, 스위치그라스, 부들 등이 있고, 전분질 및 당료계 작물로 보리, 트리티케일, 밀, 고구마 등이 고려되고 있다.

3.2. 가축분뇨를 이용한 자원순환농업 활성화

가축분뇨 처리과정에서 소화액에 잔류하고 있는 질소 · 인 등 영양소를 비료자원으로 이용하여 화학비료 사용량을 감소시키고, 가축에서 유래된 온실가스 배출의 저감기술은 가축분뇨 처리문제와 온실가스 배출감축문제에 대한 양면적 효과를 가져올 수 있다. 그렇지만 가축뷰뇨가 환경부하 없이 농업현장에 활용되기 위해서는 농업 환경영향평가에 따른 가축분뇨의 효율적 관리방안 설정이 선행되어야 한다. 이를 위해서는 가축분뇨가 농경지 양분수지에 미치는 영향성을 정량적으로 평가하고, 양분수지 특성 분석을 통해 국가단위 및 지역단위의 적정 가축사육 규모 산출과 적정량 살포기술의 개발이 필요하다.

또한 이러한 기술이 성공하기 위해서는 경종농가와 축산농가를 연결하는 지역협의체 구성과 액비유통센터와 같은 전문적인 배송 및 살포 업체의 등장도 필요하며, 정부의 정책도 이런 분야에 초점을 맞추고 있다. 액비의 살포지역을 논, 밭 등에 한정하기보다는 에너지순환림, 골프장, 조경수 등 사용지역 확대를 통하여 점진적으로 수요처를 넓혀 나가는 방안이 연구되어야 할 것이다. 액비를 녹비작물 및 초지 · 사료 작물에 사용하였을 경우 바이오매스 증가량은 자운영 2.2배, 헤어리벳치 1.5배 증가하는 것으로 나타났다.

3.3. 토양개선사업 등 전통적인 농업기술에 대한 지속적 투자 필요

최근의 녹색성장 트렌드는 에너지 절약과 대체자원 개발 등 새로운 신기술에 집중하고 있지만, 현재의 안정적 농업생산 기반을 유지하기 위해서는 전통적인 농업기술에도 많은 투자가 필요하다. 경기도의 경우 자연순환농업기술의 확대 보급, 가축분 퇴비/액비의 사용증가, 유기물의 토양환원 등에 힘입어 밭토양의 화학성이 점진적으로 개선된 것으로 나타났다.

- 경기도 밭토양의 산도: 6.0(2001) → 6.2(2005) → 6.3(2009)
- 비옥도 조사: 적정범위 산도(6.0~6.5) 농경지 26%(2001) → 31%(2009)
- 유기물 함량: 1.9%(2001) → 2.1%(2009)

토양유기물 함량의 증가와 적정 pH 범위의 유지는 토양의 양분 및 수분 보유력을 향상시키고 작물의 영양균형을 유지하는 데 도움을 주므로, 결과적으로 농약 및 비료사용량 저감 등 친환경농업 실천을 위한 밑바탕이 될 수 있다. 그러므로 전통적인 친환경농업에 대한 지속적인 지원 역시 중요하다.

4. 기후변화와 저탄소농업

농림수산식품분야에서는 온실가스 인벤토리의 구축과 함께 농업분야 온실가스 감축잠재량에 대한 평가가 선행되어야 한다. 이를 위해서는 현재 논의되고 있는 농림수산분야의 온실가스 인벤토리 구축사업에 대한 조속한 결과 도출이 중요하다. 먼저 농업 고유분야는 독자적인 추진대책을 수립하고, 타 부처 소관분야와 중첩되지만 농업의 영역(예: 농업용 유류, 비료, 비닐 등)에 속한 분야에 대해서는 신속히 인벤토리 방법론의 정립과 체계적인 대응방안의 수립이 필요하다. 이를 위해서는 국가의 인벤토리체계에 필요한 항목과 농림수산분야 온실가스 감축잠재량 평가를 위한 항목을 분리하여 추진하는 것이 바람직할 것이다.

이러한 세부분야별 인벤토리를 바탕으로 농업분야의 온실가스 감축잠재량을 분석하고 이를 바탕으로 농업분야 온실가스 감축목표를 제시하여 농산업분야에서의 기후변화 대응사업의 불확실성을 감소시키는 것이 중요하다. 농업정책 변화, 탄소시장가격 변화, 소비자의 참여 정도 등 다양한 변수에 대한 감축잠재량 반응모형을 통하여 가장 효율적인 탄소감축정책의 수립이 장기적인 농산업의 기후변화 대응능력을 향상시키는 데 중요한 역할을 할 것이다. 이에 따라 온실가스 감축목표를 달성하기 위한 구체적인 방법을 제시하고 투자계획을 수립하는 노력이 경주되어야 할 것이다.

인벤토리 구축작업은 IPCC 가이드라인 Tier 1 방법을 통해 우선 실시하고, 국가고유 배출계수의 개발을 통한 Tier 2 방법의 채용은 단계적으로 추진하는 것이 바람직할 것으로 보여진다. 또한 국가의 온실가스 감축목표 달성을 지원할 수 있도록 농업분야의 감축목표를 제시하고 이를 달성하기 위한 구체적인 방법을 제시할 필요성도 제기되고 있다. 감축목표는 감축잠재량 분석을 기반으로 설정하고, 현재 제안된 녹색기술에 대한 투자 대비 온실가스 감축효과를 분석하여 구체적 감축방법과 투자계획에 대한 장기적인 비전을 제시하는 것이 바람직할 것이다.

4.1. 저탄소농산물에 대한 지원방안

정부 및 공공기관(관공서, 학교, 군납 등)에서 저탄소농산물을 우선 구매하도록 하는 제도를 시행하여 소비 측면에서 저탄소농산물 생산을 독려하여 농업인들이 자발적으로 저탄소농업기술들을 채용할 수 있도록 유도하는 것이 중요하다. 현재 경기도에서 추진하고 있는 친환경 인증(G마크) 농산물에 대한 학교 등 공공급식 식재료로 우선공급방안은 참고할 만하다. 환경부의 탄소포인트제도[7]와 연계하여 친환경 · 저탄소 농산물 구매에 대한 인센티브제도의 도입도 고려할 만하다. 인센티브(탄소포인트)를 사용할 때 우선적으로 저탄소농업제품을 구매할 수 있도록 지원하여 녹색소비와 녹색구매가 생활 속에서 실천될 수 있도록 정책을 펼쳐 나가는 것이 바람직할 것이다.

4.2. 농산물 탄소표시제 도입 등 인증제도의 개선 필요성

친환경(저농약, 무농약), 유기농, GAP 농산물 등 다양한 품질인증제도가 시행되고 있지만 저탄소농산물에 대한 인증제도는 없는 실정이다. 농산물의 친환경성 향상과 탄소배출량 저감을 위해 농축산물에 대해 전과정평가(life cycle assessment: LCA)를 실시하고, 단위제품당 탄소배출량을 표기하여 소비자들이 저탄소농산물을 구매할 수 있도록 선택성을 높여 나가는 정책이 필요하다. 이러한 노력들은 국내 농산물에 대한 소비자들의 신뢰를 확보하고 소비자의 참여를 통해 관련산업의 녹색기술 채용을 촉진하는 효과를 가져올 수 있기 때문이다.

이를 통해 농식품산업에 대한 에너지 사용효율 향상과 기후변화 대응능력을 향상하고 이를 바탕으로 환경효율성(Eco-efficiency)을 향상할 수 있는 기술지도체계를 정립해 나가야 할 것이다. 또한 녹색기술인증제에 대한 적

7) 에너지 고효율 온실가스 저배출제품 구매자에게 포인트를 부여하여 다양한 방법으로 사용할 수 있게 한 제도로 환경부에서는 가정 · 상업에서의 전기, 수도, 가스 등의 사용량 절감분에 대하여 포인트를 발급하고 이에 상응하는 인센티브를 제공함.

극적 참여를 통해 농식품기업들의 녹색기술 채용에 대한 지원을 강화하고 사전환경계획(Eco-design)기술의 채용을 촉진하여 개별 기업들의 친환경 경영을 확산시켜 나가는 것도 저탄소 농식품산업의 구축을 위해 추진되어야 한다.

4.3. 농업분야에서 배출권거래제도 참여

농업분야에서도 국내 탄소배출권 거래에 참여할 수 있도록 적극적인 대처가 요구되고 있다. 농업분야의 CDM 및 탄소상쇄(carbon offset) 사업을 적극 개발하고 온실가스 감축사업에 기업들의 참여를 유도할 수 있는 정책개발도 동시에 추진되어야 한다. 또한 개발도상국의 온실가스 감축 및 기후변화 적응사업을 농업분야 ODA사업으로 중점 추진하여 한국 농업의 국제적 위상 향상에 기여할 수 있도록 추진해 나갈 필요성도 있다.

녹색기술에 대한 R&D투자와 함께 소비자들의 적극적인 참여를 통해 녹색기술의 조기 실용화와 국민들의 참여를 보장하기 위한 노력을 병행해 나가야 효과를 높일 수 있을 것이다. 즉, 시장의 요구와 정책적 지원의 조화를 통해 녹색기술이 현장에서 신속히 채용될 수 있도록 하는 노력을 지속적으로 기울여 나가야 한다. 이러한 다각적인 정책과 녹색기술의 적용을 통해 농산업의 기후변화 대응능력을 향상시켜 나가는 노력들이 저탄소농업으로 가는 데 필수적으로 요구되고 있다.

참고문헌

김창길 · 장학균 · 장정경, 『기후변화 대응 농업부문 녹색성장 전략』, 한국농촌경제연구원, 2009.

김철민 · 이명기 · 김명수, 『농업관련 산업의 GDP와 종사자수 추정』, 한국농촌경제연구원, 2007.

남재작 · 윤영만 · 이영행 · 소규호 · 김창현, 「전과정평가 방법을 이용한 가축분뇨/음식폐기물 통합 소화형 바이오가스 시설의 온실가스 배출량 평가」, 환경농학회, 2008.

농업과학원, 내부 연구자료, 2009.

농촌진흥청, 내부 연구자료, 2009.

춘천시 농업기술센터, 보도자료, 2009.

Chapter 6

탄소라벨링제도와 농식품

1. 탄소라벨링이란?
2. 탄소라벨링 관련 해외동향
3. 국내 추진현황
4. 농식품분야 대응방안

임송택

주식회사 토람 대표이사

e-mail: danmoozi@hanmail.net

Chapter 6

1. 탄소라벨링이란?

1.1. 전과정평가와 탄소라벨링

탄소라벨링(carbon labeling)은 대상제품의 전 과정(life cycle)에 걸쳐 배출되는 각종 온실가스(green house gases)의 양을 이산화탄소환산량(CO_2-equivalent)으로 정량화하여 제품에 표기하는 제도이다. 탄소라벨링은 유럽에서 주로 사용하는 탄소발자국(carbon footprint), 일본의 $LCCO_2$(life cycle CO_2) 용어와 거의 동일한 개념이며, 전과정평가(LCA) 방법론에 기초하여 대상 제품의 온실가스 배출량을 산정한다.

전과정평가(life cycle assessment: LCA)는 대상시스템의 전 과정(원료채취, 생산, 사용, 운송 및 폐기 등)에 걸쳐서 소모되는 자원과 발생되는 배출물의 양을 정량화하여, 이로 인한 잠재적 환경영향을 종합적으로 평가하는 환경성평가 방법론이다(〈그림 6-1〉 참조).

그림 6-1 제품의 전 과정에 대한 온실가스 배출 흐름도

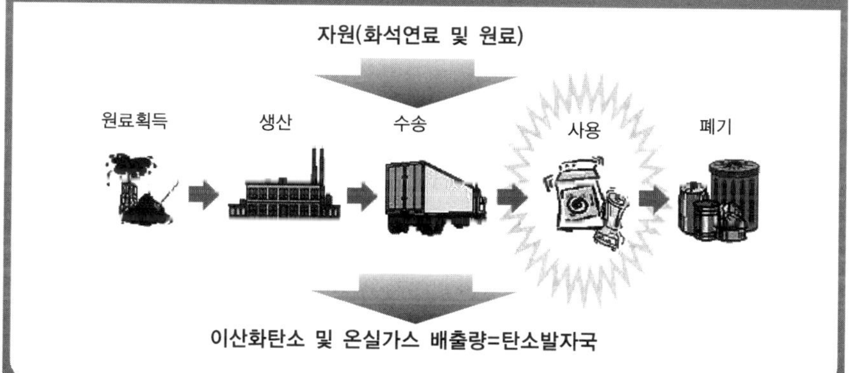

전과정평가는 환경영향평가(environmental impact assessment: EIA), 위해성 평가(risk assessment: RA) 등과 함께 널리 사용되는 환경평가 도구 중 하나로 자리잡았으며, 수행 절차 및 방법론이 국제표준화기구(ISO)에 의해 ISO 14040시리즈로 규격화되어 연구방법 및 결과에 대한 객관성을 확보할 수 있다는 장점을 지니고 있다.

1.2. 탄소라벨링제도의 개요

탄소라벨링제도의 운영 취지는 제품의 전 과정에 걸친 이산화탄소 배출량 및 감축량을 산정하여 소비자 및 이해관계자에게 제공함으로써, 저탄소제품의 소비와 생산을 활성화하여 궁극적으로 저탄소 경제시스템을 구축하는 데 있다.

이를 위해 온실가스 산정을 위한 전과정평가 방법론과 모든 제품에 동일하게 적용할 수 있는 온실가스 계산지침을 개발하고 온실가스 배출량을 쉽고 정확하게 산출 · 검증할 수 있는 체계를 마련할 필요가 있다.

제품의 절대적인 온실가스 배출량만을 표기하는 '제품 온실가스 배출량 인증'에서 나아가 해당 제품군에서 상대적으로 온실가스 배출량이 적은 제품에만 부착가능한 '저탄소상품 인증'이 실시되면, 저탄소상품에 대한 공공구매 및 민간소비의 활성화를 추진할 수 있는 객관적 정보제공이 가능하게 된다.

탄소라벨링제도가 현실적으로 성과를 나타내기 위해서는 탄소라벨링 제품 및 저탄소제품에 대한 소비자들의 적극적인 구매와 저탄소제품 소비문화 확산이 이루어져야 하며, 이에 대한 경제적 인센티브 제공과 다양한 방식의 홍보가 추진될 전망이다.

그림 6-2 탄소라벨링제도 운영 모식도

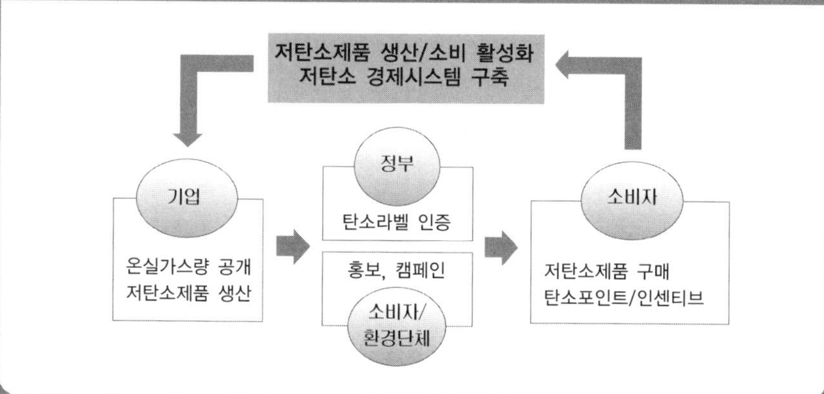

2. 탄소라벨링 관련 해외동향

2.1. 국제표준화기구 및 국제규격

국제표준화기구(ISO)는 2010년 현재, 탄소라벨링에 대한 국제규격을 개발하고 있는 중이다. 탄소라벨링은 전과정평가(LCA) 방법에 기초하여 소비자 및 이해관계자에게 제품의 온실가스 배출량 정보를 제공하므로, 환경라벨링 ISO 14020시리즈 및 전과정평가 ISO 14040시리즈와 깊은 관련이 있다(〈그림 6-3〉 참조).

환경라벨링은 ISO 14020시리즈로 국제규격화되어 있으며, 우리나라에서는 환경부 산하 환경산업기술원에서 환경마크제도와 환경성적표지제도 및 탄소성적표시제도를 운영하고 있다.[1)]

1) 환경성적표지제도는 6개 환경영향범주(자원소모, 지구온난화, 오존층영향, 산성화, 부영양화, 광화학산화물 생성)에 대한 대상 제품의 전과정평가 결과를 제품 등에 표기하는 제도이며, 그 중

그림 6-3 ISO 14000시리즈 환경경영 국제규격

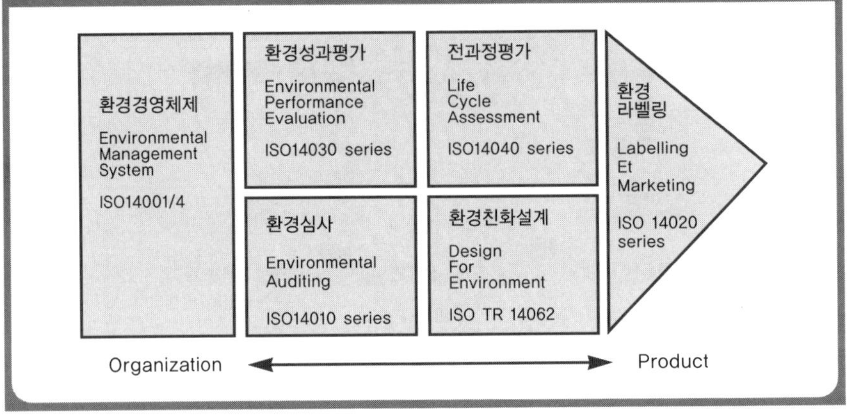

2.2. 각국의 탄소라벨링 추진동향

영국은 환경농업식품부(Department for Environment, Food, and Rural Affairs: DEFRA)의 지원하에 2007년부터 Carbon Trust사에서 'Carbon Reduction Label'을 운영하고 있다.

코카콜라 등 20개 업체, 75개 상품이 'Carbon Reduction Label'을 인증받았으며, 영국표준협회(BSI)는 영국 정부 및 Carbon Trust사와 함께 탄소라벨 지침 'PAS 2050'을 개발하여 탄소라벨의 ISO 국제규격화에 앞장서고 있다.

스웨덴은 우리나라와 가장 유사한 방식의 환경성적표지제도를 운영하고 있으며, 2007년부터 제품의 온실가스 배출량을 공개하는 'Carbon Declaration'제도를 추진하여 현재 과자용 코팅종이박스 등 6개 품목이 인증받은 상태이다.

미국은 캘리포니아 주의회에서 2008년 3월 '탄소라벨법'을 제정하였으

지구온난화에 영향을 주는 온실가스 배출량 정보만을 별도로 제공하는 제도가 탄소성적표지제도(탄소라벨링)이다.

며, The Carbon Conservancy(TCC)에서 저탄소제품 등급제인 'Carbon Conscious Product Label'을 운영하고 있다.

일본은 '기후변화 대책추진법' 개정을 통해 탄소라벨링에 대한 법적 근거를 마련한 상태이며, 경제산업성과 대형유통업체가 제휴하여 올해부터 자체브랜드(Private Brand: PB) 상품에 온실가스 배출량 표기를 실시할 예정이다.

캐나다는 비영리법인인 'Carbon Counted'사에서 2007년부터 'Carbon Counted Label'을 운영중에 있으며, 사업장의 온실가스 감축량을 개별 제품

표 6-1 해외 탄소라벨링 운영현황

	탄소라벨 명칭	탄소라벨	운영기관	시행일자	표기기준	시행현황
영국	Carbon Reduction Label	working with the Carbon Trust 100g CO_2	Carbon Trust	2007	전 과정 온실가스 배출량	• 코카콜라 등 20개 업체, 75개 제품 시범 인증 • PAS 2050 표준 개발
일본	Carbon Footprint Mark	123g CO_2	경제산업성	2008	전 과정 온실가스 배출량	• 2008년 식료품을 중심으로 시범 인증 시행 • 2009년 정식 인증 시행
캐나다	Carbon Counted Label	101g CO2 CARBON LABELS.ORG	Carbon Counted	2007	전 과정 온실가스 배출량	–
미국	Carbon Conscious Producte Label	CLIMATE CONSCIOUS PLATINUM	The Carbon Conservancy	2008	Climate Conscious Rating	• 식료품 인증 활발 • 핸드폰, 매트릭스 등 다양한 제품에 적용
	CarbonFree Certified Label	Carbonfree Carbonfund.org	Carbonfund	2007	–	
스웨덴	Climate Declaration	EPD®	Swedish Env. Mgt Council	2007	전 과정 온실가스 배출량	• 식료품을 비롯한 다양한 제품 및 서비스에 대한 인증 활발

에 분배한 결과를 표기하고 있다.

독일은 2008년부터 탄소라벨링 시범 인증을 실시하고 있으며, 프랑스는 자동차 등에 에너지-탄소라벨을 부착하는 한편 저탄소차량에 대한 경제적 인센티브를 부여하고 있기도 하다.

3. 국내 추진현황

3.1. 탄소성적표지제도

우리나라는 환경부의 「환경기술 개발 및 지원에 관한 법률」 제18조에 근거하여, 2009년 2월부터 탄소성적표지(탄소라벨링)제도를 시행중에 있다. 탄소성적표지는 제품온실가스 배출량 인증과 저탄소상품 인증 두 종류가 있다.[2)]

[1단계: 제품온실가스 배출량 인증]

기준배출량(baseline)이 결정되지 않은 제품의 온실가스 배출정보 공개시 부여되는 최초 인증이다. 국가의 온실가스 감축노력에 적극 동참한 제품이라는 의미를 담고 있으며, 기준배출량이 결정(최초 인증)된 후, 국가의 최소감축목표를 달성하지 못한 제품도 인증대상이 된다.

인증신청시 제출서류로는 온실가스 배출량 산정 보고서, 배출량 산정 근거자료, 제품 온실가스 감축 계획서 등이 있다. 서류심사와 현장심사 및 심사결과에 대한 인증심의를 통해 인증 여부가 최종결정되며, 인증 유효기

2) 환경부의 탄소성적표지 인증대상 제품은 생산재, 소비재, 서비스를 포함하되 의료기기, 의약품 및 1차 농산물은 탄소성적표지 인증대상에서 제외된다. 이에 따라 농림수산식품부에서는 농산물을 대상으로 하는 별도의 탄소라벨링제도화를 검토 중에 있다.

그림 6-4 탄소성적표지 인증 마크

간은 3년이다.

[2단계: 저탄소상품 인증]

'제품 온실가스 배출량 인증' 취득 후, 국가에서 정한 제품군별 온실가스 최소감축목표(minimum reduction target)를 달성한 저탄소제품에 부여되는 인증이다. 단, '제품 온실가스 배출량 인증' 취득 후, 제품군별 온실가스 감축목표를 달성하지 못한 제품은 '제품 온실가스 배출량 인증'의 갱신이 가능하다.

제품군별 최소감축목표는 2010년 이후 개발, 공지할 예정이며, '저탄소상품 인증'의 유효기간은 3년이다.

3.2. 인증제품 및 마케팅 현황

2009년 12월 31일 현재 탄소성적표시 인증제품은 모두 111개이며, 이 중 음식료품 인증제품이 56개로 전체 인증제품 중 절반이 넘는 비중을 차지하고 있다(〈표 6-2〉 참조).

공산품에 비해 음식료품 분야의 탄소라벨링이 훨씬 적극적으로 이루어지고 있으며, 이는 소비자들의 안전한 먹거리에 대한 요구 및 대형마트의

표 6-2 탄소성적표지 인증제품 현황

구분	개수	비율(%)	비고
생산재	8	7	반도체, 모터 등
서비스	7	6	운송서비스 등
에너지사용 내구재	12	11	세탁기, 보일러, 자동차 등
기타 내구재	7	6	가구 등
음식료품	56	50	두부, 우유, 스낵 등
기타 비내구재	21	19	샴푸, 세제 등
합계	111	100	

자체브랜드(PB) 상품에 대한 적극적인 마케팅활동 등에 기인하는 것으로 사료된다. 해외의 경우에도 우리나라와 같이 농식품분야의 탄소라벨링활동이 활발하게 추진되는 사례가 많이 있다(〈그림 6-5〉 참조).

국내 대형마트 매출순위 1~3위인 신세계 이마트, 홈플러스 및 롯데마트가 각각 2008년 11월, 2009년 1월 및 6월에 환경부와 협약(MOU)을 체결하여, 자체브랜드 상품에 대한 탄소성적표지 부착을 추진하고 있다. 대형마트들은 탄소성적표지 제품구매시 적립포인트를 추가제공하고, 매장 또는 방송매체를 통해 자체브랜드 탄소성적표지 제품의 홍보를 실시하는 등 자체브랜드의 마케팅활동에 탄소성적표지제도를 적극적으로 활용하고 있다(〈그림 6-6〉 참조).

한편, CJ, 웅진식품, 농심, 해태제과, 롯데제과, 롯데칠성, 연세우유, 풀무원, 정식품, 광동제약 등 상당수의 음식료품 회사들이 자사제품에 대한 탄소라벨링과 저탄소상품 인증 획득을 목표로 제품별 온실가스 배출량을 조사하고 탄소라벨링의 마케팅 활용을 추진중이기도 하다.

그림 6-5 영국의 'Carbon Reduction Label' 농식품 인증사례

Walkers – 감자칩

Mey Selections – 꿀, 비스켓

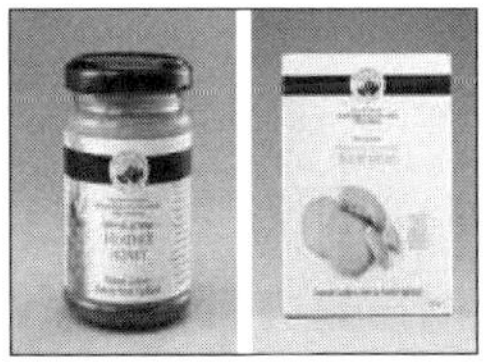

Danone Waters UK Limited – 생수

Tesco – 오렌지주스

Cadbury Schweppes – 초콜릿바

Coca-Cola, Innocent – 음료

그림 6-6 탄소성적표지 제품에 대한 홍보사례

4. 농식품분야 대응방안

4.1. 농업분야의 전과정평가

농업과 관련된 전과정평가는 식품관련 산업과 연계되어 1990년대부터 본격적으로 연구되기 시작하였으며, 주로 일본과 유럽 특히 덴마크를 중심으로 농업분야에 대한 활발한 연구가 진행중이다.

유럽의 경우, 약 600여 개의 농산물 · 식품 관련 전과정목록(life cycle inventory: LCI) DB를 구축하였으며, 이러한 국가단위 데이터베이스는 농수산식품의 환경영향 평가와 탄소라벨링의 가장 중요하고도 기본적인 자료가 된다.

밀, 콩, 감자, 옥수수, 당근, 오이 등 농산물분야와 소, 닭, 계란 등의 축산물분야, 수산물과 임산물 등 다양한 농축수산물과 식품, 농약, 사료, 비료 및 설비들에 대한 환경부하와 온실가스 배출량 정보가 전과정목록(LCI) DB 형태로 구축되어, 인터넷과 전용소프트웨어 프로그램 등 다양한 경로를 통해 소비자 등 이해관계자들에게 전달되고 있다.

우리나라는 2009년부터 농촌진흥청의 "농식품부문 탄소이력추적 기반구축" 과제를 통해 쌀, 보리, 콩, 배추, 무 등 주요 농산물에 대한 전과정목록(LCI) DB 구축작업이 진행되고 있다.

현재 운영중인 환경부의 탄소성적표지제도의 경우, 음식료품의 탄소성적표지 인증시 원료가 되는 국산 농산물의 탄소배출데이터베이스가 구축되어 있지 않아 해외자료를 이용할 수밖에 없는 문제가 발생하고 있는데,[3] 이

3) 2009년 3월 탄소성적표지 인증을 받은 즉석밥 제품의 경우, 제품의 주원료가 국내산 쌀임에도 불구하고 쌀의 재배 전 과정에 대한 투입산출물 목록이 구축되어 있지 않아, 미국 쌀 투입산출물 목

그림 6-7 밀 1kg 생산에 따른 온실가스 배출량 산정사례

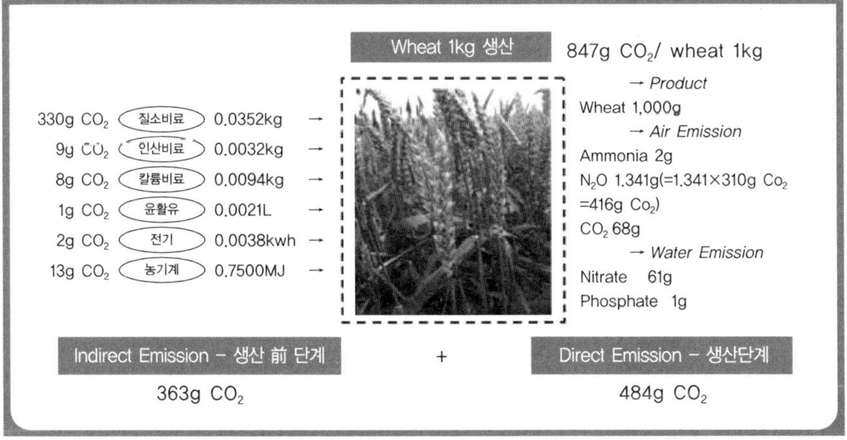

자료: 덴마크 Food LCA.

리힌 문제는 향후 국산 농산물의 탄소배출 데이터베이스가 구축됨으로써 해결될 수 있으며, 소비자와 식품회사들이 구매하는 원료 농산물에 대한 온실가스 배출정보 요구는 계속해서 증가할 전망이다.

4.2. 농식품의 온실가스 배출

식품의 전 과정(life cycle)에 대한 환경영향을 살펴보면, 식품의 원료인 1차 농산물의 재배과정이 차지하는 비중이 크며 그만큼 농산물 생산과정이 중요하다.

농산물의 재배과정에서 투입되는 농약, 화학비료, 에너지(농기계 사용)와 이에 따른 배출물들로 인해, 지구온난화, 부영양화, 생태독성 등 부정적인 환경영향이 발생하게 되며, 농수축산물별로 온실가스 배출량은 차이가

록을 이용하여 온실가스 배출량을 산정하였다.

매우 크다.

기존의 농산물 인증제도(이력추적관리제도, 원산지표시제, 친환경농산물 인증, 우수농산물 인증 등)들은 농산물 및 가공식품의 전 과정(원료재배, 제품생산, 수송, 유통 및 폐기)에 대한 안전성 및 환경성 정보제공이 미흡한 상태이다.

최근 관심의 대상이 되고 있는 푸드마일리지(food mileage)는 각종 식자재의 이동에 따른 수송부하(에너지소비 및 온실가스 배출)를 고려하기 위해 물동량과 이동거리를 곱한 값으로, 단위는 ton · km를 사용한다. 푸드마일리지는 단순히 음식료품의 수송거리만을 고려하므로, 농산물 재배시 농약과 화학비료 투입에 따른 환경영향과 식품의 안전성은 평가할 수 없다.

반면, 탄소라벨링은 푸드마일리지에서 고려하는 수송부하는 물론 농산물 재배, 가공식품 생산, 유통 및 폐기 전 과정에 대한 온실가스 배출량을 산정함으로써 식품의 안전성과 환경성에 대한 간접적이지만 종합적인 정보를 제공한다.

유기농법으로 재배된 곡물의 전 과정 온실가스 배출량이 관행농 곡물 대비 25~88% 수준에 불과하다는 연구결과 등을 비추어 볼 때, 식품의 온실가스 배출량 데이터가 환경성 및 안전성 지표들과 연관성이 높을 것으로 사료된다(〈그림 6-8〉 참조).

〈그림 6-9〉는 국내 환경성적표지 인증제품 중 주요 식품군의 평균온실가스 배출량을 분석한 결과이다. 스낵류가 제품 100g당 전 과정에 걸쳐 463gCO_2e(이산화탄소 환산량)을 배출하여 탄소성적표지 인증 식품군 중에서 가장 많이 온실가스를 배출하는 것으로 나타났으며, 파이류 160gCO_2e, 즉석밥류 157gCO_2e 순이었다.[4)]

4) 즉석밥류의 경우는 제조전단계 배출량(72gCO_2e)과 제조단계 배출량(98gCO_2e)을 합한 값이 170gCO_2e에 달하지만, 폐기단계에서 포장용기의 재활용에 따른 온실가스 배출 회피효과에 힘입어 전 과정의 온실가스 배출량은 157gCO_2e로 줄어들었다.

그림 6-8 각종 관행농 및 유기농 곡물 1kg 생산에 따른 온실가스 배출량

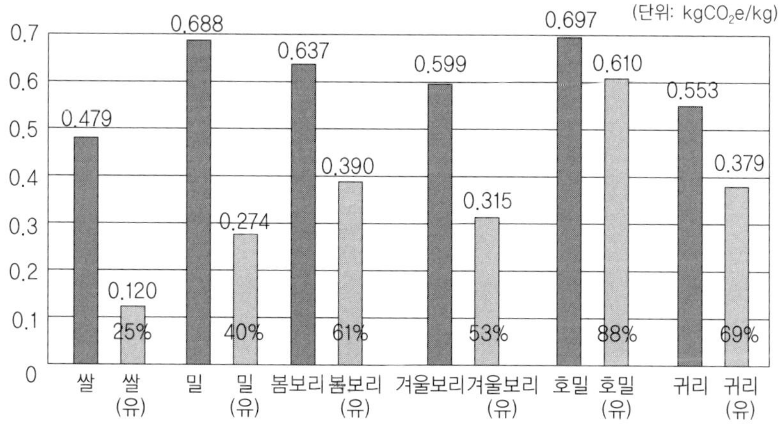

자료: 덴마크 Food LCA.

그림 6-9 국내 환경성적표지 인증 식품군별 온실가스 배출량(제품 100g당)

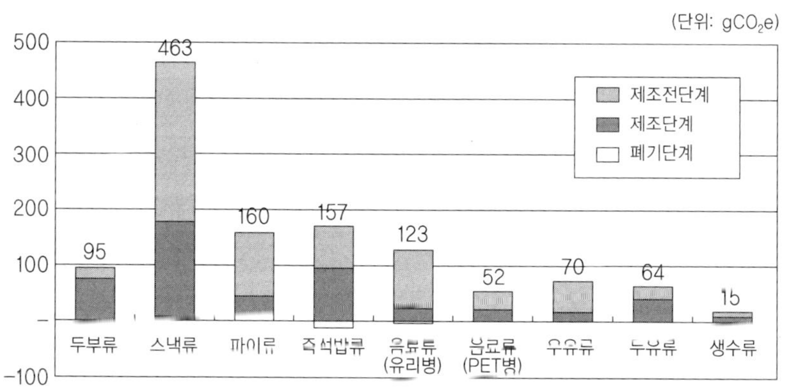

4.3. 농식품 탄소라벨링의 기대효과

탄소라벨링은 국내산 농수산식품의 경쟁력 강화에 기여할 수 있다. 탄소라벨링은 환경정보 공개를 통해 소비자와 적극적 커뮤니케이션 시스템을 구축할 수 있는 수단이며, 식당에서 제공되는 음식물의 탄소배출량 표시로 외식산업 마케팅에도 응용이 가능하다.

탄소라벨링은 국내산 농수산식품이 상대적으로 온실가스 배출량이 적다는 정보를 소비자들에게 제공함으로써 국산 농수산식품의 소비촉진 및 수요증가에 기여할 수 있을 것으로 기대된다. 탄소라벨링은 수송과정의 온실가스 배출량을 산정함으로써 수입농산물보다 수송거리가 현저히 짧은 국산농산물의 환경적 우수성을 나타나게 될 가능성이 높기 때문이다.

농수산식품 분야에서 저탄소녹색성장을 실제로 구현하기 위해서는, 저탄소제품의 생산과 소비를 촉진하여 온실가스 배출량을 줄이고, 소비자에게 안전한 먹거리와 올바른 정보를 제공함과 동시에 관련산업과 기업의 국제경쟁력 강화를 추구해야 한다.

탄소라벨링은 저탄소제품에 대한 선택권을 소비자에게 부여하고, 저탄소제품을 생산하거나 저탄소공정을 개발한 기업의 경쟁력 제고에 기여함으로써 시장친화적 방식으로 저탄소사회를 추구할 수 있다.

기존의 온실가스 감축방법은 사업장(site) 중심의 에너지효율화, 신재생에너지로의 전환에 집중되어 있었으나, 최근에는 에너지고효율/저탄소제품의 선택적 소비를 통해 제품(product) 중심으로 온실가스를 감축시키는 방식이 각광받고 있으며, 탄소라벨링은 이러한 온실가스 감축 패러다임의 전환에 결정적 역할을 하고 있다.

저탄소제품을 구매하는 소비자에게 탄소포인트, 탄소캐쉬백, 탄소옵셋 등의 경제적 인센티브를 부여하고, 이를 자발적 탄소배출권 시장에서 거래할 수 있게 함으로써, 배출권 시장의 활성화에도 기여할 수 있을 것이다.

탄소라벨링은 농수산식품 분야에서 저탄소제품의 생산 및 소비를 촉진하고, 관련분야의 모든 이해관계자(농산물 생산자, 식품 제조회사, 유통회사, 소비자 등)들에게 경제적 혜택을 주는 동시에 국가경쟁력 제고에도 기여할 수 있을 것으로 기대된다.

Chapter 7

저탄소녹색성장과 바이오매스 활용

1. 문제 제기
2. 저탄소녹색성장과 바이오매스 에너지화 정책현황
3. 바이오매스 활용현황과 자원량 추정
4. 농림어업부문의 에너지 소비에 따른 환경부하와 바이오매스 활용
5. 바이오매스 활용 정책과제

서세욱

국회예산정책처 예산분석관

e-mail: swseo@nabo.go.kr

1. 문제 제기

교토의정서 체제하에서 이산화탄소 배출량 세계 10위인 한국은 2013년부터 시작하는 제2차 이행기간에 온난화가스 삭감 의무대상국이 될 가능성이 농후하다. 또한 국내총생산(GDP) 1단위를 생산하는데 주요 선진국과 비교하여 많은 양의 에너지를 소비하는 경제구조를 가진 한국은 에너지 저소비사회로의 전환이 요구된다. 농림어업부문도 기계화가 진전되면서 에너지를 다량으로 소비하고 있으며 2008년 에너지소비량은 1980년 대비 3.77배 증가한 286만toe[1)]에 달한다. 에너지를 소비하는 과정에서 배출한 이산화탄소의 양은 800만tCO_2에 달하여, 에너지 소비로 인한 환경부하를 축소할 필요성이 대두되고 있다.

에너지 저소비사회로의 전환이 요구되는 가운데 정부는 2008년 8월에 2030년을 목표연도로 하는 에너지 관련 최상위계획인 국가에너지기본계획을 최초로 수립하였으며, 중장기 에너지 비전을 제시하였다. 국가에너지기본계획은 에너지부문 녹색성장 5대 비전을 제시하였는데, 에너지 자립사회를 구현하기 위해 2030년까지 신재생에너지가 1차에너지에서 차지하는 비중을 약 11%까지 확대하는 목표를 설정하였다.

또한 환경부는 2008년 5월「경제 살리기와 기후변화 대응을 위한 폐기물에너지화 종합대책」을 발표하였는데, 폐기물 및 바이오매스 에너지를 녹색성장과 기후변화 대응을 위한 신성장 동력으로 육성한다는 정책비전을 제시하면서, 2030년 신재생에너지 목표비중 11% 중 7%를 폐기물 및 바이오

1) toe란 ton of oil equivalent의 약자로 원유 환산톤을 의미하며, 에너지원별 열량 비교를 위한 것으로 다른 연료의 열량을 원유기준으로 환산한 양이며, 1toe는 10^7kcal이다.

매스 에너지로 충당한다는 추진목표를 발표하였다.

한편, 2008년 4/4분기부터 글로벌 금융위기가 실물부문에 본격적으로 영향을 미치기 시작한 것을 계기로, 단기적으로 경기침체에 대응하면서 중장기적으로 성장동력을 확보할 목적으로 정부는 2009년 1월 6일 「일자리 창출을 위한 녹색 New Deal사업 추진방안」을 발표하였고, 2월 16일에는 대통령 직속 녹색성장위원회가 「저탄소녹색성장 추진방안」을 발표하였다. 녹색뉴딜과 저탄소녹색성장 추진방안 속에서 바이오매스 에너지화는 저탄소녹색성장을 달성하기 위한 주요 사업 중의 하나로 자리매김하였지만, 녹색뉴딜의 재원배분은 '4대강 살리기' 등 국토정비 관련사업의 비중이 압도적이다.

더욱이 2012년부터 가축분뇨와 음식물류 폐기물의 해양배출이 금지되는 것을 계기로 바이오매스 활용에 대한 관심이 높아지고 있는 가운데, 바이오매스 에너지화는 에너지 연소과정에서 이산화탄소를 추가적으로 배출하지 않아 저탄소녹색성장을 실현하는 데 일익을 담당할 수 있다. 저탄소녹색성장이 강조되고 있는 상황에서 농림어업의 환경보전 기능을 강화하기 위해서는, 농산어촌에 산재되어 있는 바이오매스 자원을 에너지화하여 활용함으로써 에너지 소비과정의 환경부하를 완화시킬 필요가 있다.

따라서 본고에서는 바이오매스 에너지화 정책방향을 살펴보고, 바이오매스 자원활용의 의의와 재정사업의 현황을 살펴본다. 그리고 농림어업부문의 에너지 소비현황을 살펴보고, 바이오매스 잠재량을 추정하여 잠재량이 농림어업부문의 에너지소비량을 어느 정도 충당할 수 있을지 검토하고, 바이오매스 자원을 원활하게 활용하기 위한 정책과제를 제언하고자 한다.

2. 저탄소녹색성장과 바이오매스 에너지화 정책현황

2.1. 국가에너지기본계획과 녹색성장 5대 비전

정부가 2008년 8월 수립한 국가에너지기본계획은 〈표 7-1〉에서 보는 에너지부문 녹색성장 5대 비전을 제시하였다. 여기에는 신재생에너지 보급률을 2006년 2.2%에서 2030년 약 11%까지 확대하고, 에너지 저소비사회로 전환하기 위해 GDP 1단위를 생산하는데 소비하는 에너지의 양을 2006년 0.347에서 2030년 0.185로 개선하는 정책목표가 구체적으로 제시되었다.

또한 원자력과 신재생에너지의 확대를 포함한 중장기 에너지 비전을 제시하였는데, 신재생에너지가 1차에너지에서 차지하는 비중을 약 11%까지 확대하기로 하였다(〈표 7-2〉 참조). 그러나 우리나라에서 사용하는 신재생에너지에는 국제기준[2]에 부합하지 않은 폐기물 등이 포함되어 있어, 국제

표 7-1 에너지부문 녹색성장 5대 비전

5대 비전	지표	2006년	2030년
에너지 자립사회 구현	신재생에너지 보급률	2.2%	11.0%
	자주개발률	3.2%	40.0%
에너지 저소비사회로 전환	에너지원 단위	0.347	0.185
탈석유사회로 전환	석유의존도	43.6%	33.0%
더불어 사는 에너지사회 구현	에너지빈곤층 비율	7.8%	0.0%
녹색기술과 그린에너지 신성장동력과 일자리 창출	에너지 기술수준	60%	세계 최고수준

자료: 대한민국 정부(2008).

2) 국제에너지기구(IEA)는 우리나라가 신재생에너지로 포함하고 있는 양수발전, 산업폐기물, 비생분해성 생활폐기물 활용에너지를 재생가능에너지에서 제외하고 있다. 또한 국제적으로 볼 때 신

표 7-2 국가에너지기본계획의 중장기 에너지 Mix (단위: %)

연도	2006	2020	2030
석탄	24.3	23.2	15.7
석유	43.6	36.2	33.0
LNG	13.7	11.9	12.0
수력	0.6	0.8	0.8
원자력	15.9	22.1	27.8
신재생에너지	1.9	5.8	10.7
연도	2008	2020	2030
태양열	0.5	2.0	5.7
태양광	0.9	3.2	4.1
풍력	1.7	11.6	12.6
바이오	8.1	24.0	31.4
수력	14.9	6.6	4.4
지열	0.1	3.1	3.8
해양	0.0	5.2	4.7
폐기물	73.7	44.3	33.4
합계	100.0	100.0	100.0

주: 신재생에너지 하단의 수치는 전체 신재생에너지 보급량 대비 신재생에너지원별 비중을 의미함.
자료: 대한민국 정부(2008).

기준으로 보면 1차에너지에서 차지하는 신재생에너지 비중은 2008년 0.7%로 주요 선진국에 비해 낮다(〈표 7-3〉 참조).

정부는 신재생에너지원 가운데 국제기준에 부합하지 않은 폐기물의 비중을 2008년 73.7%에서 2030년 33.4%로 축소하고, 바이오에너지의 생산량을 2008년 51만 8천toe에서 2030년 1,035만 7천toe로 약 20배 확대시켜 현재 신재생에너지의 8.1%에 지나지 않는 바이오에너지의 비중을 2030년 31.4%까지 확대할 계획이다(〈그림 7-1〉 참조).

재생에너지라는 용어보다는 재생가능에너지라는 용어를 사용하는 것이 일반적이지만, 본고에서는 용어사용의 혼란을 피하기 위해 특별히 제한을 두지 않는 한 신재생에너지를 사용하기로 한다.

표 7-3 1차에너지 소비 중 신재생에너지 비중 (단위: %)

연도	한국		미국	일본	영국	독일	덴마크	OECD 평균
	국내기준	국제기준						
2004	2.08	0.5	4.3	3.2	1.4	3.8	14.1	5.8
2005	2.13	0.5	4.5	3.2	1.7	4.9	16.1	6.1
2006	2.24	0.6	4.8	3.3	1.9	5.8	15.2	6.3
2007	2.37	0.6	4.7	3.2	2.1	7.9	17.1	6.5
2008	2.43	0.7	5.1	3.1	2.5	7.7	17.4	6.8

주: 1) IEA 자료 중 2008년 수치는 추정치임.
2) 국제기준은 IEA 기준으로 국내기준에 비해 양수발전, 산업폐기물, 비생분해성 생활폐기물 활용에너지가 제외되었음.
3) 한국의 국내기준은 에너지관리공단의 「2008년 신재생에너지 보급통계」, 나머지는 IEA의 「Renewables Information 2009」를 토대로 작성하였음.

그림 7-1 신재생에너지 보급목표와 원별 구성

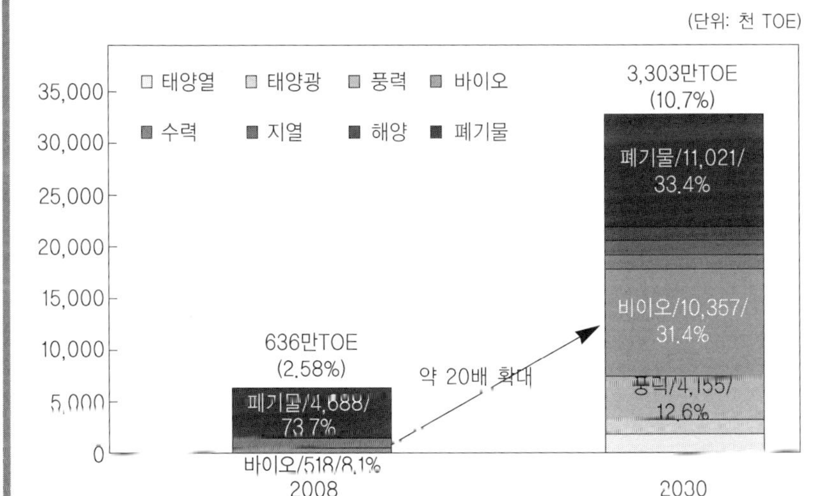

주: 막대그래프 상단의 괄호 안의 숫자는 총에너지 공급량에 대한 신재생에너지의 비중을 나타냄.
자료: 지식경제부(2008).

2.2. 환경부의 폐기물에너지화 종합대책

환경부가 2008년 5월 발표한 「경제 살리기와 기후변화 대응을 위한 폐기물에너지화 종합대책」은 '폐기물의 에너지 자원화를 통한 경제 살리기와 기후변화 대응 계기를 마련'한다는 정책비전을 제시하였다. 더불어 2007년부터 2012년까지 9,518억 원의 예산을 투입하여 가연성 전처리시설 16개소, 유기성폐기물 바이오가스화 시설 22개소 등을 설치할 계획이며(〈표 7-4〉 참조), 유기성폐기물 바이오가스화 시설에 약 947억 원의 예산을 투입할 계획이다.

2.3. 녹색뉴딜과 저탄소녹색성장 정책방향과 재원배분

2009년 1월 6일 「일자리 창출을 위한 녹색 New Deal사업 추진방안」이

표 7-4 폐기물 에너지화사업의 현황

구분	내용
사업기간	2007년~계속
총사업비	2012년까지 9,518억 원
사업규모	- 폐기물 에너지타운: 6개소
	- 가연성폐기물 전처리시설: 16개소
	- 유기성폐기물 바이오가스화: 22개소
	- 매립가스 자원화: 15개소
	- 소각여열 회수: 31개소
	- 고형연료제품 전용보일러: 4개소
지원조건	지자체보조(30~50%)
사업시행주체	지자체

주: 예산규모는 환경부 요구금액이며 확정치가 아님.
자료: 환경부(2008b).

표 7-5 녹색뉴딜의 기대효과

	재정소요			일자리(만 개)		
	旣반영(억 원)	추가소요	소계	旣반영	추가소요	소계
핵심사업	32,223	36조 원 규모	39조 원 규모	6.3	63.0	69.3
연계사업	11,403	9조 원 규모	11조 원 규모	3.0	23.3	26.3
총 계	43,626	45조 원 규모	50조 원 규모	9.3	86.3	95.6

자료: 대한민국 정부(2009).

발표되고, 2월 16일에는 대통령 직속 녹색성장위원회가 「저탄소녹색성장 추진방안」을 발표하면서 바이오매스 에너지화는 녹색성장을 달성하기 위한 주요 사업 중의 하나로 자리매김하였다.

녹색뉴딜은 9개 핵심사업과 27개 연계사업에 2012년까지 50조 원의 재정을 투입하여 약 96만 개의 일자리를 창출할 계획이다(〈표 7-5〉 참조).

9개 핵심사업에는 4대강 살리기, 녹색교통망 구축, 에너지절약형 그린홈 · 오피스 및 그린스쿨 확산, 녹색국가 정보인프라 구축, 대체수자원 확보 및 친환경중소댐 건설, 그린카 · 청정에너지 보급, 자원 재활용 확대, 산림바이오매스 이용활성화, 쾌적한 녹색생활공간의 조성 등이 포함되며, 39조 원의 재정이 투입될 계획이다. 9개 핵심사업별 재정투입계획 규모를 보면, 4대강 살리기에 36.8%, 녹색교통망 확충에 24.5%가 할당되어 국토정비 관련 사업의 비중이 61.3%를 차지한다(〈그림 7-2〉 참조).

그렇지만 우리나라 온난화가스 배출량의 34%가 발전부문에서 배출되고 있고, 전력소비가 늘어남에 따라 그 비중이 계속 증가할 것으로 전망되고 있는 상황(〈그림 7-3〉 참조)을 고려할 때, 저탄소녹색성장을 달성하기 위해서는 발전부문에서 화석연료를 신재생에너지로 대체하는 것이 중요하다. 더욱이 국가에너지기본계획의 중장기 에너지 Mix(〈표 7-2〉 참조)에서 보는 것과 같이 신재생에너지 보급목표를 달성하는데 중추적인 역할을 담당할

그림 7-2 녹색뉴딜 9개 핵심사업의 사업별 비중

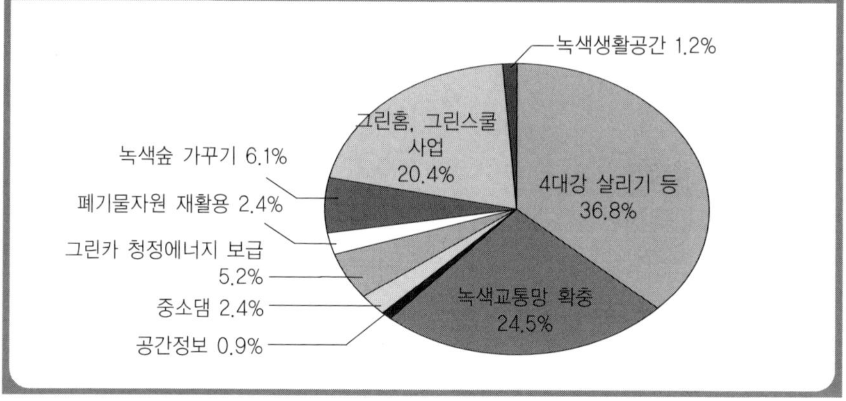

주: 대한민국 정부(2009)에서 9개 핵심사업의 사업별 재정투입규모가 9개 핵심사업 재정규모(39조 원)에 차지하는 비중을 계산한 것임.

그림 7-3 온실가스의 부문별 배출전망

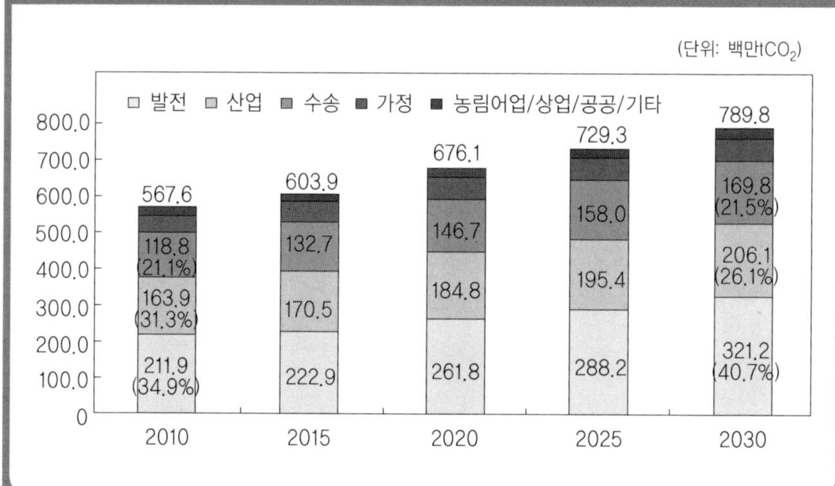

주: 에너지경제연구원(2006)의 부문별 온실가스 배출량 전망을 재정리한 것임.

에너지원은 바이오에너지이다. 더욱이 폐기물소각열은 탄소중립적이지 않아 국제기준에 부합하지 않기 때문에 탄소중립적인 신재생에너지의 확대가 시급한 실정이며, 신재생에너지의 중심은 바이오에너지로 이동할 수밖에 없는 실정이다.

3. 바이오매스 활용현황과 자원량 추정

3.1. 바이오매스 활용의 의의와 단점

바이오에너지의 원천인 바이오매스의 종류는 다양하며, 활용 용도로는 난방, 사동자 또는 발전연료로 활용할 수 있을 뿐만 아니라, 생분해성플라스틱[3)]으로 활용할 수 있어 폐비닐 등으로 인한 환경오염을 방지할 수 있다.

일본 정부는 2002년 12월 「바이오매스 일본 종합전략(バイオマス・ニッポン綜合戰略)」을 발표하면서, 바이오매스를 "재생가능하고, 생물로서 유래한 유기성자원으로 화석자원을 제외한 것"으로 규정하고 있다. 그리고 바이오매스를 〈표 7-6〉에서 보는 것과 같이 크게 폐기물계 바이오매스, 미이용(未利用) 바이오매스, 자원작물로 구분하고 있다.

바이오매스의 이용방법이 다양한 이유는 바이오매스의 성상에 따라 각각 다른 활용기술이 적용되기 때문이다. 주요 바이오매스와 이용방법 및 용도를 정리한 것이 〈그림 7-4〉이다.

바이오매스를 에너지원으로 이용하면 에너지를 저장할 수 있고, 재생

3) 생분해성플라스틱은 사용상태에서는 기존의 플라스틱과 동일한 기능을 가지지만, 사용 후 폐기되면 땅 속 또는 바닷속에서 미생물에 의해 분해되어 물이나 이산화탄소로 되는 플라스틱을 말한다. 분해되는 기간을 보면 필름상태의 경우 4, 5개월 정도, 1mm 두께의 것이라면 3, 4년 정도면 분해된다.

표 7-6 일본의 바이오매스 분류

폐기물계 바이오매스	폐지, 가축배설물, 식품폐기물, 건설발생 목재, 제재공장 폐재, 펄프공장 폐액, 하수슬러지, 배설물오니
미이용(未利用) 바이오매스	볏짚, 보리짚, 왕겨, 간벌재, 수해 후 목재
자원작물	사료작물, 전분계 작물

자료: 日本農林水産省(2003).

그림 7-4 주요 바이오매스의 종류와 용도

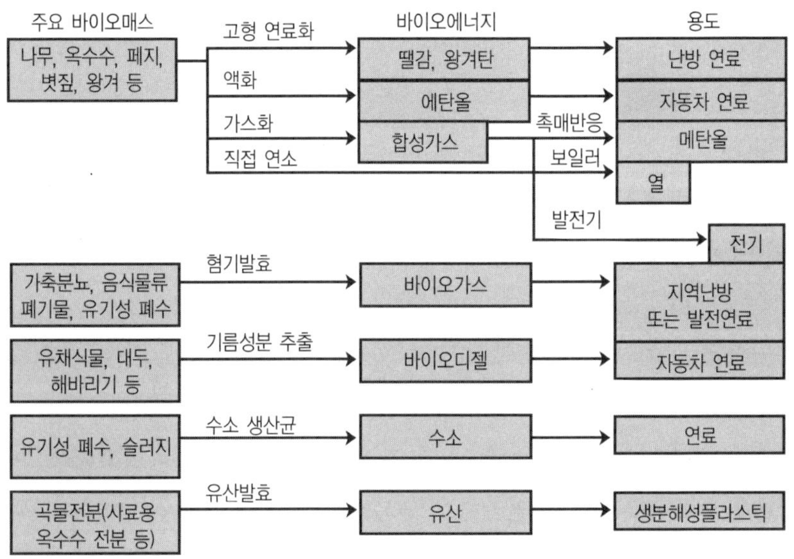

주: 박순철 외(2007)의 보고서를 재정리한 것임.

이 가능하며, 물과 온도 조건만 맞으면 지구 어느 곳에서나 얻을 수 있고, 적은 자본으로도 개발이 가능하며, 원자력 등 다른 에너지와 비교할 때 환경친화적이며 안전하다. 그러나 바이오매스를 얻기 위해 넓은 면적에서 수집할 필요가 있으며, 자원량의 지역적 차이가 큰 것이 단점이다. 즉, 〈그림 7-

그림 7-5 가축분뇨의 열량밀도

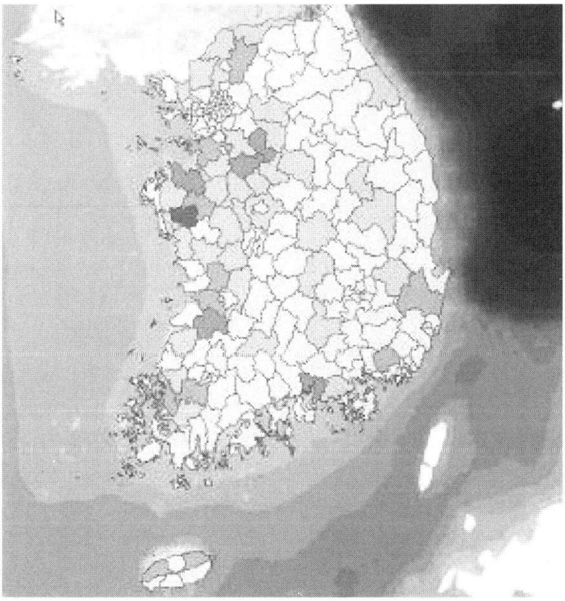

자료: 한국에너지기술연구원, 신재생에너지 자원지도(http://kredc.kier.re.kr/).

5〉의 자원지도에서 보는 것과 같이 바이오매스 중 배출량이 가장 많은 가축분뇨의 열량밀도는 지역별로 큰 차이가 있다.

또한 바이오매스자원을 에너지로 전환하는 고효율의 변환기술 개발이 충분하지 못하다는 문제점이 있다. 가축분뇨를 혐기발효시켜 바이오가스를 생성하는 기술은 EU 가맹국과 최근 일본에서 주목을 받고 있다. 바이오가스는 제2차 세계대전 이후 지금까지 3차례의 붐이 있었다. 세계대전 이후 자원이 부족하였던 시기, 1973년의 석유위기 이후 석유가격이 급등하여 석유를 대체하기 위해 주목받던 시기, 그리고 최근 환경문제가 대두되면서 환경과 에너지문제를 해결하는 방법으로 주목받고 있는 시기이다. 앞의 두 시기의 붐이 일시적으로 끝난 이유는, 첫 번째 붐은 값싼 프로판가스가 보급되면서, 그리고 두 번째 붐은 석유값이 안정되면서 붐이 꺼졌기 때문이었다. 이것은 당시의 바이오가스 생성기술의 역사는 깊지만 비효율적이어서 화석연료와 비교하여 가격경쟁력이 낮았다는 것을 나타내는 반증이다. 그렇지만 최근 유럽에서는 기술개발이 이루어져 바이오가스를 연소하여 1kWh의 전력을 생산하는 단가가 석유 등의 화석연료를 연소하는 경우와 경쟁이 이루어지는 수준까지 달성하였다고 한다.[4] 바이오매스 에너지가 화석연료와 경쟁가능할 수 있었던 것은 재생가능에너지 보급에 대한 강한 정책의지가 반영되었기 때문이다.

3.2. 바이오매스 자원량 추정과 바이오매스 활용정책 현황

박순철은 현존하는 바이오매스 에너지 변환기술로 바이오매스 에너지원으로 활용이 가능한 바이오매스 자원의 잠재량[5]을 임산물, 농업부산물, 축산폐기물, 도시(가연성) 폐기물 등의 4개 분야로 구분하여 확인잠재량을

---

4) 1990년대 초부터 재생가능에너지 보급지원책을 적극적으로 실시해 온 EU의 경우 재생가능에너지 발전비용이 크게 저하되었다. 즉, 재생가능에너지 원별 발전비용은 차이가 있으나, 보급 초기의 재생가능에너지 발전비용은 석유 등의 화석연료에 의한 발전비용의 3~16배에 달하였으나, 최근에는 석유등의 화석연료에 의한 발전비용 0.03EURO/kWh 수준에서도 경쟁가능한 재생가능에너지가 출현하였다. 그 예로는 소규모 수력, 바이오매스, 매립가스, 하수오니가스이다(European Commission, 2000b). 그러나 일본 경제산업성의 시산에 의하면, 재생가능에너지 발전비용이 가장 저렴한 폐기물 발전의 발전비용조차도 화석연료의 발전비용에 비해 약 1.2~1.5배 비싸다고 한다(日本經濟産業省總合資源エネルギ-調査會新エネルギ-部會新市場擴大措置檢討小委員會, 2001).

5) 박순철은 지금까지 두 번에 걸쳐 바이오매스 부존량을 추계하였는데, 첫 번째는 가용자원량의 개념을 이용하여 추계하였다. 그러나 가용자원량 개념을 이용한 추계방법의 문제점은 각각의 바이오매스 자원은 수집, 수송, 변환, 에너지 보급의 난이도가 각각 다르고, 에너지원 이외의 용도로 활용되거나 될 수 있으며 폐기물로 분류되는 것은 에너지원 이외의 다른 방법으로도 처리, 처분될 수 있으므로 각 부문에서의 실제 가용자원량을 가늠하기가 매우 힘들다. 따라서 두 번째 추계 때에는 바이오매스 자원의 확인잠재량 개념을 이용하여 추계하였다. 확인잠재량이란 통계자료 등을 활용하여 확인할 수 있는 자원량으로서 여타 용도로의 이용 등을 고려하지 않고 모두가 잠재적으로 에너지원으로서 활용될 수 있다고 보고 추정한 양을 의미한다.

표 7-7 바이오매스 확인잠재량

부문별	세부 자원별	확인잠재량 (천toe/년)	부문합계 (천toe/년)	비고
임산 바이오매스	임목		6,760	연간 임목축적 총량
농업부산물 바이오매스	볏짚	324	571	- 고구마줄기는 이용률이 낮아서 제외 - 평균이용률 24.5%
	왕겨	128		
	보리짚	19		
	콩줄기	40		
	사과 전정지	60		
축산폐기물 바이오매스	우분	523	1,650	바이오가스화 할 경우의 열량
	돈분	799		
	계분	329		
도시폐기물 바이오매스	가연성		2,675	고무피혁, 플라스틱류 포함
			1,782	고무피혁, 플라스틱류 등 제외
바이오매스 에너지 확인잠재량 합계			11,656	고무피혁, 플라스틱류 포함
			10,763	고무피혁, 플라스틱류 등 제외

주: 1) 박순철 외(2007)는 산림기본통계조사결과(2004), 작물통계(2004), 가축통계(2005), 전국 폐기물발생 및 처리현황(2004) 등의 기존 통계를 이용하여 바이오매스 잠재량을 추정하였음.
2) 박순철의 추정결과에서 가연성 도시폐기물 바이오매스 중 고무피혁, 플라스틱류, 기타(섬유 등)가 차지하는 비중을 조사하여 확인잠재량에서 제외하였음.

추계하였다. 그 결과 바이오매스 에너지 확인잠재량은 1,165만 6천toe에 달하는 것으로 나타났다(〈표 7-7〉 참조).

그러나 엄격한 의미의 바이오매스 정의를 적용하면 도시폐기물 바이오매스 중 고무피혁 · 플라스틱류 등은 제외할 필요가 있다. EU위원회는 바이오매스를 정의할 때 생물학적으로 분해가능한 농 · 임업 폐기물, 제지산업의 부산물, 고형유기성폐기물 등으로 규정[6]하고 있고, 일본도 바이오매스

6) EU집행위원회는 2000년 5월 「재생에너지원 전력 이용촉진에 관한 유럽위원회 · 각료이사회지령」을 채택하였다. 동 지령에서는 재생가능에너지의 정의를 엄격하게 규정하고 있으며, 2010년까지 EU의 총전력수비량의 22%를 재생가능에너지원 전력에서 충당하는 것을 목표로 정하였다. 자세한 것은 EU집행위원회(2000a)를 참조.

를 '유기성폐기물 등 생물에서 유래하는 유기성자원'으로 규정[7]하고 있다.

이러한 사정을 감안할 때 도시폐기물 바이오매스 중 고무피혁류, 플라스틱류 및 기타(섬유 등)는 제외할 필요가 있다. 바이오매스 에너지 확인잠재량을 추계할 때 박순철이 사용한 「2004년 전국 폐기물 발생 및 처리현황」 자료를 보면, 가연성 도시폐기물의 성상은 음식물채소류, 종이류, 나무류, 고무피혁류, 플라스틱류, 기타(섬유 등)로 구성되어 있다. 이 중 음식물채소류의 비중이 38.9%를 차지하여 가장 큰 비중을 차지하고 있다. 한편, 고무피혁, 플라스틱류 및 기타(섬유 등)의 합계가 차지하는 비중은 33.4%였다. 도시폐기물 바이오매스에서 고무피혁, 플라스틱류 및 기타를 제외하면 도시폐기물 바이오매스의 확인잠재량은 178만 1,550toe가 된다. 결국 바이오매스 확인잠재량은 1,076만 3천toe로 1차에너지 소비량의 약 4.6%에 해당하는 것으로 추정되나, 현재 이 중 4.8% 정도(52만toe)만이 활용되고 있는 것으로 보인다.

바이오매스 자원은 〈그림 7-5〉에서 보듯이 넓은 지역에 저밀도로 산재되어 수집비용이 많이 소요되므로 이를 대규모로 수집하는 것이 아니라, 해당 지역 내에서 수집하여 지역의 에너지 자립을 제고하는 방향으로 활용하는 것이 효율적이다. 따라서 바이오매스자원은 농산어촌에서 활용하는 것이 바람직하고, 그런 의미에서 바이오매스는 농림어업부문의 저탄소 실현 방안으로 가장 적합하다고 생각한다. 이하에서는 바이오매스에너지 활용가능성을 살펴보기 위하여 농림어업부문의 에너지 소비현황과 특징을 살펴보기로 한다.

7) 자세한 것은 日本農林水産省(2003)을 참조.

4. 농림어업부문의 에너지 소비에 따른 환경부하와 바이오매스 활용

4.1. 농림업부문 및 업종별 에너지 소비현황과 환경부하

농림어업의 최종에너지소비량은 1981년 75만 8천toe이었으나, 기계화가 진전되면서 빠르게 증가하여 2001년에는 1981년 대비 476.3%나 증가한 436만 8천toe에 달하여 정점에 이른다. 2001년 이후 기계화 보유대수가 정체를 보이면서 에너지소비량은 감소하기 시작하였으며, 2007년 농림어업의 최종에너지소비량은 1981년 대비 324.0% 증가한 321만 4천toe이다(〈그림 7-6〉 참조).

한편, 3년마다 조사하는 '에너지총조사'에는 에너지의 사용용도를 파악할 수 있다. 가장 최근 조사인 '2005년도 에너지총조사'의 농림업 용도별 에

그림 7-6 농림어업의 에너지소비량과 농기계 보유대수의 추이

(단위: 천대, 1981=100))

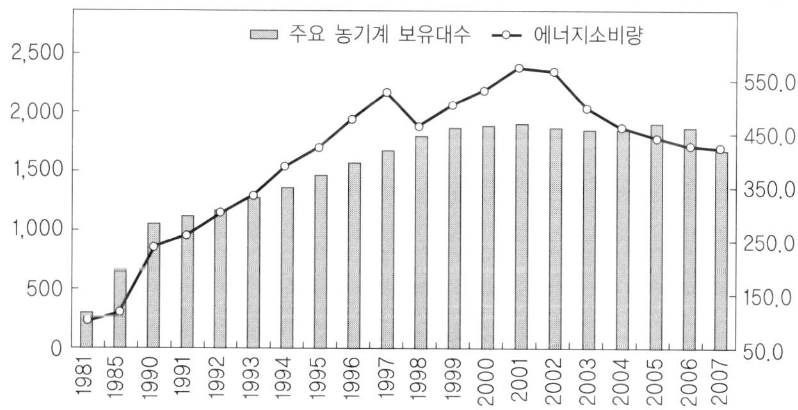

주: 1) 주요 농기계의 보유대수는 「농림수산식품주요통계」 자료이며, 에너지소비량은 「에너지수급밸런스」 자료임
2) 주요 농기계란 경운기, 트랙터, 이앙기, 콤바인, 곡물건조기, 농업용 난방기, 농산물건조기를 말함.

그림 7-7 농림업 용도별 에너지 소비

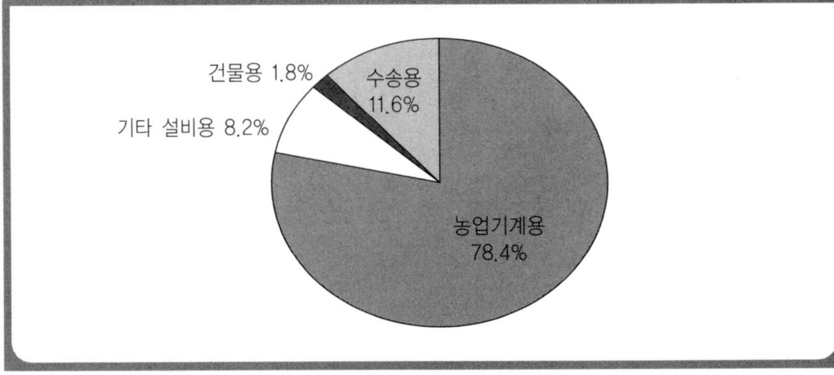

주: 2005년도 「에너지총조사」에서 농림업 전체 에너지소비량 대비 농림업 용도별 에너지소비량의 비중을 계산한 것임.

그림 7-8 농림업 에너지원별 소비

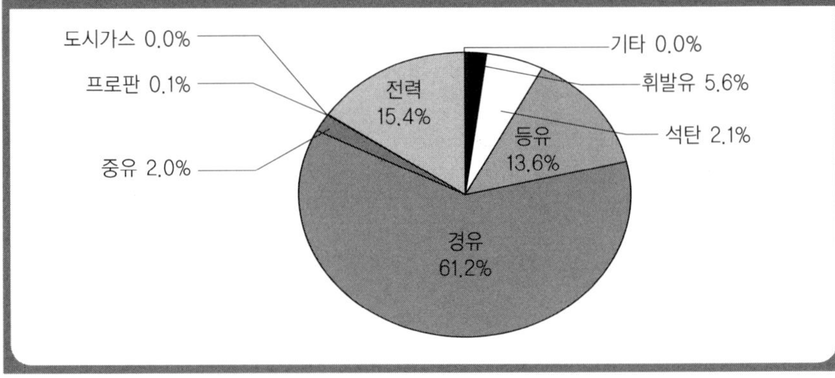

주: 2005년도 「에너지총조사」에서 농림업 전체 에너지소비량 대비 에너지원별 소비량의 비중을 계산한 것임.

너지 소비를 보면, 농업기계용으로 78.4%를 사용하고 있어 압도적인 비중을 차지하고 있고, 수송용 11.6%, 기타 설비용 8.2%, 건물용 1.8%의 순서이다(〈그림 7-7〉 참조). 그리고 에너지원별로 보면 경유가 61.2%로 가장 많이 사용되고 있으며, 다음으로 전력 15.4%, 등유 13.6%, 휘발유 5.6%, 석탄 2.1%, 중유 2.0%의 순서이다(〈그림 7-8〉 참조).

그림 7-9 농림업의 업종별 에너지 소비비중

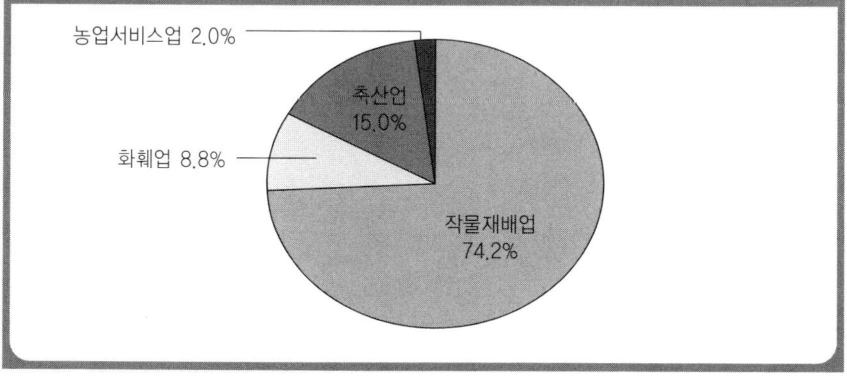

주: 2002년도 「에너지총조사」에서 농림업 전체 에너지소비량 대비 농림업 업종별 에너지소비량의 비중을 계산한 것임.

또한 '에너지총조사'에는 농림업의 업종별 에너지 소비현황을 파악할 수 있는데, 에너지를 가장 많이 소비하는 업종은 작물재배업인데 2002년[8] 약 203만toe를 사용하였으며, 전체 농림업 에너지소비량의 74.2%를 소비하였다(〈그림 7-9〉 참조).

그리고 에너지원별 에너지 사용비중을 보면(〈그림 7-10〉 참조), 작물재배업은 경유의 사용비중이 63.2%, 등유의 비중이 15.8%, 전력의 비중이 7.1%였다. 화훼업은 경유의 사용비중이 69.1%, 전력의 비중이 9.7%, 등유의 비중이 9.4%였으며, 축산업은 전력의 사용비중이 51.6%, 경유의 비중이 33.1%, 등유의 비중이 9.9%였다. 그리고 농업서비스업은 전력의 사용비중이 70.5%, 경유의 비중이 14.2%, 휘발유의 비중이 9.2%였다.

한편, 작물재배업의 에너지원별 에너지 사용비중은 전력을 제외한 모든 에너지원에서 에너지 사용비중이 압도적인 것을 알 수 있다. 그러나 전

8) 최신자료를 소개해야 하지만, 가장 최근 발표한 '2005년도 에너지총조사'에는 업종별 에너지 소비는 조사되지 않았으며, 업종별 에너지 소비가 조사된 것으로는 '2002년도 에너지총조사'가 최신자료이다.

그림 7-10 에너지원별 업종별 사용비중

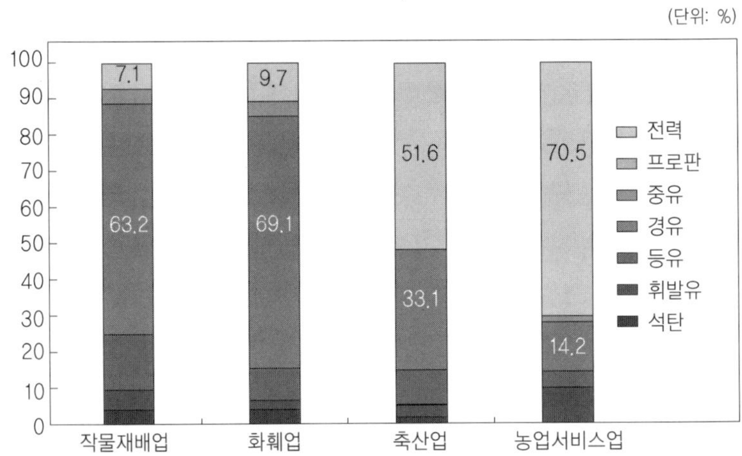

주: 2002년도 「에너지총조사」에서 농림업 업종별 에너지소비량 대비 에너지원별 소비량의 비중을 계산한 것임.

그림 7-11 에너지원별 업종별 사용비중

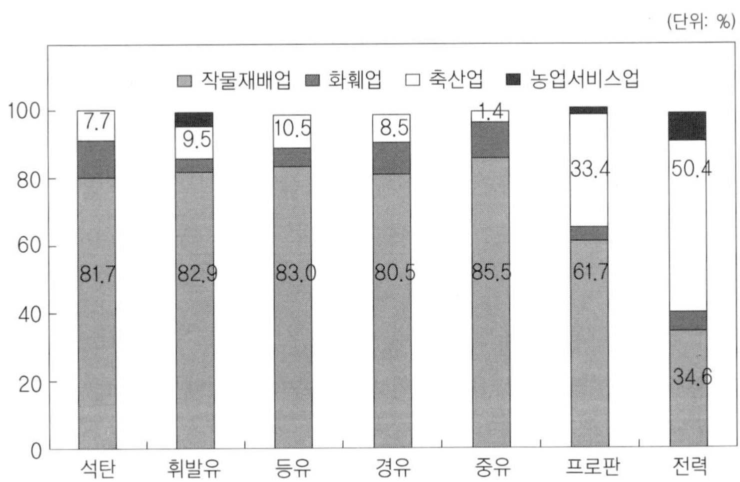

주: 2002년도 「에너지총조사」에서 에너지원별 전체 소비량을 업종별 소비량으로 나누어 계산한 것임.

력의 경우 축산업의 전력사용량이 전체 전력사용량의 50.4%를 사용하여 작물재배업의 전력사용량보다 큰 것을 알 수 있다(〈그림 7-11〉 참조).

농림어업의 에너지 소비로 인한 이산화탄소 등의 온난화가스 배출량 추이를 보면, 1990년 519만 7천tCO_2에서 2001년 1,179만 9천tCO_2에 도달하기까지 급격하게 증가하였으나, 이후 감소하여 2006년 800만tCO_2를 기록하였다. 전체 온난화가스 배출량에서 차지하는 농림어업 배출비중은 지속적으로 감소하고 있으며, 2006년 2.5%로 전체에서 차지하는 비중은 매우 작다. 그러나 에너지 1단위를 소비하는 과정에서 배출하는 온난화가스 배출량을 나타내는 지표인 탄소집약도를 보면, 농림어업이 2006년 2.457로 제조업 및 건설업의 1.599보다 훨씬 높다(〈표 7-8〉 참조).

농림어업의 탄소집약도가 제조업 및 건설업보다 높은 이유는 제조업 및 건설업이 석유에서 전기 및 도시가스와 같은 저탄소에너지원으로 전환하는 반면, 농림업은 석유에 의존하는 비중이 〈그림 7-12〉에서 보는 것과 같이 70.0~87.8%로 압도적으로 높기 때문이다.

석유의존도가 높은 이유는 「조세특례제한법」[9]에 의하여 휘발유, 등유,

표 7-8 부문별 탄소집약도의 추이

(단위: tCO_2/toe)

연도	농림어업	제조업 및 건설업
1990	2.868	3.551
1995	2.799	2.917
2000	2.722	1.854
2002	2.682	1.855
2004	2.563	1.782
2005	2.511	1.632
2006	2.457	1.599

자료: 부문별 최종에너지 소비량 대비 에너지 소비 온난화가스 배출량의 추이임.

9) 「조세특례제한법」 제106조2의 규정에 의해 농어업용 석유류에 대한 부가가치세 · 개별소비

그림 7-12 농림업 최종에너지 소비 원별 비중

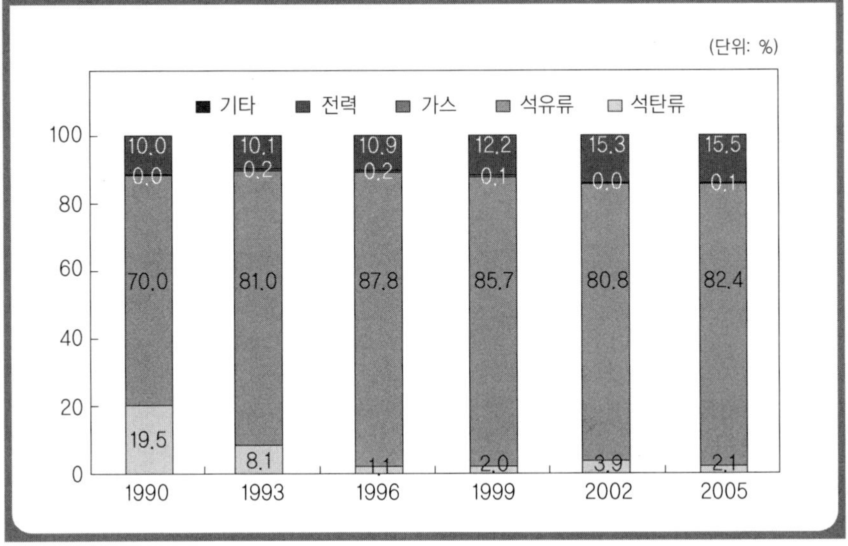

주: 에너지경제연구원의 「에너지총조사」(각 연도)의 농림업 에너지소비량 조사결과를 기준으로 작성하였음.

경유, 중유가 일반 공급가격보다 낮은 수준으로 면세유가 공급되고 있기 때문이다. 농기계를 구동할 때 가장 많이 쓰이는 경유의 면세유가격은 2008년 현재 일반 공급가격의 58.6% 수준이다(〈그림 7-13〉 참조). 농업부문 에너지소비량 중에서 면세유가 차지하는 비중이 2005년 휘발유 42.7%, 등유 54.9%, 중유 91.9%, 경유 63.2%였다(〈그림 7-14〉 참조). 저탄소녹색성장이 강조되고 있는 상황에서 농림어업이 석유의존도에서 탈피하기 위해서는 면세유제도를 개선할 필요가 있다.

더욱이 농촌진흥청 (구)농업공학연구소의 측정결과에 의하면, 국산 트랙터의 전체 평균매연배출 농도는 29.5%이며 매연농도 규제기준 40%를 적용할 경우 부적합률은 44%에 달하는 것으로 조사되었다.[10] 이러한 상황임

세 · 교통세 · 교육세 · 주행세가 면제되고 있으며, 감면시한은 2012년까지이다.

그림 7-13 면세유의 가격수준(농업용)

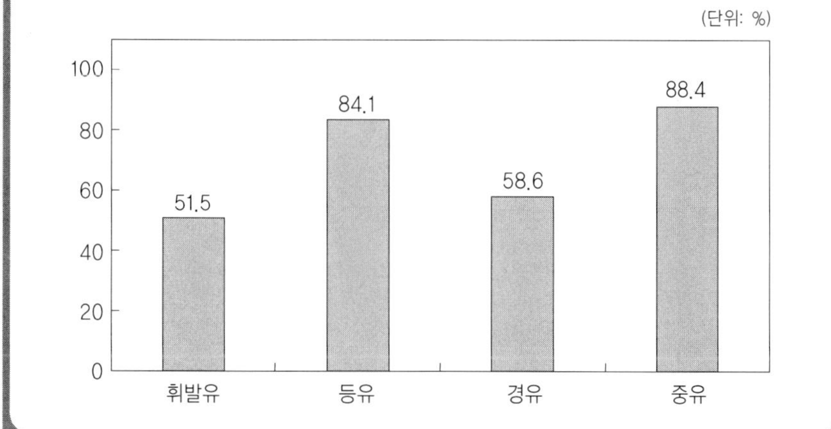

주: 종류별 일반용 단가 대비 농업용 면세유 단가의 비율을 계산한 것으로 2008년 기준임.

그림 7-14 원별 면세유 공급비중(농업용)

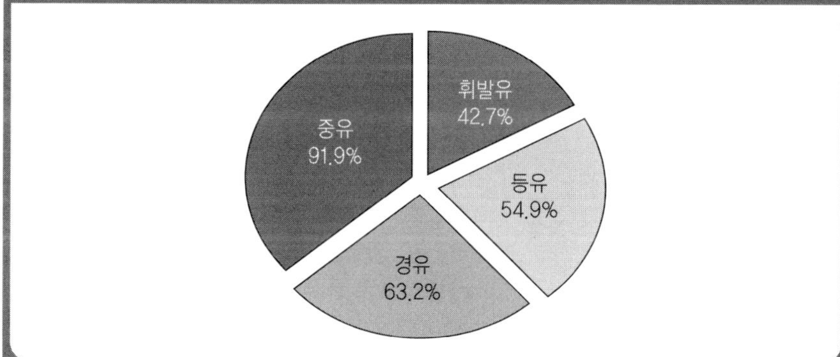

주: 「에너지총조사」의 석유류 소비량 대비 종류별 면세유공급량이 차지하는 비중을 계산한 것임.

에도 불구하고 우리나라는 농업용 기계에 대한 합리적인 배기가스 규제정책이 마련되어 있지 않다. 미국은 1996년, 유럽은 1998년, 일본은 2003년부터

10) 자세한 내용은 농촌진흥청(2006)을 참조.

농기계의 매연배출 규제를 실시하고 있는 것을 감안할 때 대책마련이 시급하다.

농림어업이 환경보전 기능을 강화하기 위해서는 석유에 대한 의존비중을 축소하여 저탄소화를 추구할 필요가 있다. 구체적인 방안으로 농산어촌 지역에 산재해 있는 바이오매스 자원을 활용하는 것이다. 그리고 농기계에 대한 배기가스 규제정책을 마련하여 농기계의 매연배출 규제를 실시할 필요가 있다.

4.2. 농림어업의 바이오매스 활용

저탄소녹색성장이 강조되고 있는 상황에서 농산어촌에 산재되어 있는 바이오매스 자원을 활용하여 이산화탄소 배출량을 삭감할 필요가 있다. 또한 2012년부터 가축분뇨와 음식물류 폐기물의 해양배출이 금지되는 것을 계기로 바이오매스 활용에 대한 관심이 높아지고 있는 상황에서, 바이오매스를 활용한 재생가능에너지는 에너지 연소과정에서 이산화탄소를 추가적으로 배출하지 않아 저탄소녹색성장을 실현하는데 일익을 담당할 수 있다.

이에 바이오매스 에너지의 가용자원량을 농림어업부문에서 사용한다면 농림어업 최종에너지 소비를 어느 정도 충당할 수 있는지 살펴보기로 하자. 바이오매스 에너지의 가용자원량은 박순철도 지적하였듯이 바이오매스 수집 등의 기술 정도에 따라 상이하기 때문에 일률적으로 계산하는 것의 의미는 없을지도 모른다. 그렇지만 현재의 기술수준에서 확인잠재량의 일부분이 가용자원량으로 활용될 경우의 자원량 크기와 농림어업부문 최종에너지소비량과 비교하는 것은 바이오매스 에너지 활용이 주목받고 있는 상황에서 의미 있는 일일 것이다. 바이오매스 확인잠재량의 20%를 사용할 경우 농림어업 에너지소비량의 약 67%를 충당할 수 있을 것으로 계산되었다 (<그

그림 7-15 농림어업 최종에너지 소비와 바이오매스 가용자원량 비교

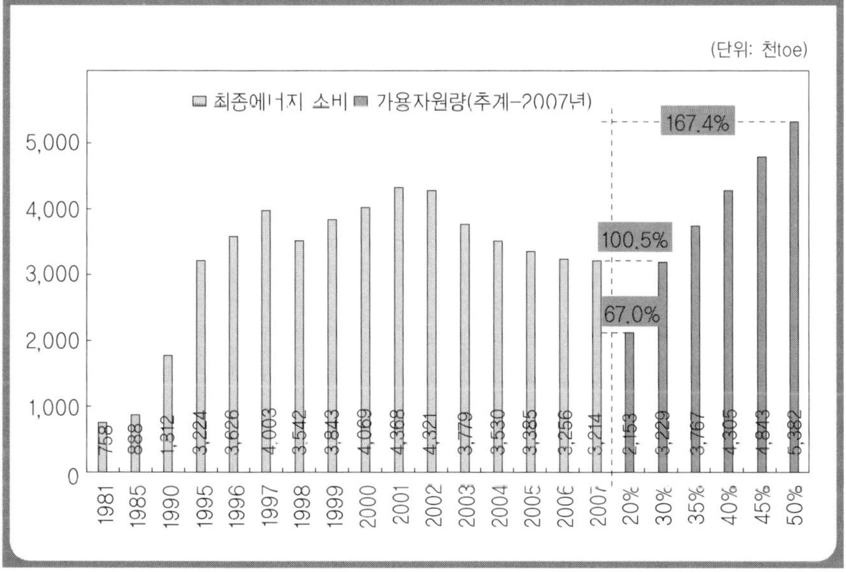

주: 농림어업부문 최종에너지소비량은 에너지경제연구원의 「에너지수급밸런스」 자료를 이용한 것임.

림 7-15〉 참조).

한편, 앞 절에서 검토한 것과 같이 농림업의 에너지 소비가 가지는 특징은 업종별로 작물재배업이 농림업 에너지소비량의 78.4%를 소비하여 거의 대부분을 소비하고 있다는 점이다. 그리고 용도별로는 농기계를 구동하는데 경유를 주에너지원으로 사용하고 있지만, 축산업과 농업서비스업은 경유보다 전기를 주에너지원으로 사용하고 있다. 따라서 농림업 에너지 소비의 특징을 고려하여 바이오에너지 대응전략을 다양하게 전개할 필요가 있다.

경유를 바이오에너지로 대체하기 위해서는 바이오디젤을 생산할 필요가 있는데, 바이오디젤은 유채 등의 재배를 통해 원료를 공급할 수 있다. 현재 농림수산식품부에서는 2007년부터 2010년까지 제주 등 1,500ha의 면적에

서 "바이오디젤용 유채생산 시범사업"을 실시하고 있으며, ha당 170만 원의 보조금을 지급하고 있다. 유채종자는 바이오디젤 제조업자가 kg당 400원에 수매하고 있고, 제조업자는 자동차 연료로 바이오디젤을 판매하고 있다. 수집비용 및 수집과정에서 발생하는 이산화탄소 발생을 고려할 때 도시부의 자동차연료로 제공할 것이 아니라, 지역의 에너지 자급도를 제고하는 방향으로 전환할 필요가 있다. 지역의 에너지 자급도를 제고하는 방법으로 도시부의 폐식용유를 공급받아, 바이오디젤로 가공하여 농기계용 경유를 대체하는 방법도 추진할 필요가 있다.

그리고 축산업과 농업서비스업은 전기를 주에너지원으로 사용하고 있으며, 2002년 사용한 전기의 에너지량은 25만toe인데, 이는 축산폐기물 바이오매스 확인잠재량의 약 15.2%에 해당한다. 따라서 축산폐기물 바이오매스를 이용한다면 축산업과 농업서비스업의 전기소비량을 충당할 수 있을 것으로 보인다.

그러나 바이오매스 활용관련 재정사업은 농림수산식품부를 포함하여 여러 부처에서 경쟁적으로 실시하고 있으며, 2010년도 예산규모는 약 2,561억 원으로 정부 총지출의 0.09%에 지나지 않는다(〈표 7-9〉 참조). 지식경제부가 태양광의 기술개발 및 보급에 투입하고 있는 재정규모가 4,663억 원인 것과 비교하여도 바이오매스 관련 재정규모가 상대적으로 작다는 것을 알 수 있다.

바이오매스 종류별 2010년 재정투입규모를 보면, 가축분뇨와 음식물류 폐기물 활용에 2,327억 원, 유채생산 등에 178억 원, 목질계 활용에 165억 원이 투입될 계획으로 가축분뇨 활용관련 예산이 86.6%로 압도적인 비중을 차지하고 있다. 바이오매스 관련 재정투입이 그 중요성에 비하여 너무나 적은 가운데 그나마 투입규모가 가장 큰 가축분뇨 관련사업에 농림수산식품부, 환경부, 지식경제부, 농촌진흥청 등이 각각 독자적으로 사업을 실시하고 있다. 바이오매스의 대부분이 농림어업부문에서 배출되는 것이므로 업무

표 7-9 바이오매스 관련 재정사업 현황

종류	부처	사업명	재정규모(억 원)
가축분뇨	농림수산식품부	가축분뇨처리시설 지원사업	773
	농림수산식품부	자연순환농업 활성화사업	243
	농림수산식품부	바다숲 조성	150
	환경부	폐기물에너지자원화사업(민자 포함) (음식물류 폐기물 포함)	758
	환경부	농어촌 폐기물 처리시설	101
	지식경제부	신재생에너지 보급 · 융자사업	128
	지식경제부	발전차액 지원사업	2
	농촌진흥청	자연순환농업 기술개발사업	63
	소 계		2,217
음식물류 폐기물	지식경제부	폐기물 보급 · 융자사업	110
유채 등	농림수산식품부	바이오디젤용 유채생산 시범사업	8
		바이오에너지 작물시험연구	38
	농촌진흥청	바이오에너지 작물생산기술	22
	소 계		178
목질계	산림청	산림바이오매스 활용촉진사업	145
	지식경제부	그린홈 100만 호 보급사업 중 바이오	20
	소 계		165
합 계			2,561
총지출 규모			2,928,000
총지출 대비 비중			0.09%

주: 각 부처의 「2010년도 예산 및 기금운용계획 개요」를 참조하여 작성한 것이며, 지식경제부의 경우 신재생에너지원별 예산은 확정된 것이 아니기 때문에 2008년 결산자료를 이용하였음.

의 성격상 농림수산식품부가 중심적 역할을 담당하는 것이 바람직한 것이다.

한편, 최근 2012년부터 가축분뇨와 음식물류 폐기물의 해양배출이 금지되는 것을 계기로 바이오매스 활용에 대한 관심이 높아지고 있는 가운데,

표 7-10 바이오가스플랜트 설치 사례

지역	시설	처리대상	용도 등	완공 여부
서울	서남물류재생센터	하수처리	차량연료(버스 30대분)	2009년 상반기
	수도권 매립지	음식물쓰레기 등(800톤/일)	전기(50MWh) 차량연료(200대분)	2012년
경기	파주시	가축분뇨와 음식물쓰레기(66톤/일)	전기(5MWh)	2004년
	고양시 화훼단지	음식물쓰레기(250톤/일) 가축분뇨(10톤/일)	전기, 난방연료	2010년
	안성시 한경대	가축분뇨와 음식물쓰레기(5톤/일)	전기(450kWh/일) 난방연료(500Mcal)	2008년
	이천 모전영농조합	가축분뇨(20톤/일)	전기(480kWh/일)	2008년
	포천시	가축분뇨과 음식물탈리액(300톤/일)	전기, 가스	2011년
강원	원주시 가현동	음식물탈리액(125톤/일), 가축분뇨(36톤/일) 하수슬러지(14톤/일), 도축장부산물(44톤/일)	가스 차량연료(110대분)	2011년
충남	청양 여양농장	가축분뇨(20톤/일)	전기(960kWh/일)	2007년
	아산하수종말처리장	가축분뇨와 음식물쓰레기(100톤/일)	전기(2,867kWh/일) 열(5,734Mcal)	2009년
경남	창녕	가축분뇨와 음식물쓰레기(100톤/일)	전기(9,600kWh/일)	2009년
	울산 용연하수종말처리장	음식물쓰레기 등(180톤/일)	차량연료(13,800Nm^3)	2009년 9월
전남	순천	가축분뇨(20톤/일)	전기(1,000kWh/일)	2008년
	무안, 화순, 함평, 영광	가축분뇨(700톤/일)	전기(33MWh)	2010년
제주	제주	가축분뇨(50톤/일)	전기(1,869kWh/일)	2011년

주: 음영처리된 부분은 이미 가동중인 바이오가스플랜트를 의미함.

가축분뇨 등을 메탄발효하여 바이오가스를 생성하는 시설인 바이오가스플랜트가 몇몇 지역에서 가동되고 있거나 조만간 완공될 예정이다. 바이오가스를 정제하여 차량의 연료로 사용하는 경우도 있지만, 바이오가스로 발전기를 구동하여 전력을 생산하는 것이 일반적이다(〈표 7-10〉 참조).

5. 바이오매스 활용 정책과제

바이오매스 자원을 원활하게 활용하기 위한 정책과제를 살펴보면 다음과 같다. 첫째, 농업정책, 환경정책, 그리고 에너지정책이 연계되어 동시에 접근할 필요가 있다. 덴마크와 독일은 화학비료의 과잉투입과 축산분뇨의 부적절한 관리는 환경오염을 유발한다는 것을 인식하고, 과잉투입과 부적절한 관리에 대하여 엄격한 환경규제를 실시하고 있다. 이러한 환경규제가 바이오가스플랜트를 도입하게 된 원인으로 작용하였다. 더불어 바이오가스가 지구온난화를 방지하는 재생가능에너지로 인식되면서 에너지정책 측면에서의 보급지원책이 이루어지게 되었고 이를 계기로 바이오가스플랜트의 보급이 확대되었던 것이다. 그렇지만 일본의 경우 순환형 사회를 형성하기 위한 법률체계가 구축되기는 하였지만, 에너지정책면에서 재생가능에너지에 대한 목표수준도 상대적으로 낮고 전력회사의 압력 등으로 바이오가스플랜트의 채산성이 담보되지 않은 상황이다. 결국 바이오가스플랜트의 보급이 원활하게 이루어지기 위해서는 농업정책, 환경정책, 그리고 에너지정책이 동시에 접근할 필요가 있다(〈그림 7-16〉 참조).

즉, 지금까지의 농업 · 환경 · 에너지정책은 각각의 분야에서 독립적으로 시행되어 왔으나 자원순환정책면에서 비추어 볼 때, 바이오매스 에너지화는 퇴비화와 에너지화가 가능하다는 점에서 이들 정책이 유기적으로 연결된 종합적인 접근이 필요하며 농림수산식품부, 환경부, 지식경제부의 부처 간 연계가 중요하다.

둘째, 바이오매스 에너지의 정의와 관련해서 현재의 정의는 폐기물 관리체계의 발전방향과 상충될 가능성이 있다는 점이다. 「신에너지 및 재생에너지 개발 · 이용 · 보급 촉진법」 제2조에 의하면 바이오에너지와 폐기물

그림 7-16 정책통합의 방향

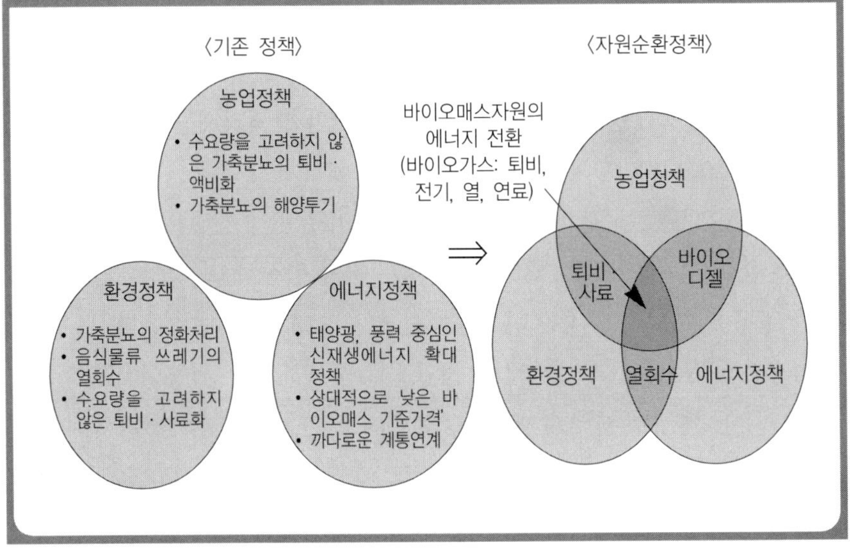

주: 서세욱 · 최미희(2005)에서 재인용.

에너지는 시행령에 의해 규정한다고 정하고 있으며, 동법시행령 제2조에서는 바이오에너지를 '생물유기체를 변환시켜 얻어지는 기체 · 액체 또는 고체의 연료'로 이를 '연소 또는 변환하여 얻어지는 에너지'로 규정하고 있다. 그리고 "석유제품 등과 혼합된 경우에는 생물유기체로부터 생산된 부분만을 바이오에너지로 본다"고 단서조항을 달고 있다. 한편, 폐기물에너지는 '각종 사업장 및 생활시설의 폐기물을 변환시켜 얻어지는 기체 · 액체 또는 고체의 연료', '상기 연료를 연소 또는 변환시켜 얻어지는 에너지', 그리고 '폐기물의 소각열을 변환시킨 에너지'로 규정하고 "석유제품 등과 혼합되는 경우에는 각종 사업장 및 생활시설의 폐기물로부터 생산된 부분만을 폐기물에너지로 본다"고 규정하고 있다. 결국 문제는 폐기물 성상에 석유에서 유래되는 원료를 포함해서는 안 된다는 것이다. 그러나 폐기물 수집단계에서 석유에서 유래되는 원료를 구분하는 것은 매우 어려운 일이다.

일본은 이러한 점을 감안하여 「전기사업에 의한 신에너지 이용에 관한 특별조치법」에서 바이오매스를 "동식물에 유래하는 유기물로 에너지원으로 이용할 수 있는 것(원유, 석유가스, 가연성 천연가스 및 석탄 등을 원료로 제조된 제품을 제외)"이라고 규정하고, 바이오매스를 열원으로 하는 열을 재생가능에너지로 정의하고 있다. 폐기물 소각에는 이상에서 정의한 바이오매스 이외의 폐기물도 포함되기 때문에 소각되는 총폐기물 중 바이오매스가 차지하는 비율을 계측하여 발전된 전기에 곱하여 재생가능에너지로 인정하고 있다.

그렇지만 유럽의 주요국에서는 바이오매스의 열이용을 재생가능에너지로 인정하지 않고 있다. 즉, 영국과 이탈리아에서는 바이오매스 열이용은 재생가능에너지의 지원대상에 포함하지 않고 있으며, 덴마크에서는 폐기물의 소각열 이용을 리사이클로 인정하지 않고 있다. 그리고 네덜란드는 "폐기물처리정책을 저해하는 경우에는 폐기물 소각열 이용을 지원하지 않는다"는 단서조항을 부가하여 인정하고 있다. 마찬가지로 EU집행위원회에서는 폐기물 소각열을 이용하여 발전한 전력은 폐기물 발생을 억제하는 것을 기본으로 하는 폐기물 처리에 관한 정책과의 정합성을 확보하여야 한다는 필요성에서 "폐기물처리정책을 저해하는 경우에는 지원하지 않는다"는 단서조항을 부가하여 인정하고 있다.

우리나라의 폐기물관리정책은 「폐기물관리법」 제1조에서도 규정되어 있듯이 폐기물 발생을 최대한 억제하는 것이 우선이다. 폐기물관리정책을 고려할 때 바이오매스의 정의에서 폐기물에너지 중 폐기물 소각열을 이용한 에너지 전환은 제외할 필요가 있다. 그리고 폐기물 처리의 우선순위를 명확히 규정하고 사회 전체적으로 자원순환 개념하에서 순환형 사회 형성을 추진하기 위한 제도적 장치를 수립하여야 한다. 즉, 폐기물 처리 우선순위는 발생억제(reduce)-재사용(reuse)-재생이용(recycle)-열회수(thermal recycle)-적정 처분의 순서가 되어야 하며 재생이용은 발생억제의 보완수단임을 인식하여야 할 것이다.

셋째, 가축분뇨 등을 신재생에너지로 활용할 경우 소화액의 토양환원이 우선적으로 고려되어야 할 필요가 있다. 바이오가스플랜트는 저탄소녹색성장을 달성하기 적합한 에너지원인 바이오가스를 생산하며, 발효 후 배출되는 소화액에는 질소, 인, 가리 등의 비료성분이 다량 포함되어 있어 화학비료를 대체할 수 있다. 그렇지만 우리나라의 토양이 양분과잉상태인 점을 감안할 때 화학비료의 양분투입을 억제하여야만 환경보전효과를 기대할 수 있다. 따라서 바이오가스플랜트는 에너지 획득 설비로 인식하기보다는 경종농가와 축산농가를 연계하는 자원순환의 거점으로 인식할 필요가 있다. 자원순환의 거점이 되기 위해서는 소화액에 대한 위생안전기준[11)]을 마련하여 경종농가의 신뢰를 회복하는 것이 중요하다. 소화액을 비료로 농지

11) 바이오가스를 많이 발생시키기 위해서는 가축분뇨와 음식물류 폐기물을 혼합하여 발효할 필요가 있는데 소화액의 안전성을 확보하기 위해 음식물 처리 관련 위생안전기준을 확립할 필요가 있다. EU집행위원회는 광우병 발생을 계기로 음식물류 폐기물을 투입하기 전에 70~75℃에서 1시간 살균하는 것을 의무화하였다. 즉, 축산부산물에 관한 규정(Regulation(EC) no.1774/2002)이 2002년 10월에 발효되었는데, 이 규정에 의해 지금까지 바이오가스 플랜트에서 원료로 사용되어 온 가축분뇨, 가축 부산물, 식품 폐기물, 폐유 등에 대하여 엄격한 위생관리를 실시하지 않으면 안 되게 되었다. 즉, 이 규정은 축산 부산물을 세 개의 카테고리로 분류하고, 각각의 기준에 맞추어 위생관리를 실시하도록 정하고 있다. 카테고리1은 위험도가 큰 것으로 구체적으로는 TSE(Transmissible Spongiform Encephalopaties)의 환축, TSE 때문에 도살처분된 가축, SRM(Specified Risk Material)이 제거되어 있지 않은 가축의 사체 등을 들 수 있다. 카테고리1은 소관 관청이 허가한 카테고리1 처리공장에서 적절히 열처리한 후 소각해야 한다. 카테고리2는 위험도가 상대적으로 작은 것으로 구체적으로는 농장에서 폐사한 가축이나 가축 질병(TSE를 제외)을 억제하기 위해 농장에서 도살된 가축, 다른 가축 질병으로 오염되어 있을 위험성을 가지고 있는 가축, 가축분뇨, 소화관의 내용물 등을 들 수 있다. 카테고리2는 소관 관청이 허가한 카테고리2 처리공장에서 3기압으로, 133℃에서, 20분간 살균한 후, 퇴비공장, 바이오가스플랜트, 유지화학공장에서 원료로 이용할 수 있다. 단, 가축분뇨는 상기의 소독과정을 거치지 않아도 바이오가스플랜트에서 원료로 이용할 수 있다. 카테고리3은 인간이 소비하기 위하여 도축된 건강한 가축 등에서 생긴 축산 폐기물과, 되새김동물 이외의 가축 혈액, 가죽, 뿔, 날개 등 식품폐기물이나 이용이 끝난 식용유가 포함된다. 카테고리3은 12mm 이내의 크기에 분쇄하여, 70~75℃에서 1시간 살균을 한 후 바이오가스플랜트 등에서 사용할 수 있다.

에 환원하면 수질오염 등을 막을 수 있지만 우리나라는 양분과잉상태인 점을 감안하여 화학비료의 양분투입을 억제하여야만 환경보전효과를 기대할 수 있다.

한편, 환경부는 일본의 '바이오매스타운'을 참조하여 '저탄소 · 녹색마을'을 2020년까지 600개소 조성하여 농촌지역의 에너지 자립도를 40~50%까지 제고할 계획이다. 지역에너지 자립도 제고 측면에서 바이오가스플랜트는 핵심적인 역할을 담당할 것이지만, 자원순환 관점에서 저탄소 · 녹색마을은 지역의 자원순환체계 위에서 구축할 필요가 있다.

순환체계를 구축하기 위해서는 일본의 경우와 같이 지역에 부존하고 있는 자원량이 어느 정도인지를 먼저 파악하고 현재의 이용률과 목표이용률을 설정할 필요가 있다(〈표 7-11〉 참조). 최근 바이오디젤과 관련하여 외국에서 원료를 수입하는 것이 비용효과적이라는 주장이 있으나, 지역 내 자원순환체계 위에서 환경친화적 에너지원 개발과 지역의 에너지 자급도를 높이는 것을 지향하여야 할 것이다.

넷째, 에너지정책 측면에서 바이오매스 자원에 대한 경제적 인센티브를 확보할 필요가 있으며, 신재생에너지정책은 일관성을 유지할 필요가 있다. 최근 발전차액지원제도의 재정부담을 이유로 정부는 2012년부터 신재생에너지 공급의무화(RPS) 제도를 실시하기로 결정하였는데 신재생에너지정책의 일관성을 훼손할 우려가 있다. 정부는 2030년까지 1차에너지 소비에서 차지하는 신재생에너지의 비중을 약 11%까지 확대하는 것을 목표로 하고 있으나 주요 선진국과 비교하여 낮다. 특히, 우리나라는 원자력과 신재생에너지를 동시에 확대한다는 정책방향을 설정하고 있으나, EU는 원자력발전을 대체하기 위하여 신재생에너지를 보급하는 것으로 되어 있는 점을 주목할 필요가 있다.[12)]

12) EU가맹국들이 재생가능에너지를 적극적으로 보급하게 된 배경은 1986년 체르노빌 원자력발전소사건이 발생된 것이 직접적인 계기가 되었다. 이 사건 이후 원자력의 대체수단으로서 재생가

표 7-11 일본 바이오매스타운의 바이오매스 이용계획

	부존량	변환 · 처리방법	사용량	이용 · 판매	이용률		목표이용률
폐기물계 바이오매스	91,034				70%		92%
우분	41,128	메탄발효, 퇴비화	41,128	발전, 열, 농지환원	100%		100%
돈분	12,642	메탄발효, 퇴비화	12,642	발전, 열, 농지환원	100%		100%
계분	4,978	퇴비화	4,978	농지환원	100%		100%
식품 잔여물	8,023	메탄발효, 퇴비화	4,873	발전, 열, 농지환원, 소각	73%		94%(소각 0%)
음식물쓰레기	809	메탄발효, 퇴비화	809	발전, 열, 농지환원	100%		100%
배수오니	1,310	소각	–	소각	0%	➡	100%(소각 0%)
하수오니	1,546	퇴비화, 소각	907	농지환원, 소각	59%		100%(소각 0%)
정화조오니	6,983	소각	–	소각	0%		100%(소각 0%)
대소변	5,478	소각	–	소각	0%		100%(소각 0%)
목재공장 잔여물	8,137	깔개, 수분조정제	1,220	농지환원, 소각	15%		75%(소각 0%)
미이용바이오매스	21,714				18%		40%
볏짚	10,528	깔개, 사료	2,632	농지환원, 사료	25%		50%
왕겨	2,500	깔개, 수분조정제	625	농지환원	25%		75%
간벌재	8,686	미이용	–	미이용	0%		5%

자료: 日本 南丹市의 「南丹市バイオマスタウン構想」을 참조하여 작성한 것임.

저탄소이며 안전한 신재생에너지를 적극적으로 확대할 필요가 있으며, 그 핵심인 바이오매스 에너지 관련정책에 중점을 두고 보급관련 재정인센티브도 높여야 할 것이다. 바이오매스 관련사업에 대한 예산비중을 확대하고, 농림수산식품부가 중심이 되어 바이오매스사업에 녹색성장 예산을 집중 투입하여 체계적이고 일관성 있게 정책을 수립하고 추진할 필요가 있다. 또한 바이오가스플랜트가 지역에 뿌리내리기 위해서는 지역활성화의 매개체로서의 역할을 담당하도록 할 필요가 있다. 바이오가스플랜트가 지역활성화의 매개체로서 기능하기 위해서는 외부 자본에 의해 바이오가스플랜트

능에너지가 주목받게 되었고, EU가맹국들은 다양한 정책수단을 활용하여 재생가능에너지를 적극적으로 보급하게 되었다.

가 설치되었을 경우라도 자본이익을 지역에 환원시키도록 설계하여 자본축적의 선순환체계를 구축할 필요가 있다.

한편, 바이오매스 활용과 함께 농림어업의 탄소배출을 규제하는 제도를 발전시켜 나갈 필요가 있다. 트랙터에 따라 매연배출량이 다르고, 대형농기계의 보급이 확대되면서 탄소집약도가 높아지고 있으므로 농기계에 대한 배기가스기준을 설정할 필요가 있다. 또한 면세유제도로 인하여 농림어업의 석유의존도가 높아지고 그만큼 탄소배출량이 많아지는 부작용을 감안하여 탈석유방안을 마련할 필요가 있다.

녹색성장위원회, 「저탄소 녹색성장 추진방안」, 2009.

농촌진흥청,「농업용 디젤기관 매연배출 현황조사」, 『2005농업공학 시험연구보고서』, 2006, pp. 493~508.

대한민국 정부, 『제1차 국가에너지기본계획-2008~2030-』, 2008.

______, 『일자리 창출을 위한 녹색 New Deal 사업 추진방안』, 2009.

박순철 외, 『신재생에너지 자원조사 종합관리시스템 구축사업』, (구)산업자원부, 2007.

서세욱 ,「저탄소 녹색성장의 핵심, 바이오매스 활용」, 『시선집중』 제78호, GS&J, 2009.

서세욱 · 최미희, 「유기성 폐기물 처리사업의 문제와 개선방안: 음식물류 폐기물과 가축분뇨를 중심으로」, 『예산현안분석』 제8호, 국회예산정책처, 2005.

에너지경제연구원, 『기후변화협약 대응을 위한 중장기 정책 및 전략 수립에 관한 연구』, 2006.

______, 「에너지총조사」, 각 연도.

지식경제부, 『제3차 신재생에너지 기술개발 및 이용보급 기본계획(2009~2030)』, 2008.

환경부, 『경제 살리기와 기후변화대응을 위한 폐기물에너지화 종합대책』, 2008a.

______, 『폐기물 자원화사업』, 2008b.

日本經濟産業省總合資源エネルギー調査會新エネルギー部會新市場擴大措置檢討小委員會, 「我が國の實情に即した新たな市場拡大措置のあり方について」, 2001.
日本農林水産省,「バイオマス・ニッポン総合戦略」, 2003.
European Commission, "Directive of the European Parliament and of the Council on the promotion of electricity from renewable energy sources in the internal electricity market," COM(2000)884, 2000a.
______, "Green Paper: Technical Document," 2000b.

PART 3

제3부

신상품, 신브랜드에서 소득기회를 찾는다

제8장

농산업 시대의 새로움과 차별화

제9장

안성마춤 10년의 성공신화

제10장

세계 최고의 접목선인장: 신상품화를 통한 도약을 준비한다

Chapter 8

농산업 시대의 새로움과 차별화

1. 들어가며
2. 새로움의 개념
3. 사례에서 배운다
4. 성공의 방정식
5. 결론

장민기

지역농업네트워크 전무이사

e-mail: hanwoo@ranet.co.kr

1. 들어가며

1.1. 농업(農業)을 산업(産業)답게

농업은 규모화되고 체계화된 생산시스템과 가공 · 유통 시스템을 포괄하는 본격적인 '농산업(農産業)'의 시대로 접어들고 있다. 농업은 그 자체로서 생산과정의 기계화 · 장치화 · 전문화 등의 방향으로 발전하고 있으며, 여기에 농산물의 신상품화와 브랜드 마케팅 등 생산 이후 유통 · 판매 단계에서 활발한 기술적 · 경영적 발전을 이루어가고 있다.

농산업화(農産業化)의 또 다른 특징은 자연력에 의지하는 1차산업으로서 농업생산을 기반으로 하되, 가공 · 식품제조 · 서비스 · 관광 등 타 산업 부문과의 연계 · 통합을 강화하는 산업 간 융복합(融複合, convergence)을 추구하고 있다는 점이다.

21세기에 들어서서 농업은 토지라는 생산기반을 넘어서서 상품(농산물), 지역, 문화, 식품과 결합된 새로운 산업으로서 거듭나고 있는 것이다.

1.2. 변화하는 시대(時代)와 시장(市場)

현대사회의 가족구조 변화는 핵가족화와 맞벌이의 증대로 대표된다. 여기에 소득증대에 따라 전체 가계소득 중 식료품 지출비중이 줄어들고 있을 뿐 아니라, 신선농산물보다는 가공식품, 외식 지출의 비중이 증대하고 있다.

이러한 경향은 새로운 가치를 제공해 줄 수 있는 차별화된 농식품 상품의 수요를 급격하게 확대시키는 근거가 되고 있다. 농산물을 배고픔을 해소하는 상품(=먹거리)으로 이해하는 것이 아니라 건강, 향수(鄕愁), 여유, 편리, 환경 등 보다 복합적인 가치를 포함하는 상품으로 요구하고 있는 것이다.

변화하는 시대와 시장의 흐름은 농업과 농산물의 변화를 요구하는 근원이 되고 있다. 농산물의 소포장, 편이(便易) 상품화와 가공, 외식 수요를 목표(타겟)로 하는 판매 · 마케팅 노력의 확대를 일관되게 요구하고 있는 것이다. 이러한 요구에 대응하여 빠르게 변화한 산지(産地)와 농산물(農産物)이 더욱 높은 부가가치를 향유할 가능성이 높아지고 있다.

시장요구에 따라 산지에서도 다양한 농산업화 추진 노력이 이루어지고 있다. 1990년대부터 시작된 농산물 산지유통센터(APC) 건립과 농산물 산지유통 조직의 성장은 농산물 상품화의 수준을 폭발적으로 향상시켰다. 또한 조직 및 지역 단위에서 이루어지는 브랜드사업은 농산물 유통을 마케팅의 시대로 전환시키는 거대한 흐름을 만들어 냈다.

특히, 선택과 집중의 원칙에 의해 이루어지는 농정지원 시스템의 변화로 인해 지역 자원활용 시스템의 변화와 시 · 군 단위 이상을 범위로 하는 규모화된 농산업 주체들의 등장은 우리 농산업의 장기적인 성장과 변화의 밑바탕이 될 것으로 전망된다.

1.3. 한계 극복을 위한 농산업화 모델의 필요성

지역과 조직, 품목 등 다양한 측면에서 이루어지고 있는 이러한 새로운 시도들을 총칭하여 '신상품화', 신브랜드화'로 간단히 정리해 볼 수 있다. 이러한 노력은 시장의 성과를 전제로 이루어지는 것이기 때문에 중요하고, 다양한 성공사례들을 통해 농산업화와 중장기적인 성장의 가능성들을 확인해 가고 있다.

그러나 신상품화, 신브랜드화의 노력이 장기적으로 발전해 가는 데에

장애가 되는 한계(限界)요소들은 우리 농업 속에 여전히 내재되어 있다. 우선 농산업화를 위해서는 초기 규모화와 인프라 구축을 위한 투자가 이루어져야 한다. 또한 소규모 농가들로 이루어진 생산구조 자체의 변화를 시도해야 하고, 강하게 유지되고 있는 기존 농업 · 지역 운영방식의 틈새를 파고 들어가야 하는 어려움도 존재한다.

신상품화, 신브랜드화의 성공모델을 찾아보고 성공의 포인트를 확인해 나가는 작업은 이러한 한계를 극복해 낸 시사점을 얻는 중요한 과정이다. 보다 근원적으로는 우리 농업의 발전방향으로서 농산업화를 추진해 가는 새로운 개념과 유영체계를 모색하는 중요한 작업의 일부이다.

2. 새로움의 개념

2.1. '새로움'은 통(通)하는가?

현대는 새로움을 갈망하는 시대이다. 변화의 주기는 더욱 빨라지고 있으며, 변화의 폭도 더욱 커지고 있다. 고정관념에 머물러 변신하지 않는 상품, 기업은 100년의 역사에도 불구하고 순식간에 무너지고 있는 상황이다.

현대 마케팅은 새로움, 다른 말로하면 차별화(差別化)를 두고 진행되는 치열한 전쟁 상황이다. 상품 과잉의 시대에서 소비는 새로움을 찾아가고 있으며, 수많은 경쟁자들 속에서 차별성을 드러내야만 가치를 인정받을 수 있는 상황인 것이다.

차별성을 드러내는 방법은, ① 신상품, ② 신기술, ③ 신디자인, ④ 신유통, ⑤ 신기업이미지 등 기업 · 상품 · 업무 · 조직 등 모든 영역에서 부분적으로 또는 전면적으로 이루어지고 있다.

【변화하지 않으면 무너진다: 미국 GM의 사례】

1908년 설립되어 100년 이상 미국 제조업의 상징으로 군림하던 GM이 2009년 6월 1일 미 법원에 파산보호를 신청함으로써 그 역사적 막을 내리고 7월 10일 뉴GM으로 출범하게 되었다. (중략) GM 몰락의 직접적인 원인은 경제위기에 취약한 제품 포트폴리오 구축과 유산비용으로 대표되는 고비용구조이나 보다 구조적·고질적인 근본 원인은 수면 아래 숨겨져 있다. (중략) 문제가 해결되지 않고 지속된 것은 GM이 위기 때마다 정면돌파를 회피하고 과거 성공모델에 안주하여 자기혁신을 게을리하였기 때문이다. (중략) "100년 1등 기업"도 구조적 문제를 장기간 방치하는 경우 그 결과 쇠망을 필할 수 없다는 교훈을 제공한다. (이하 생략)

* 복득규 외, "100년기업 GM 몰락의 교훈", 2009. 7. 22, CEO Information, SERI

농업, 농산물도 새로움, 차별화에 도전(挑戰)해야만 새로움을 갈망하는 시대에서 발전의 기회를 잡을 수 있다. 지역에서, 현장에서 다양한 시도들이 진행되고 있지만 신상품화, 신브랜드화는 부가가치 창출을 위한 농산업화, 즉 농업의 변신을 단적으로 보여 주는 사례이다. 이들 사례들은 모두 기존의 '농업방식'을 바꾸는 시도를 수반하며, 1개의 기업이든, 지역 또는 사업을 중심으로 하는 연합체이든 리더 또는 핵(核)주체의 주도성(leadership)을 바탕으로 진행되고 있다는 특징이 있다.

2.2. 농산물 신상품화, 신브랜드화의 정의

신상품화와 신브랜드화는 독립적이기도 하고, 상호 연계되어 있기도 하다. 본 연구에서는 신상품화는 농산물 상품의 차원에서, 신브랜드화는 주체와 시스템의 차원에서 이해하는 용어로서 구분하여 사용하였다. 특히, 신브랜드화를 주체, 시스템으로 이해하는 것은 농산물 브랜드화는 BI, CI 등

【신상품화, 신브랜드화의 정의】

신상품화: 농산물을 기반으로 기존에 존재하지 않았던 새로운 개념의 상품을 만들어 내어 새로운 경로로 고부가가치화 하는 것.
신브랜드화: 지역에서 탈피하여 상품을 중심으로 새롭게 규모화와 판매·마케팅 시스템을 만들어 내는 것.

단순한 디자인 개발에 머무르는 것이 아니라 원물생산, 조달부터 최종마케팅까지 일관된 사업시스템을 갖추는 것이어야 하기 때문이다.

농산업화의 한 축으로서 신상품화, 신브랜드화를 바라보는 시각은 농산물의 가치 확장에서 찾을 수 있다. '먹음'에서 나오는 농산물의 본원적 욕구를 기반으로 하면서도 현대사회에서 보다 높은 가치를 부여할 수 있는 파생된 욕구로 농산물의 가치를 이동해 가는 것이다. 파생된 욕구 속에 '새로움'이 있고 기회가 있으며, 이를 극대화하는 방식으로 신상품화, 신브랜드화가 진행되어야 농가·지역의 소득증대와 새로운 시스템의 발전으로 이어

그림 8-1 농산물의 가치 이동

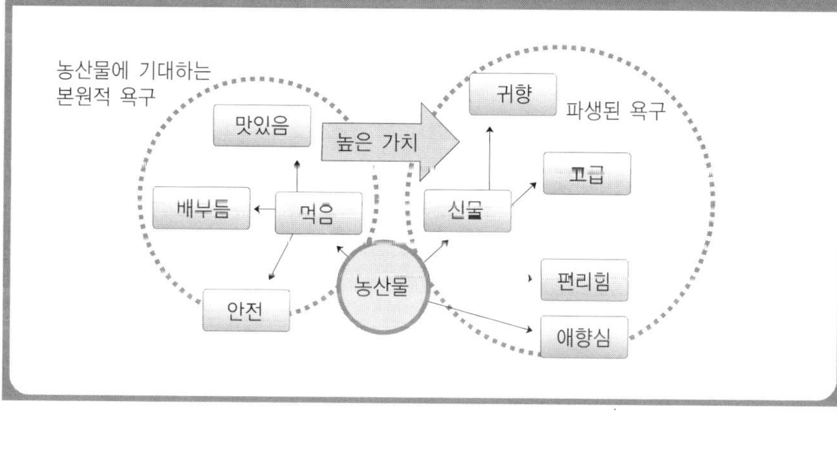

질 수 있는 것으로 판단된다.

2.3. 농업 신산업화의 일반성과 특수성

농업도 변해야 한다는 점, 농산물도 상품(商品)으로서 차별화하지 않으면 시장에서 제대로 가치를 인정받기 어렵다는 점은 일반 제조업, 서비스업이 처한 환경과 동일하다.

그러나 자연력에 의존하는 생산시스템, 다주체가 참여하는 사업시스템의 특성을 가지고 있는 농산물 신상품화, 신브랜드화는 변화의 방향과 차별화의 방식에서 특수성을 가지고 있다. 신상품화, 신브랜드화는 개별 농기업의 독자적인 추진으로는 성공 가능성이 낮으며, 생산농가의 조직화를 전제로 하는 전면적인 시스템의 변화가 수반되어야만 성공할 수 있는 것으로 이해된다.

6,000개가 넘는 농축산물 브랜드 가운데 실제 소비자들이 알고 있는 것은 극소수에 그치고 있으며, 그마저 '지역(地域)'과 연결되지 않은 브랜드는 더욱 인지도가 떨어지고 있다. 안정적으로 원물, 원료를 공급해 줄 수 있는 규모화된 생산자가 적기 때문에 공선 출하회, 작목반 등 농가조직과의 체계적인 관계설정이 없으면 산지를 찾아 내는 부담과 변동의 리스크를 극복해 내기 매우 어려운 실정이다.

생산자 및 지역에 안착(安着)된 협력시스템을 갖추어 내는 것이 신산업화의 근거이며, 여기에 품질관리, 상품화, 마케팅을 연결한 사업시스템을 갖추어 내는 것이 출발점이다.

현재의 농산물 생산 · 유통 시스템을 변화시키는 실천과 새로운 사업시스템을 업그레이드(up-grade) 시키는 것이 '새로움'과 차별화의 가장 중요한 요소이자 지속적 발전을 보장하는 가장 중요한 요소이다.

3. 사례에서 배운다

3.1. 사례총괄

본 자료에서는 신상품화, 신브랜드화를 성공적으로 진행하고 있거나, 최근 새로운 시도를 진행하고 있는 현장의 사례를 수집 · 정리하였다.

신상품화, 신브랜드화는 지역, 품목, 개념, 주체 등이 매우 다양하게 이루어지고 있기 때문에 특정한 기준을 정해 총괄적으로 사례를 수집, 유형화하는 것은 어려움이 있다. 따라서 (주)지역농업네트워크에서 최근 조사하였거나, 컨설팅을 수행한 대표적인 사례들을 중심으로 신상품화, 신브랜드화 추진사례들을 4가지 유형으로 구분하여 정리하였다.

① 지역브랜드 시스템 구축

② 핵심 품목 신산업화

그림 8-2 신상품화, 신브랜드화 추진방향

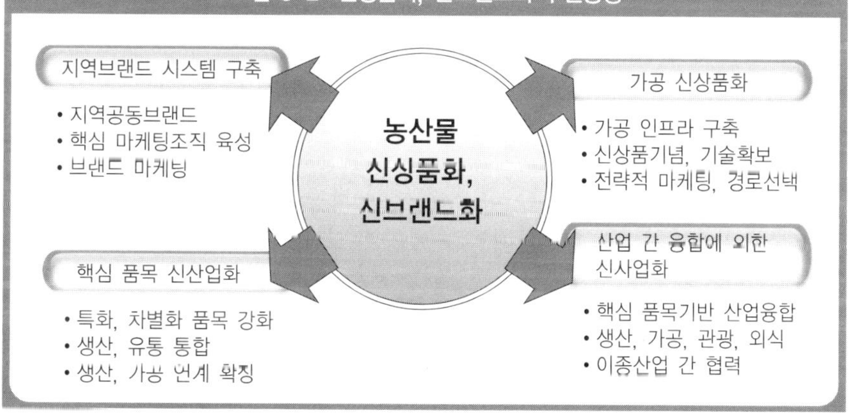

③ 특화품목을 이용한 가공 신상품화

④ 산업 간 융합에 의한 신사업화

이 밖에도 다양한 방식으로 유형을 구분할 수 있을 뿐 아니라, 4가지 유형이 상호 결합된 방식으로 진행되는 것이 현실이지만 지역협력 시스템, 사업시스템의 변화를 수반하면서 변화를 시도하는 대표적인 유형으로 파악하여 분류하였다.

3.2. 지역브랜드 시스템 구축: '안성마춤' 연합사업 10년의 역사

안성마춤은 농협 간 연합사업의 효시(嚆矢)이고, 지자체 농정과 생산자 조직이 지역공동브랜드를 중심으로 단일한 협력시스템을 갖추고 있는 가장 전형적인 선진모델이다.

1999년 6개 농협이 연합사업단을 만들고 사료, 유류 등 공동구매를 통해 교섭력을 발휘하여 실질적인 가격인하효과를 창출해 낸 것이 출발점이 되었다. 이후 10년의 역사를 거치면서 안성관내의 모든 농, 품목, 축협이 참여하는 명실상부한 연합사업체로 성장하였다. 안성관내 RPC의 완전통합, '안성마춤' 공동브랜드 전이용권(專利用勸), FTA기금에 의한 거점APC 건립, 신선편이센터, 한우가공공장 및 한우갤러리 운영 등 지속적인 신사업, 신시스템 도입이 진행되었다.

안성마춤연합사업은 이러한 성공적인 협력시스템 구축과 사업시스템의 도입, 확장을 통해 총취급액이 1999년 14억 원에서 2008년 959억 원으로 600배 성장하였다.

중요한 점은 사업액의 성장보다도 이로 인한 지역농업에의 파급력이라고 할 수 있다. 안성마춤이 지역농업의 핵심주체, 거점주체로 성장함으로써

그림 8-3 안성마춤의 신세대 시설과 안성마춤조합공동사업법인 주요 연혁

안성시 농업의 감소세가 전국 평균에 비해 현저하게 낮을 뿐 아니라, 참여 농협의 판매사업 성장률과 평균규모는 전국 평균에 비교해 매우 높게 나타나고 있다.

지역브랜드 시스템의 구축이 지역농업을 이끌어 가고, 지역농업의 소득창출과 가치향상에 결정적으로 기여하고 있음을 보여 주는 사례이다.

3.3. 핵심 품목 신산업화: 접목선인장 수출산업화와 새로운 도전

접목선인장은 일본으로부터 유래(由來)된 기술을 바탕으로 하고 있지만, 우리 특유의 손기술과 지속적인 신품종 개량으로 세계적인 명품으로 성장하였다.

접목선인장은 그 자체로서 신산업이며, 100여 농가가 참여하는 작은 산

업이지만 화훼부문의 수출전략 작목, 고소득 · 차별화 품목으로서 의미를 가지고 있다. 접목선인장은 수출주력부문으로 2008년 수출액이 253만 달러였다.

보다 넓게 본다면 선인장산업은 다육식물(알로에, 꽃기린 등), 일반선인장, 접목선인장 등을 포함하여 약 800억 원의 생산액을 보이고 있으며 중장기적인 성장, 확장 가능성이 높은 품목으로도 이해할 수 있다.

한편, 수출 접목선인장은 네덜란드를 비롯한 국제 화훼시장에서 높은 상품성을 인정받는 독점적 품목이지만, ① 중국산 저가 접목선인장의 확대, ② 반제품 벌크 수출에 따른 저부가가치 문제, ③ 접목선인장 국내 수요확대 등으로 수출경쟁력을 잃을 위기에 있다. 기존 상품, 관행적인 수출방식으로는 가치창출 한계에 부딪힌 것이다.

2008년부터 시작된 선인장 수출 연구사업은 수출 선인장산업의 위기탈출을 위한 방안으로서 '완성형' 상품화 연구와 시범수출을 시행하고 있다.

그림 8-4 관행적인 접목선인장 수출 작업방식

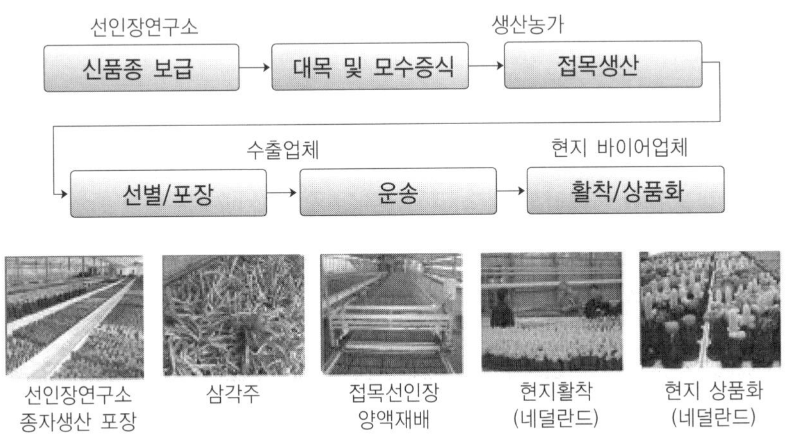

그림 8-5 수출용 접목선인장 완성형 상품 및 신규 품목 추진

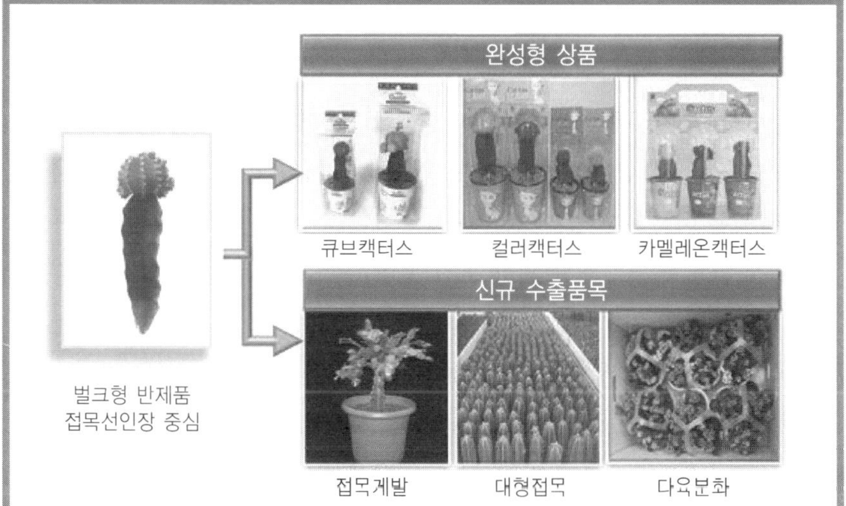

유럽 도매상에 현지 활착과 상품화를 의존하는 방식에서 탈피하여 배지를 사용하는 완제품을 수출함으로써 부가가치를 높일 뿐 아니라, 보다 탄력적인 시장개척을 위한 혁신을 시도하고 있는 것이다.

또한 이를 뒷받침하기 위해 협의체에 머물고 있는 선인장연구회영농조합을 본격적인 판매 · 마케팅 조직으로 전환하기 위한 노력이 이루어지고 있다.

3.4. 특화품목을 이용한 가공 신상품화: 21년 세월의 힘, 장생도라지

장생도라지는 기술개발자인 이성호 원장이 30년간 노력하여 터득한 도라지 다년재배 기술(특허)로 만들어진 신상품이다.

일반적인 도라지는 2년근으로 나물용도로 이용되고 있으나, 인삼과 마

찬가지로 연산이 높아질수록 약리적 효용성이 높아진다는 점을 알고 있었다. 그러나 한자리에서는 2년이 지나면 뿌리 썩음 현상이 나타나기 때문에 돌려짓기 방식으로 다년재배가 가능한 기술을 확립한 것이다.

장생도라지는 품종의 특성보다는 독특한 재배법에 의한 차별화 방식을 채택하고 있다. 21년생이 되면 사포닌을 비롯한 유용성분량이 급증하는 식물의 특성을 이용하고 있는 것이다.

이를 위해 다년재배를 위한 토질 정비, 옮겨심기 등 특허기술이 활용되고 있다. 또한 지리산 인근인 산청, 함양 등에서만 재배하고 강력한 이력관리(履歷管理) 시스템을 도입하여 저년근(低年根) 유통을 철저히 배제하는 차별화 전략을 구사하고 있다.

이러한 재배과정의 차별화와 함께 장생도라지 상품화는 원물이 아닌, 장생도라지를 원료로 하는 건강식품, 약리소재의 개념으로 접근하는 독특

그림 8-6 (주)장생도라지 회사 개요

구분	내용
사업 배경	• 이성호 원장(신지식인)의 다년생도라지재배법(특허)이 사업의 원천 • 30년간의 개인적 실험과 노력, 집념 • 현재 "스토리마케팅" 요소로 활용
주요 연혁	• 1999 회사설립 • 2001 한국 전통식품 인증(농식품부) • 2006 300만 달러 수출탑 • 2007 ISO22000 인증
사업 조직	• 본사, 영농조합(생산), 생명과학연구소, 일본지사, 서울사무소 운영 • 경영기획, 영업관리, 생산기술 1, 2팀 • 39명(전원 정규직)-경영철학
사업 특징	• 원물조달: 회사중심의 위탁재배체계 도입 • 상품화: 약리소재, 건강식품 개념 • 목표시장: 일본, 미국, 수출시장 타겟 • 마케팅 특징: 상담판매, 독자적 시장개척

그림 8-7 장생도라지 주요 상품

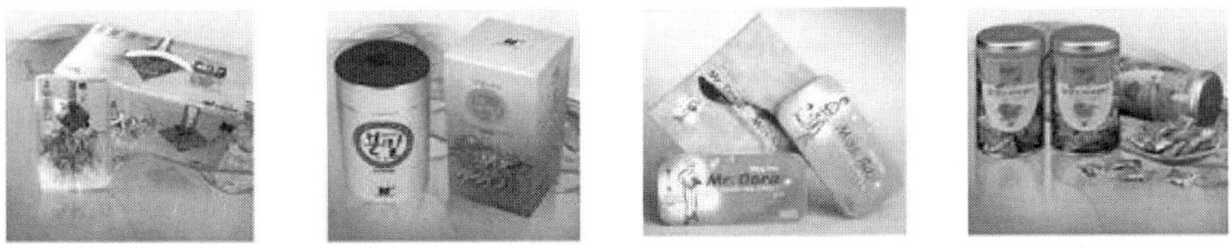

자료: (주)장생도라지 홈페이지(www.doraji.co.kr).

성을 보이고 있다.

명절에 장생도라지 원물을 기획상품으로 판매하고 있으나, 주력은 아니며 원물이 아닌 가공상품, 건강식품 개념으로 상품화의 영역을 적극적으로 확장하고 있다.

장생도라지 상품군은, ① 고기능성, ② 기호식품의 2가지로 구분하며, 매출은 고기능성에서 70%, 기호식품에서 30%가 발생하고 있다. 장기적으로는 고기능성과 기호식품의 비중을 50 : 50으로 구상하고 있다.

3.5. 산업 간 융합에 의한 신사업화: 장흥한우와 토요시장의 결합

장흥군은 4만 3,000여 두(전남 1위)에 달하는 사육규모와 이모작 사료생산 기반, 전통적인 생산자조직의 사업역량을 보유하여 한우를 군의 주력 품목, 주력 산업으로 육성하고 있다. 특히, 장흥한우는 전남 한우광역브랜드인 '순한 한우'의 주된 공급지 역할을 하고 있을 뿐 아니라, '정남진(正南津) 장흥 토요시장 명품한우'로 지역 소비시장 창출 노력을 병행하여 대규모 한우 생산지역에서 추구할 수 있는 한우 산업화의 모델을 제시하고 있다.

주말에 열리는 재래시장에서 출발하여 이제는 전남권에서도 가장 활성화된 재래시장으로 알려진 장흥군의 '토요시장'은 확실한 고품질 장흥한우

그림 8-8 장흥군 한우산업과 지역전통시장의 결합

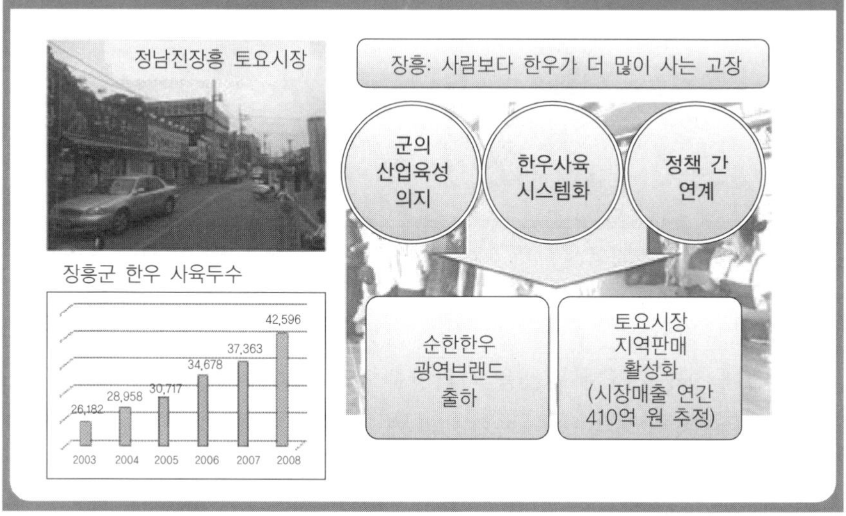

를 저렴하게 구입할 수 있는 곳으로 유명하다. 토요시장에는 축협, 영농법인 등을 포함하여 한우판매점이 밀집하여 한우정육과 구이를 함께 제공하고 있으며, 한우판매 상인협의회를 구성하여 모든 매장에서 장흥한우만을 동일한 가격으로 판매하고 있다.

장흥 한우산업과 재래시장의 결합에 의해 나타난 결과는 장흥한우 사육두수의 급격한 증대와 함께 '한우'로 명성을 얻은 재래시장의 극적인 부활이었다. 2009년 토요시장의 연간 매출액은 410억 원(추정)으로 확대되었고, 순한 한우 광역브랜드 출하와 함께 토요시장을 통한 직거래 판로가 확대됨으로써 한우 생산조직의 활성화와 산업의 확대가 이루어진 것이다.

4. 성공의 방정식

4.1. 어떻게 해야 성공하는가?: 성공의 요소

4.1.1. 요소 1: 구상의 적합성-획기적 혁신은 존재하지 않는다

신상품, 신브랜드는 기존 농업방식에 대한 전면적인 변화를 수반해야 한다. 그렇다고 해서 기존의 농업생산, 기존의 농산업화 추진기반을 완전히 무시하고 진행되는 것이 아님에 주의해야 한다.

메론, 파프리카는 토마토 등 시설채소 재배에 이력이 붙은 농가들이 신품목(新品目)으로 도입할 수 있는 것이고, 마늘가공 상품화도 마늘 주생산지에서 진행될 때 성공적으로 이루어질 수 있다.

획기적(劃期的)인 것을 요구하여 남들이 전혀 알지 못하는 신기술, 신소재를 도입하는 농산업화는 물 위에 뜬 작은 기름방울처럼 정착하지 못하고 소멸되는 것이다.

4.1.2. 요소 2: 사업시스템과 협력시스템의 철저한 구축

농산물 신산업화는 누가 재배하고, 누가 상품화하고, 누가 판매할 것인지에 대한 철저한 역할분담, 즉 사업시스템의 확립에 의해 성패가 갈리는 것이다.

21년이나 키워야 하는 장생도라지를 가공하고 싶다고 해서 그냥 시장에서 원료 도라지를 구매할 수 있는 것이 아니다. 또한 신진 가공설비를 갖추고 있다고 해서 소비지에서 앞다투어 상품을 사가는 것이 아니다.

앞의 사례들을 보면 어느 한 주체, 어느 한 기업만의 힘으로 발전한 사례는 하나도 없다는 사실을 알 수 있다. 농정의 지원, 지자체의 지원, 그리고 지역주체들 상호간의 협력이 없다면 초기의 인프라 구축은 물론, 본격적인 상품화와 판매 추진도 매우 어려웠을 것으로 예상된다.

사업시스템과 협력시스템을 제대로 구상하여 추진하지 않은 독립적 아이디어와 투자는 실패사례로 기록될 가능성이 높은 것이다.

4.1.3. 요소 3: 실천의 지속성

신상품화, 신브랜드화는 생산기반 확대, 사업주체 역량의 성장 등 상당기간 동안 자연스럽게 품목의 생산이 해당지역에서 발전되어 왔음을 전제로 한다. 여기에 일정 시점에서 이루어지는 결단과 리더 주체의 등장으로 촉발된다.

실패는 촉발과 이로 인한 신산업화 시도 이후에 지속적으로 상품화 노력, 시스템 강화 노력이 진행되지 않을 때 일어나는 것이다. 신산업화의 추진이 어느 시점에서 갑자기 중단되는 현상이 나타난다. 중단의 이유는 지원예산의 중단, 사업리더의 신상변화, 급격한 시장환경 변화, 운영자금의 부족 등 다양하다.

시장예측과 구체적인 구매선을 전제로 하여 시작된 신상품화, 신브랜드화는 일정 기간의 규모확대시기와 투자시기를 거쳐야 하며 이 기간에 성공의 기회를 포착해 내야만 한다. 안성마춤 10년, 접목선인장 20년, 장생도라지 15년의 역사는 지속적 실천의 힘이 얼마나 큰 것인지를 보여 주는 사례이다.

4.2. 신상품화, 신브랜드화를 위한 사업시스템 구축

신상품화, 신브랜드화의 추진시스템은 '클러스터(cluster)'라고 칭해지는 네트워킹 방식으로 체계화하는 것이 바람직하다.

그림 8-9 협력시스템과 사업시스템

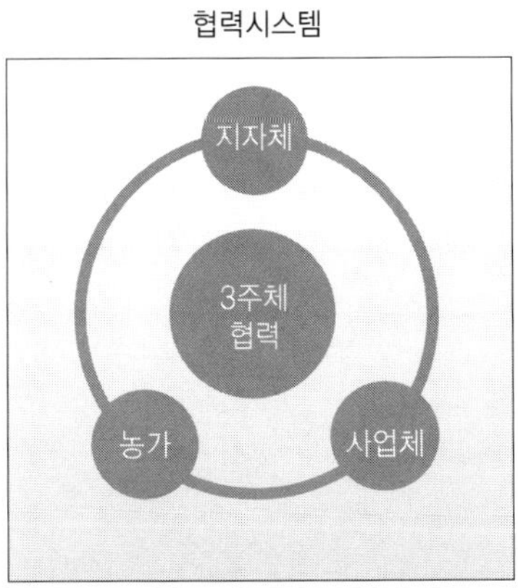

- 갈등해소
- 협력저 사업기획
- 공동의 실행시스템 구축
- 예산 및 자원의 합리적 배분

- 개별성의 극복: 통합마케팅
- 마케팅 주체의 규모화, 역량 향상

농업주체들의 협력과 산업 간 융합이라는 과제는 지역농업 클러스터, 광역 클러스터 사업을 통해 시도된 협력 네트워킹 시스템을 적극 채용함으로써 손쉽게 적용될 수 있을 것이다.

신상품화, 신브랜드화를 위한 사업시스템 구축에 있어서의 핵심 사항은, ① 원물 생산, 조달체계, ② 상품화 시설, ③ 마케팅 조직이다. 그리고 협력시스템의 핵심 사항은, ① 지역 내 지자체+사업주체+농가조직 3주체의 협력, ② 외부 지원 기관과의 긴밀한 네트워킹이다.

신산업화 추신의 목표, 상품화의 내용, 브렌드화의 방식, 품목 및 지역 여건에 따라 세부적인 시스템의 내용은 달라질 수 있고, 또 달라야만 하는 것이지만 사업시스템, 협력시스템이 반드시 구성되어 실행될 수 있도록 제도적이고 실천적인 틀이 마련되어야 한다.

4.3. 추진단계와 성장

4.3.1. 신상품화, 신브랜드화 추진단계 설정

영세 · 분산적인 생산 · 유통 구조를 극복해 내는 것이 1차 도약(jump)의 내용이고, 이를 바탕으로 가치부여를 위한 혁신 노력이 2차 도약이며, 이를 시스템화하여 보다 심화된 가치생산 구조로 발전하는 것이 3차 도약이다.

4.3.2. 추진단계 설정의 주의점

농산물 신산업화 시도에서 '일단 크게' 시작한 사업들이 현실에 안착하여 지속적인 성장과 소득창출에 기여한 사례는 많지 않다. 지역 · 품목, 아

그림 8-10 신상품화, 신브랜드화 추진단계 설정

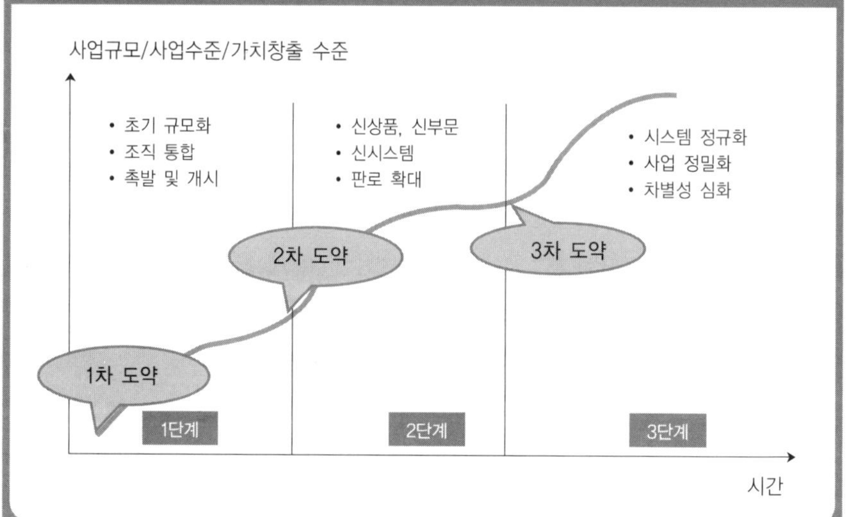

이템의 조건에 따라 초기규모는 달라질 수 있지만 단계적 · 점진적 성장의 길을 계획하고 실천해 나가는 것이 유효한 것으로 판단한다("구상은 크게, 그러나 실천은 단계적으로").

또한 각 단계에서 항상 도약에 대비한 지속적인 준비와 이를 실행할 시점이 도래했을 때의 결단(決斷)이 이루어져야 한다. 준비되지 않은 도약은 오류이고, 환경변화 또는 기회의 도래에도 불구하고 결단이 이루어지지 않으면 사업은 쇠퇴하게 된다.

5. 결론

5.1. 신상품화, 신브랜드화는 소득을 만들어 내는가?

신상품화, 신브랜드화는 '새로움', 즉 차별화를 추구하는 사업을 개념적으로 표현한 것이며, 보다 현실적으로 지역농산업 변화 시도와 혁신(革新)의 노력이라고 할 수 있다. 변화, 혁신의 노력이 새로운 상품, 새로운 브랜드, 새로운 시스템으로 나타나는 것이다.

신상품화, 신브랜드화는 소득을 만들어 내는가에 대한 답은 "그렇다"이며, 많은 사례들 속에서 실증되고 있다.

변화, 새로움을 갈망하는 시대에는 농산업 스스로도 변화하고 차별화해야만 생존할 수 있고, 성공할 수 있음을 보여 주고 있다.

5.2. 기회포착과 도전이 성공을 만든다

시장의 변화, 기술의 발전, 국민경제의 성장, 산업 전반의 성숙 등 외부

환경의 변화는 농업에 지속적으로 기회를 제공하고 있다.

기회는 막연한 경기상승에 따른 판매 호조라는 농업 전반에 주어지는 것도 있지만, 새로운 판로의 등장(예: 대형할인점의 등장)과 갑작스런 수요의 폭등(暴騰)(예: 토마토), 그리고 산업 간 연결고리 속에서 무르익었다가 번개처럼 등장하여 확산되는 신사업(예: 채소 신선편이, 학교 급식) 등 구체적인 기회도 있다.

소득창출, 성장 · 발전의 기회는 이러한 구체적인 기회 속에서 나타나는 것이다. 기회는 일시에 왔다가 갑자기 사라지는 것(다른 경쟁주체가 가져가는 것)이기 때문에 기회포착을 위한 준비와 도전이 이루어져야 한다.

Chapter 9

안성마춤 10년의 성공신화

1. 서론
2. 사업연합과 조합공동사업법인
3. 안성사업연합 조직의 성장과 발전
4. 사업연합의 성과와 의의
5. 결론: 과제와 전망

황영모

지역농업연구원 정책기획실장

e-mail: hymlsm@rari.or.kr

장민기

지역농업네트워크 전무이사

e-mail: hanwoo@ranet.co.kr

Chapter 9

1. 서론

농산물 시장개방의 확대와 유통환경의 변화에 따라 산지유통 조직으로서 농협의 경제사업 역할이 갈수록 중요해지고 있다. 이에 따라 1990년대 중반부터 산지유통센터의 설립이 이루어지면서 지역농협 차원의 산지유통 규모화가 시도되어 왔다. 1990년대 후반부터는 광역합병(예: 순천농협)이나 품목농협(예: 대구경북능금농협)의 유통거점화가 이루어지면서 농협 차원의 산지유통 규모화 · 전문화 사례가 다각적으로 창출되기 시작하였다. 2000년대에 들어서는 시 · 군 단위 또는 여러 시 · 군을 포괄하는 농협연합사업단이 구성되면서 지역농협의 범위를 넘어서는 규모의 농협 경제사업이 진행되고 있다. 2005년부터는 조합공동사업법인제도가 도입되어 지역농협의 출자에 의해 마케팅부문에 대한 공동사업을 추진하는 조합공동사업법인 조직이 운영되고 있다. 모두 경제사업의 규모화를 통해 산지유통의 활성화를 꾀해 나가는 사례이다.

협동조합 간 사업연합을 통해 산지유통에 대응하고 있는 안성마춤조합공동사업법인(이하 안성마춤농협)은 농협 차원의 산지유통 혁신모델로 평가되고 있다. 안성마춤농협은 지역 내 모든 지역농협과 축협, 원협 등 이종(異種)조합이 참여한 사업연합 조직이다. 산지유통의 규모화 전략으로 합병이 아닌 사업연합의 방식을 채택해 지난 10여 년간 지속적으로 사업영역을 확대 · 발전시켜 오고 있다. 안성마춤농협은 그 동안 농가의 요구에 충실을 둔 생산중심적 협동조합에서 벗어난 협동조합 간 협동을 통해 시장의 요구에 대응해 나가는 시장지향적 협동모델이다. 그래서 대규모 합병조합의 규모의 장점과 소규모 지역조합의 조합원 밀착의 장점을 동시에 살리고 있는 모델이라 할 수 있다.

2. 사업연합과 조합공동사업법인

2.1. 사업연합

협동조합 간 사업연합은 대규모 합병조합의 '규모의 경제'라는 장점과 소규모 지역조합의 '조합원 밀착'이라는 장점을 동시에 달성하기 위해 조합사업을 단계적으로 연합해 가는 방법이다. 협동조합 간 협동은 비정기적이고 수익과 관련이 없는 협동도 있지만, 사업연합은 수익성 확보를 목표로 보다 지속적으로 추진되는 사업이다.

사업연합은 규모의 경제를 실현한다는 측면에서 조합의 합병과 공통점을 갖지만, 지역의 대표성을 그대로 유지하면서 지역농업 단위의 생산조건과 조합원 차이를 반영해 사업별 적정규모를 탄력적으로 설정해 나갈 수 있다는 점에서 차이가 있다.

사업연합은 '사업과 유형'에 따라 분류할 수 있다. 사업에 따라서는 '구매연합, 판매연합, 지도 · 농정활동연합' 등이 있다. 구매연합은 사료, 유류 등의 조합 간 공동구매를 통해 비용을 절감할 수 있다. 중앙회 계통구매와 경합될 가능성이 존재하기는 하지만, 중앙회 사업은 전국적인 관점에서 추진될 수밖에 없어 지역특성을 반영하기 어렵다는 제약이 따르고, 조합의 참여의지도 상대적으로 제한적이고 신속성과 탄력성 면에서 제약이 따르기 마련이다. 지역단위의 사업연합은 그런 의미에서 조합 및 조합원의 참여의식을 높이고 지역특성을 반영한 일선 농협중심의 신축적인 구조와 방식을 채택할 수 있다는 장점이 있다. 판매연합은 품목을 기반으로 형성되는데, 전략품목을 중심으로 공동브랜드 사용을 통한 품질관리, 조직화, 규모화를 추구함으로써 브랜드 파워를 높이고, 공동마케팅까지 나아가는 경우이다.

지도 · 농정활동연합은 중앙회 조직이나 조합장 운영협의회 등이 제한적으로 담당하고 있던 지도 · 농정활동을 지역별로 체계화하기 위해 지역조합이 참여하는 연합체 형태이다.

유형에 따른 분류로는 '지역연합과 품목연합'으로 나눌 수 있다. 지역연합은 지역농협을 중심으로 규모의 경제효과를 위해 행정구역 단위로 구매 · 판매 · 농정활동 전반을 결합하여 수행하는 경우이다. 사업의 규모를 급속히 확대하기보다는 생산의 조직화와 지역농업의 활성화 등을 추진하여 협동조합의 지역기반을 강화하는 방향으로 발전하게 된다. 품목연합은 특정 품목 또는 품목군(群)을 중심으로 형성되어 지역연합보다 광역화한 경우이다. 과수 · 낙농 등의 일부 품목을 중심으로 구성된 품목연합회도 이 범주에 속한다.

그러나 사업연합은 아직 초기단계라 할 수 있고, 조합단위의 사업이나 활동에 비해 여러 농협이 참여한다는 특성상 공동관리/운영체계가 미흡해 참여농협이 소극적이고 역할분담이 미흡하거나 조합들 사이의 이해관계가 상충될 경우, 이를 신속하게 조정하는 의사결정체계가 확립되어 있지 않다. 또한 탄력적 조직운영과 책임경영, 경영조직 및 인력의 전문화가 미흡한 상황에서 이를 보완함으로써 취약한 시장대응력을 더욱 높여 나가야 한다는 과제를 안고 있으며, 또 조합원의 인식공유가 선행되지 않아 조합원의 사업참여가 저조해 이점을 발휘할 수 없고 고정투자에 대한 자금조달이 어렵다는 점이 일반적인 연합사업 발전의 제약요인이라 할 수 있다.

2.2. 조합공동사업법인

조합공동사업법인은 합병을 통한 지역농협의 규모확대가 어려운 여건, 조합원의 조합선택권이 도입되지 않은 상황 등에서 규모화된 사업연합(판매사업) 주체의 전문성을 제고하고 기능을 확대하고자 도입되었다. 기존 사업연합(판매사업)이 거래주체로서의 위상이 미흡하고, 지역농협 간 합의 및 전문성이 부족해 효율성이 저하되는 것을 극복하기 위한 것이다(농협법 제112조, 2005). 지역농협의 사업전략과 조직구조를 새롭게 혁신하여 규모화·전문화·차별화를 통해 산지의 조직화와 산지유통 혁신을 주도하는 조직으로 성장하도록 촉진하는 것을 목적으로 하고 있다. 그래서 조합공동사업법인은 지역농협 간 경제사업연합체로서 연합 자회사의 성격을 가지고 있다. 그러나 농협법에 의해 농협중앙회의 준회원 자격도 동시에 가진다. 지역농협 간 공동사업 수행을 위해 공동으로 출자하여 법인을 설립한 것이기 때문이다. 참여농협은 조합공동사업법인의 회원으로 사업을 이용하며, 손익발생시 공동으로 분담한다.

지금까지 중앙회가 추진해 온 기존 사업연합 조직은 임의조직으로 법적인 토대가 없는 반면 조합공동사업법인은 법인격으로서 위상을 확보하고 있다는 데 큰 차이점이 있다. 그래서 거래주체로서의 위상도 확보되며, 이사회를 구성해 전문인력 채용과 책임경영체제를 구축할 수 있다. 또 적립된 유통손실적립금(자조금)을 유리하게 사용해 사업위험에 효과적으로 대응할 수 있다는 이점이 있다. 이와 함께 출하농산물에 대한 소유권을 완전히 위임받기 때문에 시장의 요구에 능동적으로 대응할 수 있다. 그러나 중앙회 조직에 소속되어 있지 않은 상태에서 경제사업만 담당하기 때문에 신용사업을 통한 자금 및 인력지원의 한계, 손실에 대한 부담 등의 단점이 있다. 한편, 정부는 산지유통 공동마케팅 조직 및 FTA기금사업에 의한 거점 APC·RPC 규모화 정책을 실행하면서 자금지원을 조건으로 1년 후 법인전환을 유도하고 있다.

3. 안성사업연합 조직의 성장과 발전

안성지역농협 사업연합은 '사업연합 발족→구매연합→판매연합→물적 기반 구축과 사업확장→조합공동사업법인으로의 전환 · 확대' 등 10년에 걸쳐 지속적으로 발전과정을 거쳐 오고 있다. 그 배경과 추진과정을 단계별로 나누어 살펴본다.

3.1. 안성시 농업여건과 문제의식

안성시는 15개의 읍 · 면 · 동을 포함한 인구 17만 5,000여 명의 도농복합형 지역이다. 지역 전체에서 농가는 15.1%, 농가인구는 18.4%를 차지하고 있으며, 전업농가 비율은 54.0%이다(2007년 현재). 전체 경지면적은 16,476ha이고 호당 평균경지면적은 1.71ha로 전국 평균보다 다소 높다. 쌀, 배, 포도, 한우, 인삼 등은 전국적으로 앞선 품질의 농산물로 평가받고 있다. 특히, 서울시 · 수원시라는 대도시 소비시장을 끼고 있어 농산물 판매에 상대적으로 유리한 위치에 있다. 협동조합은 12개의 지역농협과 3개의 품목농협(축협, 과수농협, 인삼농협)이 지역농업을 담당하고 있다.

사업연합이 추진되기 직전인 1999년, 지역농협은 금융위기로 촉발된 사업구조의 재편이라는 외부적 요구에 직면해 있었다. 또 소비지 시장의 변화는 경제사업 측면에서 산지의 신속한 전문화를 요구하고 있었다. 읍 · 면 단위의 소규모 조합으로는 내형화되는 소비지 유통의 변화에 대응하기 어려운 구조였고, 같은 지역의 농산물을 서로 경쟁해야 하는 모순을 안고 있었다.

사업연합 추진은 이러한 환경여건에 대응해 지역농업을 구성하는 핵심주체로서 협동조합의 패러다임을 전환한 것이었다. 기존의 신용사업 중심

그림 9-1 협동조합의 패러다임 전환과 안성사업연합의 목적

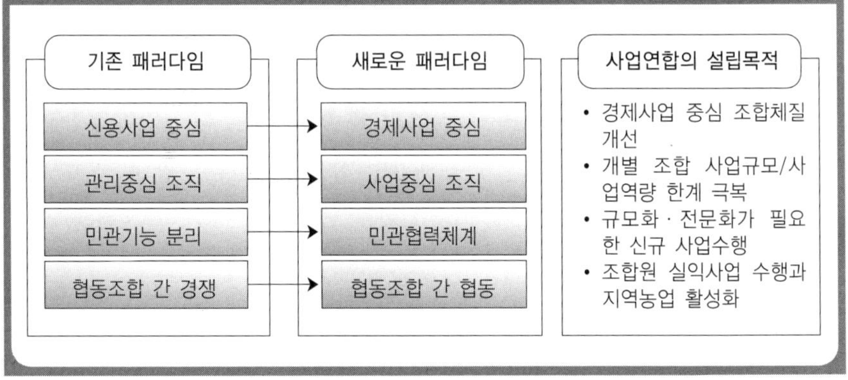

사업체계를 경제사업 중심으로 전환시키고, 관리중심 조직에서 사업중심 조직으로 재편하는 것이었다. 또한 협동조합 간 경쟁보다 협동을 통한 규모화 · 전문화와 조합원 밀착의 장점을 동시에 달성하려는 목표를 위한 수단으로 검토되었다.

3.2. 안성사업연합의 발족과 구매연합(1999~2000년)

지역농협 간 사업연합은 1994년 6개 농협이 참여한 연합미곡종합처리장(RPC)의 성공적 운영이 그 바탕이 되었다. 1999년 6월 6개 지역농협이 참여해 사업연합을 발족하였다. 생산구조, 조합경영 등 지역농업 여건에 차이가 있고, 아직 공통된 의식의 합의가 되지 않은 여건을 감안해 경영손실과 위험이 적은 사료사업과 장제사업 등의 구매사업을 중심으로 공동사업을 추진하였다. 이후 7개 지역농협도 사업연합의 참여를 결정하게 되어, 2000년 6월 안성시 관내 13개 모든 지역농협이 참여한 '안성지역농협사업연합(약칭 안성사업연합)'을 출범시켰다. 당시 사업연합의 조직체계는 참여농협 조합장

으로 구성된 운영위원회를 의결기구로 두고 중앙회 시지부와 지자체는 조정과 지원의 역할을 담당하였다. 공동구매 사업관리는 안성농협이 주관을 맡았고, 4명의 농협 직원이 파견되어 사업단을 구성하였다.

초기 추진한 사업은 공동구매사업(사료 · 유류), 장제사업, 협력 · 연대사업 등이었다. 공동구매사업은 배합사료를 중심으로 이루어졌다. 당시 농협당 평균 8개의 사료업체를 이용하고 있었는데, 농협은 사료업체의 사료에 대해 주문 · 운송을 대행해 주는 것과 기표 · 미수금 관리만을 담당하는 형식적 사업에 그치고 있었다. 이는 구매사업에서 차지하는 높은 비중에도 불구하고 조합원에게 실질적 도움을 주지 못하는 것으로 인식되었다. 이에 사업연합은 조합원의 동의를 통해 사료업체를 축소 · 선정해 판매가를 7~10% 하향 통일시켜 실질적인 이익을 만들어 갔다. 지역농협 사료판매사업의 수익률도 낮추고 모든 판매장려금은 조합원에 환원하되, 전체 물량의 82%까지 물량을 확대해 총이익을 증대시켜 나갔다. 2000년 한해만 톤당 판매장려금을 900%까지 확대시켜 조합원은 총 6억 1,000만 원의 생산비 절감효과를 얻었다. 유류 공동구매사업은 유류업체와의 지속적인 조건협상을 통해 매입가를 낮추어 2000년 한해 6억 8,100만 원의 절감효과를 만들어 냈다. 장제사업도 장제용품 공급업체와의 거래를 통해 판매가격을 10% 인하하고 농협의 마진율도 통일시켰다. 이를 통해 2000년 한해 지역농협의 장제사업을 이용하는 조합원은 취급액의 15% 절감효과를 얻을 수 있었다.

이와 함께 지역농업 활성화를 위해 지자체와 지역농협 간의 협력사업을 적극적으로 추진해 나갔다. 지역농업을 둘러싼 다양한 주체들의 개별 분산적 노력으로는 지역농업 활성화의 추진이 현실적으로 많은 벽에 부딪혔기 때문이다. 지역농업의 장기적인 발전전략을 공동으로 수립하고, 그 실천전략을 각 주체들의 역할분담을 통해 효율적으로 진행하려는 목적하에 '안성지역 농업발전을 위한 기본 조례'를 의결(2000년 11월)하였고, '지역농산물

브랜드 관리를 위한 조례(안성마춤 상표이용에 관한 조례)'를 제정(2001년 1월)하였다. 또한 업무구역이 중복되어 경합이 심한 지역 내 이종조합(과수농협, 축협, 인삼농협)도 관련분야의 연합사업이 추진될 경우 적극 참여하기로 의견을 모았다.

3.3. 판매연합의 구축(2001~2003년)

2001년부터는 구매사업 중심의 지역연합의 성과를 확장하며 실질적인 사업연합으로 성장해 나가기 위해 배와 포도를 중심으로 연합판매를 위한 산지거점 조직화를 본격화하였다. 사업연합이 연합판매의 주체로 견인차 역할을 맡고, 사업의 전개과정에서는 주관농협 중심으로 연합판매팀을 구성하였다. 이와 함께 2001년 제정된 '안성마춤 브랜드'의 마케팅 활동을 강화해 나갔다. 그러나 아직 공동계산제의 도입과 매취방식에 따른 조합의 비용구조 현실화라는 과제를 안고 있었다.

2002년에는 판매사업의 범위를 배와 포도에서 쌀과 한우로 확대하였다. 배와 포도는 주관농협과 사업연합이 공동판매팀을 꾸려 맡았지만, 쌀과 한우는 사업연합이 직접 마케팅을 담당해 사업의 실행주체로 기능하게 되었다. 그만큼 사업연합의 위상과 역할, 전문성이 요구되었고, 결과적으로 사업연합이 상품화와 마케팅 기능의 주체로 한 단계 성장하는 중요한 계기가 되었다. 이 과정에서 참여농협과 협력시스템을 기반으로 다양한 판매사업 유형을 포용하고 내부화하는 방식으로 발전하였으며, 사업주체 간 기능의 단절이 아니라 교차와 협력을 통해 연합사업을 안정화해 나갔다. 또 과수농협이 정식으로 참여해 사업범위와 주체 간 역할을 확대해 나갈 수 있는 이종조합 간 협력체계를 구축하였다. 이와 함께 2002년에는 지자체로부터 포도와 한우의 안성마춤 상표 사용권자로 선정되었고, 2003년 쌀, 배, 인삼의 안성마춤 상표 사용권도 넘겨받아 안성마춤 5대 품목(쌀, 배, 포도, 한우, 인삼)의 브랜드 마케팅 주체가 되었다. 이렇게 사업연합으로 일원화된 브랜드 마케팅 활동은 농산물의 이미지를 전반적으로 상승시키는 성과로 나타나 '제4회 대한민국 디자인 및 브랜드 대상(2003년)'을 수상하기도 하였다.

한편, 산지유통의 물적 기반으로 '경제사업종합센터' 건립을 본격적으로 추진하였다. 당시 전례가 없는 대규모 산지종합유통시설을 통해 유통환경에 먼저 대응해 나가자는 주체적 인식의 표현이었다. 이는 개별 농협으로는 엄두를 내지 못하는 재원을 협동조합 간 공동투자와 공공개발방식에서 해법을 찾은 사례라 할 수 있다.

3.4. 물적 기반 구축과 사업확장(2004~2006년)

2004년부터는 정책연계사업을 활용해 안정적인 사업성장과 물적 · 인적 · 제도적 기반확보를 목표로 구체적인 전략을 추진해 갔다. 물적 기반으로 경제종합센터를 구성하는 신선편이센터(2005. 8), 거점APC(2006. 4)가 완공되어 기존의 RPC, 축산물물류센터와 함께 산지유통의 핵심 기반시설을 모두 갖추었다. 특히, 전국 최초의 거점APC는 규모화된 산지유통 조직의 모델로 주목을 받았다.

거점APC의 건립과 운영은 사업영역과 사업량의 질적 발전을 의미하였다. 거점APC 입고를 원칙으로 참여농협은 생산자 조직별 물량과 재배를 관리해 갔다. 생산이력의 등록관리 및 교육 · 지도사업을 통해 생산자 조직을 조직화해 나갔다. 사업연합은 거점APC의 시설운영을 통해 물량의 입고 및 저장관리는 물론 시기 · 거래처별 상품화 관리를 체계화시켰다. 이를 통해 거래처별 개발 · 관리, 상품개발, 마케팅 전반에 걸쳐 종합적 마케팅효과를 만들어 낼 수 있었다.

또 2005년에는 산 · 학 · 민 · 관이 참여하는 농림부의 지역농업클러스터 사업에 선정(3년간 88억 원 지원)되어 고품질 과수 · 쌀 등의 생산기반 토대를 구축할 수 있었다. 이러한 생산의 고급화는 안성마춤 브랜드 가치상승으로 이어졌다. 뿐만 아니라 농림부의 산지유통활성화 지원정책의 일환인 공동마케팅 조직에 선정(2005년, 3년간 38억 원)되어 유통자금 · 산지유통시설, 교육 · 인력지원을 받아 사업을 지속적으로 확장해 나갔다. 공동마케팅 조직은 대규모의 전문성을 갖춘 산지마케팅 조직으로 그 동안 사업연합이 전개해 온 과수연합판매사업을 체계적으로 계열화하는 전기가 되었다. 거점 APC를 중심으로 '품질관리–원물조달–의사결정–상품화–마케팅' 전 과정에 걸쳐 일관체계의 마케팅 조직으로 기능할 수 있게 되었다. 이 밖에 FTA 과수지원사업(2004년, 4년간 26억 원)의 시행주체가 되어 배 생산시설 현대화, 산지유통센터 건설 등을 활용할 수 있었다. 또 광역 과수브랜드육성사업(잎맞춤)에도 핵심 사업주체로 참여해 '재배관리–사업체계–실무체계'를 구축하는 교육사업을 전개해 나갔다. 이 과정은 품종과 재배방식을 통일시켜 생산자 조직화의 새로운 가능성을 확인하는 바탕이 되었다.

한편, 정부는 이상의 정책연계 사업수행의 전제조건으로 조합공동사업법인으로의 전환을 유도하였다. 이에 사업연합은 2005년부터 전문경영인제도를 도입하고, 마케팅 전문인력을 확충하여 사업시스템의 재정비를 꾀하였다.

이 시기 연합판매사업은 괄목할 만한 성장세를 보이고 있었다. 특히, 양곡 공동마케팅 사업이 본격화된 2004년 이후 품목별 증가세가 뚜렷이 나타났다. 2004년 370억 원에서 2006년에는 620억 원을 기록하였다. 사업연합을 실시한 후 합계 성장률은 16.4%로 경기도 평균성장률 3.9%의 4.2배 이상이 되는 등 판로확대와 매출증대효과를 보였다.

그림 9-2 안성사업연합 판매사업 시스템

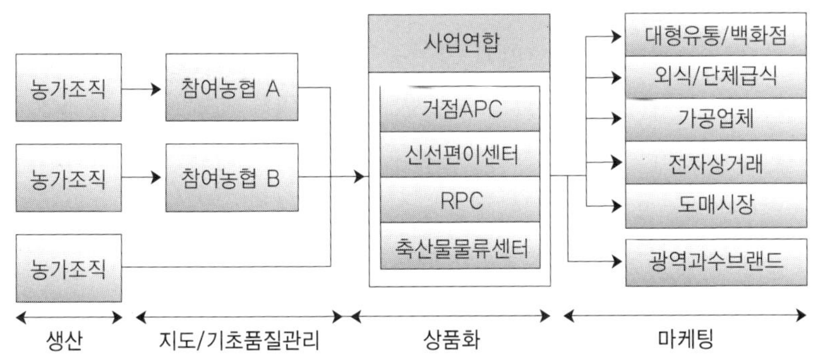

3.5. 조합공동사업법인으로 전환과 확대(2006년~)

조합공동사업법인으로의 전환은 사업연합 초기부터 대두된 과제였다. 연합사업의 주체로 사업연합이 성장하는 과정에 물적 기반시설의 소유 및 운영 주체로서 법인화를 통한 법적 지위확보의 필요성은 더욱 커졌다. 특히, 농림정책 추진에서 안성사업연합을 모델로 한 사업연합의 마케팅 주체로서의 기능이 입증되고, 지역의 자율성을 보장하되 법인화를 통해 제도권 내로 흡수하여 활성화한다는 정책과제와 맞물리면서 농협법에 조합공동사업법인의 근거가 2004년 마련된 것이다. 이에 안성사업연합은 상당한 준비와 검토를 거쳐 2006년 조합공동사업법인(안성마춤농협)으로 전환하였다. 이를 통해 협동조합의 법적 지위와 협동조합과 동일한 정책·세제상의 혜택을 받게 되었다. 이는 협동조합 간 협동(사업연합)의 새로운 발전을 상징하는 것이기도 하였다.

안성마춤농협은 그 동안 사업연합에 참여해 온 지역농협과 품목조합 등 12개 농협이 47억 2,000만 원(현금 51%, 현물 49%)을 출자해 설립되었다. 이

과정에서 RPC 자산통합에 대한 첨예한 이견도 조정해 내는 저력을 발휘하였다.

조직구조는 기존 사업연합과 참여농협의 의사결정 및 집행체계를 준용하였다. 대표이사(전문경영인)의 경영권과 자율권을 보장하고, 출자조합의 사업 및 경영참여 활성화를 위해 품목소이사회와 집행위원회를 두었다. 사업손익구조 개선을 위해 품목별 사업조직체계(양곡 · 축산, 과수 · 신선편이)를 확립하고 구분회계를 실행하고 있다. 다수결원칙을 기본으로 출자액과 사업이용이 많은 참여농협의 의견은 이사회–품목소이사회–집행위원회 등을 통해 존중되는 의사결정구조를 갖추었다. 사업분야에 따라 5개 본부체계를 갖추었는데, 이는 조합공동사업법인이 소유 · 운영하고 있는 기반시설에 따른 편제이기도 하다.

안성마춤농협은 조합공동사업법인으로 전환하면서 조직진단을 통해 품목별 사업시스템을 재정비하고 회원제 농가조직화 등의 실행과제를 설정 · 실행하고 있다. 거점APC를 중심으로 농가조직에 대한 차별적 지원으로 참여농가를 적극적으로 유도하고, 완전 출하 위임을 확대해 철저한 공동판매 시스템을 확립해 나가고 있다. 또 5대 주요 품목에서는 안성마춤 브랜드 계열화를 위해 농가조직별 평가를 통한 차등지원을 제도화하였고, 광역과수공동브랜드(잎맞춤)의 사업추진 시스템을 안성마춤농협으로 일원화하였다. 안성마춤농협은 농가조직 및 원물을 총괄 관리하고, '일반농가 조직–안성마춤 농가조직–광역브랜드 농가조직'의 3개 브랜드 간의 위계를 설정해 시장상황에 따라 유연하게 대응해 나가고 있다.

이와 함께 2006년부터는 원예 농산물을 중심으로 본격적인 신선편이사업을 진행하고 있다. 신선편이센터는 처리물량의 60%를 지역 내 농산물로 사용하고 있어 지역농민의 소득향상에도 기여하고 있다. 뿐만 아니라 지역 학교급식유통센터(물류, 전처리, 유통)로서 안성시 학교급식사업 시스템의

그림 9-3 조직체계 및 구조의 변화

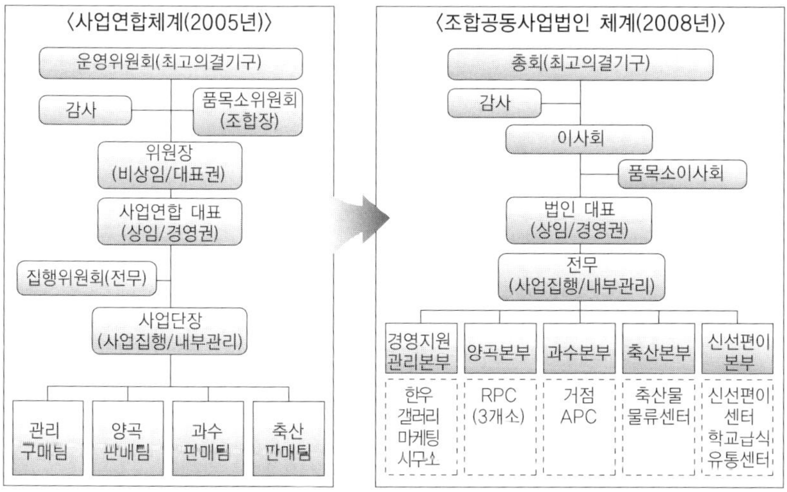

중심적 역할도 맡고 있다.

한편, 구매사업은 지역농협이 주도권을 갖고 있는 분야가 아닌 틈새품목(멀칭비닐, 연탄 등)으로 전환해 기존사업(사료, 소금, 장제 등)과 함께 지속적인 확장을 해 가고 있다.

4. 사업연합의 성과와 의의

협동조합 간 사업연합 조직으로서 안성마춤농협은 '농산물 산지유통의 주체로 기능, 지역농산물 브랜드 가치확립, 협동조합 간 협동모델창출, 지역농업 시스템 구축, 생산자 조직화' 등의 성과를 내오고 있다. 그 성과와 의의를 구체적으로 살펴본다.

4.1. 산지유통 주체로 지역농업의 강화

안성마춤농협 사업연합 10년을 통한 가장 중요한 성과는 산지유통의 통합주체로 기능을 해 왔다는 데 있다. 사업연합 초기인 2002년 14억 9,300만 원이었던 판매사업 실적은 2008년 959억 8,600만 원으로 64배의 성장을 이루었다. 이는 전국 최초의 시 · 군 단위 산지유통 1,000억 원의 매출을 달성한 것이다. 이는 산지유통 주체로서 지역농산물 브랜드화와 출하창구 단일화 시스템의 확립을 의미한다. 안성마춤 브랜드화 비율이 쌀은 47.7%(농가 18.6%), 한우는 51.3%(농가 22.0%)에 달하여 지역 주(主)품목의 단일브랜드 시스템을 확립하였다. 배, 포도 등의 과수는 시장출하, 상인출하가 주로 이루어지는 유통환경으로 그 비중은 작지만, 브랜드 계열화를 통한 고품질화/정예농가화와 거점APC를 통한 출하시스템을 확립함으로써 지역농산물 판매

표 9-1 연차별 안성마춤 브랜드 통합현황 (단위: 백만 원, %)

구분		2002	2003	2004	2005	2006	2007	2008 (a)	전체 생산액 (b)	비율 (a/b)
합계		1,494	8,893	37,297	47,096	62,065	63,928	95,986	–	–
양곡		89	413	25,761	30,315	36,719	27,012	34,880	73,135	47.7
과수	배	961	796	3,069	1,682	3,891	7,464	6,730	60,517	11.1
	포도	444	426	556	437	477	368	631	10,532	6.0
	기타	–	–	99	248	285	135	130	–	–
한우		–	7,258	7,291	12,043	16,170	24,385	45,632	88,987	51.3
인삼		–	–	156	253	850	236	132	12,348	10.6
신선편이		–	–	0	559	1,143	1,466	4,102	–	–
기타 채소		–	–	364	1,586	2,530	2,232	3,129	–	–

자료: 안성마춤조합공동사업법인, 내부자료.

의 충실한 창구역할을 담당하고 있다.

산지유통 주체로서의 기능은 곧 사업연합에 참여한 지역농협의 사업성과로 이어지고 있다. 2001년 73억 원에 불과하던 농협당 평균판매실적이 2007년 145억 원으로 전국 평균 123억 원을 크게 상회하고 있다.

이러한 성과는 농업이 안성시의 핵심 산업으로서 자리잡아 유지 · 발전해 갈 수 있는 틀을 만들고 있다. 농업소득은 5,100억 원으로 지역 내 총생산액의 19.5%를 차지해 전국 평균 3.3%를 크게 상회하고 있다. 또한 수도권에 위치해 도시화가 심화되는 지역적 특성에도 불구하고 농가인구의 감소는 전국 평균 22.2%보다 작은 16.2%로 상대적으로 작게 나타나고 있다.

4.2. 지역농산물 브랜드 가치 창출

안성마춤농협이 일원화하여 관리하고 있는 '안성마춤' 브랜드는 역사적으로 시장에서 잘된 물건을 비유적으로 이르는 말이다. 이를 1999년 안성시가 법적 등록을 하면서 5대 품목(쌀, 한우, 배, 포도, 인삼)의 농산물 공동브랜드가 되었다. 기존의 개별 브랜드화 문제점을 극복하고, 신선농산물 수요의 주년화, 고품질 · 안전농산물 수요, 산지유통의 조직화 · 규모화로 시장교섭력을 높이려는 것이 목적이었다.

안성마춤 브랜드의 성공요인은 크게 5가지로 정리할 수 있다. 첫째, 철저한 브랜드 관리시스템을 가동하고 있다. '브랜드 네이밍–이미지 구축–5대 농산물 패키지' 등 브랜드 관리전략이 신뢰를 높이는 요인이 되었다. 둘째, 조례와 규칙을 통해 엄격한 브랜드 사용기준과 철저한 품질관리를 시키고 있다. 셋째, 사용품목을 제한하여 브랜드로서의 성공여건을 만들고 있다. 지역 내 농산물 중 시장점유율, 재배농가, 생산량, 품질수준 등을 고려해 품목을 5개로 제한하였다. 넷째, 전국적으로 인지도가 매우 높은 인성의 역사성과 향토성을 활용한 네이밍 · 이미지로 인지도를 높이는 유리한 조건을 만들었다. 다섯째, 전문조직(안성마춤농협)을 통해 일관된 브랜드의 관리를 하고 있다.

이러한 브랜드 마케팅전략과 노력에 힘입어 안성마춤 브랜드의 화폐가치는 149억 원에 달하는 것으로 조사되었다(한국생산성본부, 2007). 안성마춤 브랜드의 인지도는 시장에서 안성지역 농산물의 전반적인 수취가격 제고와 유리한 판매에 결정적 영향을 미치는 것으로 평가되고 있다.

한편, 안성마춤 브랜드는 일정한 재배기준에 의거해 생산-선별된 5대 품목에 한정하기 때문에 상위 10%의 고급 브랜드이다. 이외의 품목과 물량은 일반 브랜드(자연마춤, 맑은땅이야기 등)와 광역과수브랜드(잎맞춤)를 통해 품목별 수준별 브랜드전략을 취하고 있다.

4.3. 협동조합 간 협동모델 창출

안성마춤농협의 목적은 '합병의 장점'과 '소규모 지역농협의 장점'을

표 9-2 안성마춤농협 브랜드 사용현황

브랜드명	포지션	품질관리주체	사용주체	대상품목
안성마춤	상표사용조례에 의해 관리되는 명품 브랜드	안성시 품질관리 위원회	안성마춤농협	5대 품목 (배, 포도, 쌀, 한우, 인삼)
자연마춤	'안성마춤' 서브 브랜드, 직거래 업체별 수요 대응	안성마춤농협	안성마춤농협	5대 품목+복숭아
맑은땅 이야기	친환경농산물 전용 브랜드	친환경인증기관	안성마춤농협	친환경 쌀, 과수 (저농약, 무농약)
잎맞춤	광역과수브랜드	안성마춤농협	경기농협 연합사업단	

동시에 발휘할 수 있는 새로운 사업체계를 도모하는 것이었다. 같은 지역에서 농협 간의 경쟁으로 인한 규모화의 제약을 참으로 어려운 논의와 토론과정을 거치면서 합의를 형성하여 실행하고 있는 모델이다.

안성마춤농협은 그 동안 실험하지 못한 협동조합 간의 협동의 어려움과 위험을 최소화하기 위해 지역여건에 기반해 단계적으로 확대하는 과정을 거쳐 왔다. 연합RPC 운영경험을 바탕으로 구매사업부터 추진해 나가면서 실질적인 이익을 만들고 가능성을 확인한 후 이를 바탕으로 본격적인 판매연합으로 확장해 나간 것이다. 판매연합 또한 지역적 여건을 갖춘 일부 품목을 중심으로 산지 거점조직화를 추진하였다. 무리한 판매사업의 확장보다 기존 참여농협의 역할과 장점을 살려 주관농협과 공동의 연합판매팀

그림 9-4 안성마춤농협의 발전과정

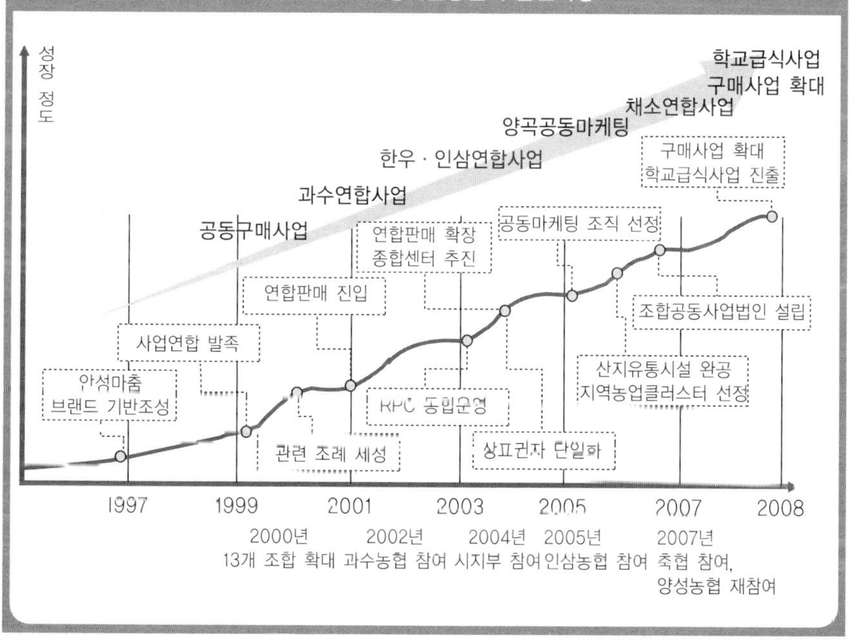

을 꾸리고, 판매물량과 품목을 확대해 나간 것이다. 품목별로 상이한 생산 실태와 판매여건을 고려해 참여농협과의 긴밀한 협력시스템을 바탕으로 주체 간 교차와 협력을 통해 판매사업을 안정화해 나갔다. 그러면서 사업연합의 전문성과 역할을 지속적으로 높여 나갔다. 무엇보다 경쟁관계에 있을 수 있는 축협, 과수농협, 인삼농협 등 이종조합을 포괄하는 협동체계를 만들어 낸 것은 조합원에게는 실질적 경제적 이익과 지역농업의 활성화라는 성과로 나타나고 있다. 이러한 협동조합 간 협동은 지자체의 적극적인 협력과 중앙정부의 각종 정책사업 지원의 근거가 되었다. 또 이를 통해 물적 기반을 마련해 전략의 실천적 재구성이 가능하였다.

4.4. 지역농업 시스템 구축

안성마춤농협의 성장과 발전과정은 그 자체가 지역농업 협력시스템 모델로도 평가할 수 있다.

첫째, 안성마춤농협은 지역농협 간의 협동과 협력을 통해 산지유통 조직으로서 역할하고 있다. 관리중심에 머물던 지역농협을 사업중심 조직으로 바꾸고, 경쟁관계의 이종조합과도 사업을 통해 협력하는 체계를 만들어 냈다.

둘째, 지자체와의 협력을 통해 지역농업 발전전략의 실행단위가 되었다. 초기 안성시와 실무작업반을 구성해 지역농업 발전 기본조례(안)와 안성마춤 브랜드 조례(안)를 작성하는 등 지역농업 발전의 토대를 마련하였다. 또 한시적이기는 하지만 2001년 지역차원의 농가경영안정대책(지역농협 자금 활용, 이차(3%)는 지자체 보전)은 지자체와 농협 간 협력사업의 새로운 이정표를 마련한 것으로 평가되었다. 이후 안성마춤 브랜드 마케팅의 파트너로 공동 기획 · 실행하는 협력체계를 갖추었다.

그림 9-5 안성마춤농협 중심의 지역농업 시스템

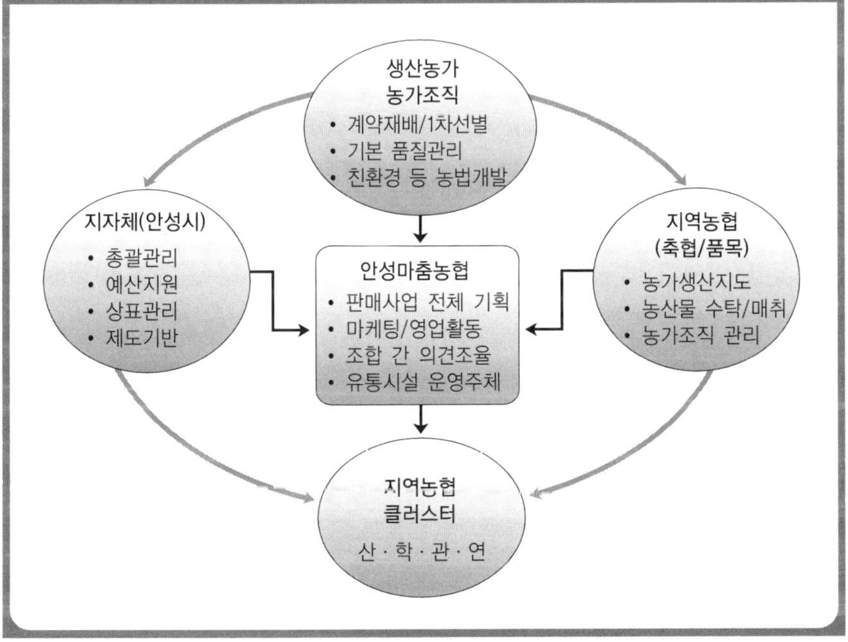

셋째, 안성마춤농협이 지역농업 클러스터사업의 실행주체가 되어 지역 내 산 · 학 · 관 · 연의 혁신체계를 새롭게 구축하였다. 지역농업 클러스터 사업에는 농협조직, 농식품 기업, 지자체, 연구소, 대학 등이 참여해 안성마춤 브랜드 5대 품목의 '생산-가공-유통'의 전 과정에 걸쳐 생산기반을 조성하고 마케팅을 벌여가는 네트워크를 추진하고 있다.

이러한 지역 내부의 협력체계를 기반으로 외부 협력체계는 보다 강화해 나갔다. 중앙과 광역 정부와의 협력을 통해 다양한 정책사업을 유치하여 시행할 수 있었다. 또한 소비지 시장과도 농산물의 품질과 물량의 신뢰를 바탕으로 전략적 제휴관계를 구축하고 지역농산물의 안정적 판매기반을 확보할 수 있었다. 이러한 지역농업 협력체계는 다른 지역과 비교해 매우 높은 수준으로 지역의 핵심 경쟁력이 되고 있다.

4.5. 생산농가의 조직화

산지유통에서 지역이 시장대응력을 갖추어 나가기 위해서는 주요 품목을 중심으로 하는 농가조직화가 담보되지 않으면 안된다. 안성마춤농협은 지역농협 범위의 농가조직이 판매연합을 계기로 일정한 기준에 의해 재조직화되는 과정을 거쳐 오고 있다.

판매사업 초기인 2001년에는 농가조직의 여건이 상이하였다. 포도는 농가조직의 형태가 아니라 품목별로 주관농협에 의해 일정하게 선발된 농가가 개별적으로 납품하는 매취형 공동선별방식을 취하고 있었다. 배는 선과장을 중심으로 연합판매 작목회가 주관농협을 통해 공동선별 · 공동계산 하는 시스템이었다. 그러나 농협의 판매사업에 대한 불신이 커서 작목반의 절반이 이탈하는 등 기존 작목반 단위의 상품화 추진에 일정한 한계가 드러나게 되었다. 또 주관농협체계는 자기조합의 농산물을 판매하는 데 그쳐 참여농협이 협력하는데 여러 어려움이 생겨났다. 이에 당시 안성사업연합은 농가조직으로부터 출하권을 위임받아 공동선별 · 공동계산 하고 수수료를 징수할 수 있는 구조를 만들어 나갔다.

또 '회원제 공동계산 조직'을 육성하기 위해 공동계산 조직을 대상으로 자금을 지원하는 방식으로 전환하고, 농가교육을 확대해 참여농가의 생산기술 지도 및 사업참여를 유도하였다. 이와 함께 품목별로 작목반 연합체계를 구축하고, 판매위임을 주요 내용으로 하는 협약을 농가조직과 체결해 나갔다. 특히, 거래처와 브랜드별로 차별화된 농가조직을 육성해 나갔다. 배의 경우 연합작목반은 안성마춤 브랜드와 친환경, 농협작목반은 직거래, 일반농가는 매취/일반판매 등으로 구분해 관리하고 있다.

그림 9-6 생산농가 조직화의 변화

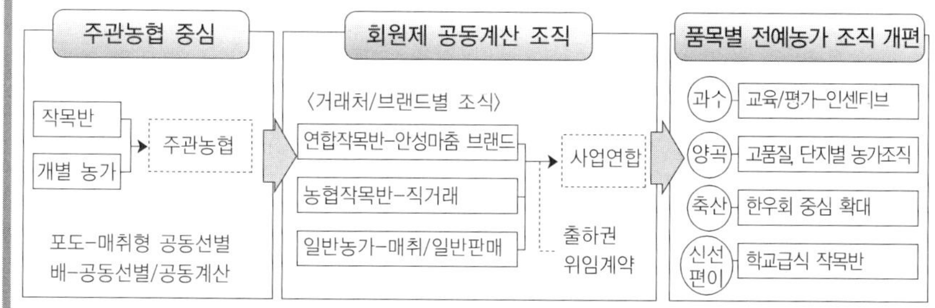

2007년부터는 품목별로 정예농가 조직으로 재편해 나갔다. 과수는 조직화 교육을 통해 작목반별 리더를 양성하는 한편, 품질관리기준을 통일시키고 농가의 유통 마인드를 키워 나가고 있다. 브랜드 참여농가는 평가를 통해 인센티브와 페널티를 부과하는 체제를 도입해 농가조직의 역할을 강조하고 있다. 양곡은 고품질 쌀 재배단지를 중심으로 단지관리, 품질관리, 계열화를 원칙으로 농가조직을 육성해 나가고 있다. 축산은 한우회를 중심으로 점진적으로 확대해 나가고 있으며, 인삼과 원예 등도 참여농협과 연계해 공동선별 조직으로 육성해 나가고 있다. 그 밖에 신선편이 농산물은 품목별 학교급식 작목반을 구성해 주관농협이 관리하도록 하고 있다.

5. 결론: 과제와 진망

안성마춤농협은 농산물 유통환경의 변화에 대응해 시역농협이 어떠한 방식으로 산지유통 조직으로 기능해야 하는지를 보여 주는 사례이다. 그리고 여러 성과와 의의가 있음에도 불구하고 안성마춤농협은 해결해 가야 할 몇 가지 과제를 안고 있다.

첫째, 지역농협의 공감대를 얻고 참여를 유지 · 지속해 내야 한다. 사업의 필요성을 인식하고 모든 지역농협이 참여해 사업연합을 발족시켰지만, 경제사업 성과에 대한 이견으로 2개의 조합이 이탈하고 재참여하는 과정을 거쳤다. 단위농협만으로도 원활하게 경제사업을 할 수 있다는 지역농협의 반발이 이유였다. 이후 안정적 판매사업의 수익구조를 만들고 성과를 바탕으로 이종조합까지 참여해 있기는 하지만, 조합공동사업법인으로 전환한 이후 조직운영과 사업성과에 따라 참여 정도가 달라질 개연성을 안고 있다.

둘째, 지역농협 간 편차에 따른 사업 및 조직운영의 어려움이다. 초기 안성사업연합은 사업을 확대해 가면서 조직참여와 사업참여 조합이 다른 다중적인 조직구조의 어려움을 안고 있었다. 조직에 참여하지는 않지만 품목별로 경제사업에 참여하는 조합과, 조직에는 참여하고 있으나 사업에 직접 참여하지 못하는 조합으로 분산되었기 때문이다. 사업품목과 물량을 확대해 나가면서 조합별 사업편차를 줄여 나가고는 있지만, 여전히 참여조합별 여건을 고려한 사업과 조직운영이 중요한 과제이다.

셋째, 생산농가의 안정적 조직화이다. 판매사업 활성화의 기본 전제가 생산농가의 조직화에 있다는 점을 감안하면, 품목별 · 지역별 농가조직의 상이함은 일관된 사업시스템을 만들어 나가는 데 큰 제약조건이 되었다. 이러한 농가조직화 여건은 초기 주관농협 중심의 판매사업 시스템하에서는 농가조직이 갖춰지지 않은 농협의 사업참여를 가로막는 요인도 되었다. 출하권 위임계약을 전제로 품목별 연합농가 조직을 구성하고 브랜드 계열화 정예조직을 통해 농가조직을 재편해 가고 있지만, 원활한 원물확보와 품질유지를 위해서는 생산농가의 안정적 조직화는 지속적이고도 중요한 과제이다.

넷째, 책임경영의 범위와 참여농협의 역할이다. 이는 사업연합 조직이 가지는 단점에서 기인하는 과제이기도 하다. 의사결정 구조상 책임경영의 과제는 사업연합 초기부터 제기되어 왔다. 참여농협 간 이해관계가 상충하거나 소극적으로 참여할 경우 조정의 어려움은 여전히 상존해 있다. 조합공동사업법인으로 전환해 사업연합의 단점을 극복해 가는 과정이기는 하지만, 권한과 책임의 동등화는 여전히 과제로 남는다. 특히, 참여조합의 역할을 분담하고, 안성마춤농협은 마케팅 전문조직으로 전문적 역할을 해 나가야 하는 과제가 있다.

그 동안 다수의 협동조합 간 협동사례가 제시되어 왔다. 그러나 많은 경우 일시적 또는 특정 영역에 한정되거나 중앙회 주도로 지역농협의 자발성과는 거리가 있었다. 그래서 지역농협의 주체적 의지를 바탕으로 10년 이상 성장 · 발전해 온 안성마춤농협의 사례는 지역농업 차원에서 지역농협이 산지유통에 어떻게 대응해 나가야 할 것인지를 보여 주는 의미 있는 시사점을 준다.

Chapter 10

세계 최고의 접목선인장: 신상품화를 통한 도약을 준비한다

1. 들어가며
2. 세계 최고 접목선인장산업
3. 무엇이 발전의 길인가?: 도전과 극복
4. 미래 성장을 위한 틀: 조직혁신과 산 · 학 · 관의 연계
5. 결론

조창휘

경기도 농업기술원 농식품가공팀장

e-mail: chocha@gg.go.kr

장민기

지역농업네트워크 전무이사

e-mail: hanwoo@ranet.co.kr

1. 들어가며

1.1. 선인장산업의 의미

'선인장' 하면 미국 애리조나 사막에 기둥처럼 서 있는 식물을 연상하게 된다. 서부영화에나 등장할 법한 황량한 조건에서도 살아 남는 고독한 식물로 생각하기 쉽다.

하지만 선인장은 관상용으로 식용과 약용으로 뛰어난 가치를 지닌 식물이고, 접목선인장은 우리나라의 수출전략산업으로서 가장 경쟁력 있는 기술집약적 화훼산업의 대표적 성공사례의 하나이다.

선인장은 수분을 저장할 수 있도록 적응된 다육질의 두꺼운 조직을 지닌 다육식물(多肉植物)의 일종으로 선인장을 포함한 다육식물의 국내 시장 규모는 약 800억 원 규모에 달하고 있고, 기존의 관엽식물 및 분화(盆花)와 함께 실내 관상용으로 그 가치를 인정받고 있다.

1.2. 접목선인장산업의 도입과 특징

비모란이라는 접목선인장의 재배기술은 1960년대 일본에서 우리나라로 도입되었다. 그 뒤 1970년대에 일부 농가에 보급되기 시작하여 1980년대 이후부터 본격적으로 접목선인장 생산이 확대되었다.

접목선인장은 국내 수요가 거의 없는 상황에서 수출전략 품목으로 육성되었다. 유럽 도매시장에서 독특한 관상적 가치를 인정받으면서 주목받았고, 지금도 전 세계 수요량의 80% 이상을 공급하고 있는 틈새 상품의 영역을 차지하고 있다.

접목선인장은 기존의 전통적인 농산물이 아니라 수출지향 산업화를 위해 의식적으로 도입, 확장하여 성공한 사례이다. 특히, 접목선인장산업의 발전은 우리나라에서 필요한 고집적(高集積), 고기술(高技術), 고부가가치(高附加價值) 농업발전의 전형을 보여줄 뿐 아니라, 경기도농업기술원 선인장 연구소, 원예연구소 등 기술개발 · 지원기관과 농가, 지자체 행정이 결합한 협력시스템 구축의 중요성을 확인시켜 주고 있다.

2. 세계 최고 접목선인장산업

2.1. 선인장산업의 현황

2.1.1. 생산 동향

선인장(일반 및 접목) 재배는 1990년대 지속적으로 증가하였으나, 2005년 148억 원을 정점(頂點)으로 하여 재배면적과 생산액이 감소 추세로 돌아서, 2007년에 122억 원까지 줄어들었다가 2008년 말에는 155억 원으로 다시 증가하였다.

2008년 말 현재 접목선인장 생산현황을 보면 생산농가수는 68농가이고, 재배면적은 19.4ha, 판매액은 39억 원의 '미니' 품목, '미니' 산업이다. 생산농가의 지역적 분포는 경기도 고양시와 안성시에 57농가(14.8ha), 충북 음성군에 17농가(4.5ha), 그리고 서울에 1농가(0.1ha)로 되어 있다.

2.1.2. 접목선인장 농가 및 생산지 특성

접목선인장 재배농가의 대부분은 임차농(75%)으로 영농기반 및 생산시설이 취약하고 소규모 재배에 의한 농가경영의 어려움이 있다. 도시화로 인

그림 10-1 선인장 재배면적 및 생산액 현황

자료: 농림수산식품부, 2007년 화훼재배 현황.

한 농장이전(移轉)이 불가피해 새로운 시설투자를 기피하여 시설이 매우 열악한 실정이다. 실제 고양시 생산지역이 택지로 개발되면서 농장을 이전해야 하는 상황이며, 선인장연구소도 택지지역으로 편입되어 다른 곳으로 이전해야 하는 처지에 놓여 있다.

또한 겨울철에는 난방비 부담 때문에 적정 온도를 유지하지 않는 경우가 많아 생산성이 떨어지고 재배면적이 감소하여 봄철 수출물량이 부족하고, 접목작업 인건비 상승, 유가상승, 물가인상, 원화가치 상승 등 생산비는 올라가고 농가수취가격은 제자리에 머물러 생산의욕 감퇴 및 생산성 저하 현상이 나타나고 있다.

고양시 생산단지는 선인장연구소가 입지, 국내 최대의 선인장 생산단지로 내수와 수출 전문 농가가 혼재하고 있다. 수도권 주위의 각종 화훼단지가 밀집되어 있어 기술 · 정보 교류가 용이하고 수도권 거대시장(국내 인

그림 10-2 접목선인장 생산지역 현황

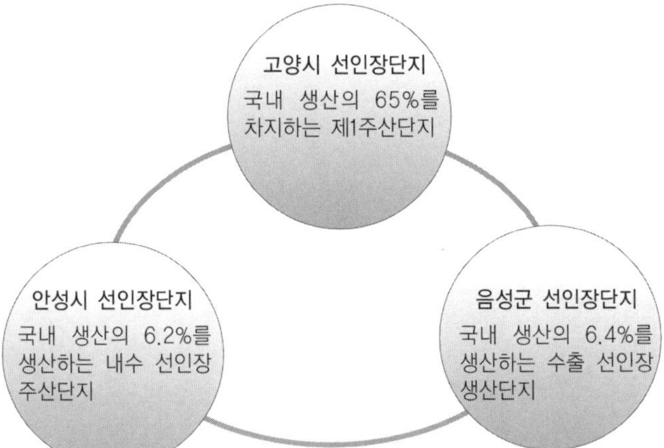

그림 10-3 선인장 · 다육식물 산업 동향

선인장 수출은 접목선인장이 주도

선인장 · 다육식물 생산규모는 800억 원으로 추산

- 접목선인장, 칼랑코에, 산세베리아가 대표적 작물임.
- 다품목 소량생산: 대분류 300종(세분류 1,000종)

선인장 · 다육식물의 70%는 경기도에서 재배 · 생산

선인장은 지난 15년간 생산액이 440% 이상 증가

- 1991년 생산액 34억→2008년 생산액 150억

천년초(손바닥선인장) 재배면적 증가: 500농가 200ha로 추정

소비용도: 분화 관상용 70%, 식용 및 약용 15%, 절화소재 15%임.

구의 48%)과 인천공항, 평택항 등 수출노선의 거점지역으로 지리적으로 최적의 여건을 갖추고 있다. 그러나 재배농가의 75% 정도가 임차농으로 자동화시설 등 생산시설에 대한 투자가 미흡하고 소규모 재배 등으로 영농기반이 취약하나, 최근 고양시에서 선인장 재배단지를 조성하여 선인장 재배 전업화(專業化)를 추진 중이다.

안성시 단지는 대부분 내수용 선인장 재배농가이며 이 중 하우스 면적 2,000평이 넘는 일부 대농가도 존재한다. 안성시는 과거 고양시에서 영농하던 전문 농가가 땅을 사서 이전한 경우가 상당수로 내수 선인장의 신규 재배단지로 부상하고 있고, 선인장 작목반이 구성되어 안성시와 중앙정부의 지원을 받고 있다.

음성군 지역 선인장단지는 대부분 농가가 수출용 선인장 생산을 하고 있어 수출 선인장 부문에서 고양시 다음가는 국내 2위의 단지이다. 충북도와 음성군의 적극적인 지원이 이루어지고 있는 신흥 산지이다.

2.2. 선인장 수출 동향

접목선인장은 우리나라 고유의 신품종 육성과 재배기술에 의해 생산·수출되는 부가가치가 높은 작목으로 세계 물동량의 80%를 점유하고 있다. 수출되는 선인장은 비모란, 산취, 소정 등 접목선인장류가 90% 이상을 차지하고 있으며, 수출비율은 비모란 70~80%, 산취 10~20%, 소정 5~10% 정도이며, 수출규격은 9cm 크기가 80% 이상이고 14cm, 6cm 순으로 수출되고 있다.

2008년도 선인장 수출액은 252만 달러로서 2007년도의 217만 달러와 비교하여 16% 증가하였다. 주요 수출대상국은 네덜란드가 52%를 차지하여 절대적인 비중을 차지하고 있으며, 미국 15%, 캐나다 10% 등이다(〈그림 10-5〉 참조).

그림 10-4 수출용 접목선인장 주요 품종

그림 10-5 접목선인장 수출현황 및 특징

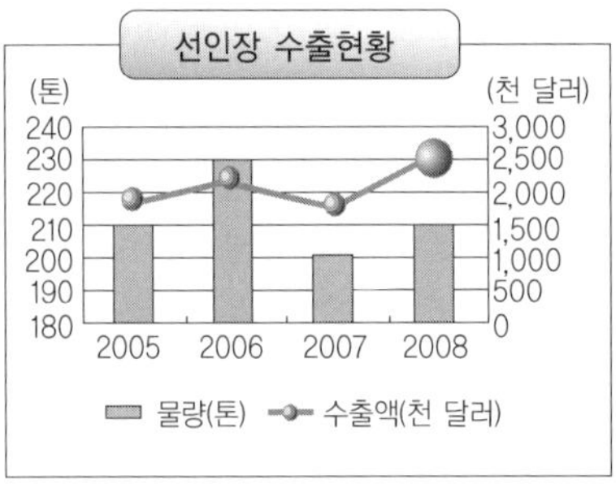

특징

- 네덜란드 52%
- 비모란 접목선인장
- 벌크형 반제품
- 로열티 없는 높은 외화가득률

자료: 농수산물 유통공사(kati.net)

접목선인장 수출의 큰 특징은, ① '비모란' 품종, ② 뿌리를 절단한 벌크형 반제품, ③ 네덜란드의 선인장 전문 도매업체 거래이다. 품종 및 접목 기술에서는 세계 최고를 자랑하고 있지만, 수출선과 수출상품화 측면에서는 영세성 · 후진성을 보이고 있는 것이다.

그림 10-6 한국 선인장의 네덜란드 유통방식

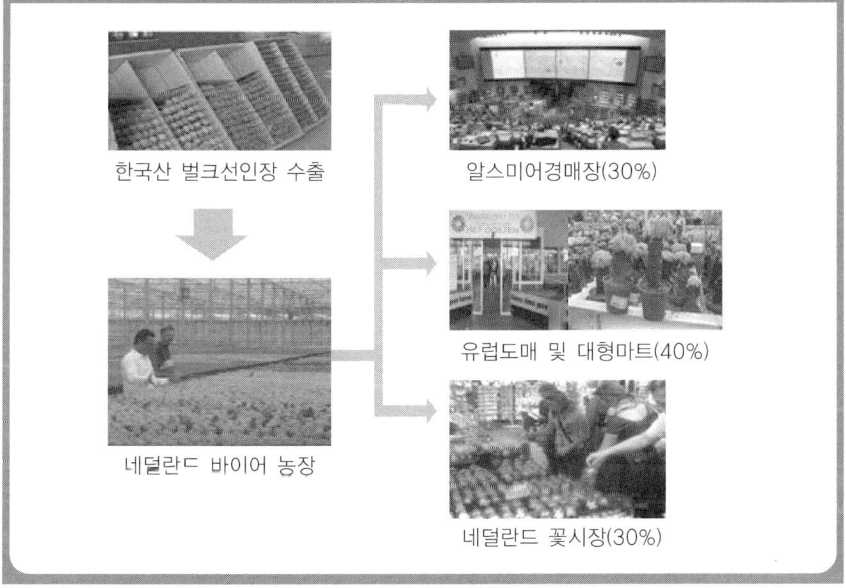

2.3. 수출 선인장산업의 문제점과 과제

접목선인장은 유럽을 중심으로 화훼 수출시장을 공략하고 있는 한국의 대표 품목이고, 육종 · 생산기술 등 기술적 측면에서 세계 최고를 자랑하고 있지만, 내 · 외부에서 매우 강력한 도전에 직면해 있다.

첫째, 중국 등 후발 경쟁대상국의 값싼 노동력과 국내 육성품종의 유입으로 향후 경쟁이 예상되며, 국내 선인장 수출업체의 중국산 접목선인장 수출 대행 및 중국 내 선인장 생산농가 기술지원으로 위협요인이 발생하였다. 해외시장에서 한국산과 중국산의 원산지 표시 없이 유통되고 있어 저가 · 저품질의 중국산과 한국산이 동일한 가격으로 유통되고 있는 실정이다.

둘째, 선인장의 수출시장 구조가 해외바이어 중심으로 형성되어 국내 수출농가 및 업체의 수출교섭력이 미약하다. 유럽시장의 접목선인장 유통이 2~3개의 대형 수입업체에 의해서 좌우되고 있으며, 국내 선인장 수출업체도 영세하여 적극적인 해외마케팅이 부족한 상황이다. 수출마케팅 활동이 해외 거대 바이어 위주의 고정거래선으로 한정되어 있어 수출물량이 정체되었으며, 해외시장에 대한 정보공유체계가 미비하다.

셋째, 육성된 국내 품종의 국제적인 보호를 위한 예산부족 등으로 품종보호 실효성이 낮다. 수출품목이 비모란, 산취, 소정 등으로 제한되어 있어 수출품목의 다양성이 떨어지고 반제품 위주의 수출에 머무르고 있어 부가가치 창출이 어려운 실정이다.

3. 무엇이 발전의 길인가?: 도전과 극복

3.1. 한계극복을 위한 구상: 부가가치와 상품화

3.1.1. 한계극복 구상

세계 최고의 기술력, 독특하고 매력적인 품종으로 주목받은 한국 접목선인장이지만 수 년째 수출액이 200만 달러 수준에 머물러 있는 상황이다. 2008년 다소 수출액이 늘어나기는 했지만 여전히 한계를 보여 주고 있다.

수출액 정체의 원인으로는, ① 중국이 저가 · 대형 접목선인장 상품으로 국제시장을 공략, ② 한국산의 현지 활착률 저하와 품질 균일화 부족, ③ 시장선도를 위한 신상품 부재 등을 들 수 있다. 결국 기존의 관행적인 접목선인장 상품과 수출방식으로는 현재의 한계상황을 극복할 수 없다는 결론인 것이다.

그림 10-7 수출 선인장 한계극복 구상

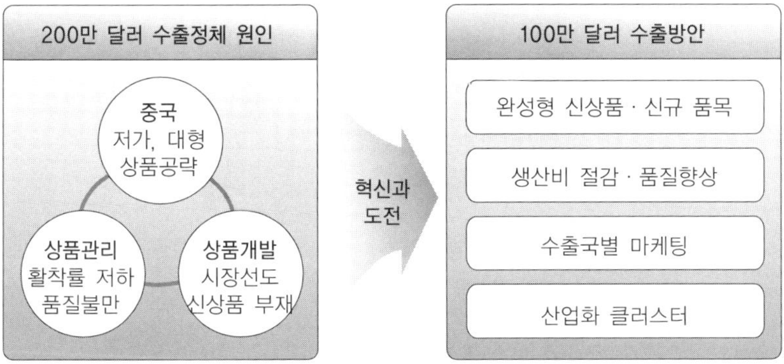

3.1.2. 완성형상품화의 의미

한국 접목선인장이 국제시장에서 부활(復活)하여 발전하기 위해서는 도약을 위한 새로운 도전이 필요하다. 새로운 도전의 기저(基底)는 반제품 중심의 수출을 '완성형' 상품 중심의 수출로 전환하는 것이다. 완성형 상품으로의 전환은 기존의 수출관행을 완전히 탈피한 수출시스템 전반의 혁신을 필요로 하는 아주 중요한 시도이다.

우선 국내의 상품화 방식의 변화가 필요하다. 접목선인장의 뿌리와 흙을 제거하여 박스에 삽입하는 작업을 배지가 담긴 화분에 심고, 소매형 포장과 대량 포장으로 2중 포장작업까지 수행하여 선적하는 방식으로 바꾸어야 하는 것이다. 여기에는 수많은 난제(難題)들이 존재한다. 15~20일이 길리는 육로 및 선박 운송과정에서도 상품성을 유지할 수 있는 수확 후 관리기술이 필요하다. 또한 이를 뒷받침할 수 있는 배지 개발, 포장재 개발이 이루어져야 한다. 기술적 문제해결과 함께 기존 네덜란드 도매상 중심의 구매선을 탈피한 국가별 시장개척과 국가별 선호를 반영한 포장 디자인, 홍보 전개 등 본격적인 마케팅 추진이 필요한 것이다.

접목선인장 수출의 '완성형' 상품화는 품종개발, 재배 중심으로 진행된 기술축적과 사업체계를 소비시장을 겨냥한 본격적인 상품화와 마케팅 시스템으로 완전히 전환할 수 있는가의 시험이고, 이러한 전환이 성공해야만 이후의 발전이 지속될 수 있는 것으로 판단하고 있다.

3.2. 완성형 수출상품화와 시제품 수출

3.2.1. 완성형 수출상품화의 계기

2007년부터 완성형 상품화에 대한 연구가 시작되었다. 계기는 수출보다는 국내 대형유통업체 진출을 위해 소비자용 소포장 상품개발을 추진하는 것으로부터 출발하였다. 대형유통업체에서 시제품 판촉행사를 해 본 결과, 접목선인장의 특성을 반영한 디자인과 구매 · 이동 편이성을 가미한 캐링케이스(carrying case)를 결합하면 소비자의 관심과 반응을 증대시킬 수 있다는 점을 확인하였다.

이러한 상품화의 성과를 수출로 확대하는 방안을 모색하게 되었고, 2007년 "선인장 수출 연구사업단" 사업을 통해 본격적인 상품화와 시제품 수출을 추진하였다.

3.2.2. 완성형 상품개발 및 시제품 수출

완성형 상품은 새로 개발된 배지에, 캐릭터 디자인을 가미한 화분과 1구, 2구, 3구 등 개별 포장으로 처리한 개념으로 개발되었다(〈그림 10-8〉 참조).

개별 포장이 적용된 것은 운송 중에도 포장상태가 이탈되지 않도록 규격화하기 위한 것이고, 더 나아가 운송용 대포장을 해체하고 추가적인 작업 없이 매대에 직접 올려놓을 수 있도록 하여 현지 구매업체의 현장작업을 대체하여 바이어의 만족도를 증대시키고자 하는 것이다.

그 밖에 기존 비모란 중심의 품종에서 탈피하여 그 동안 추가로 개발한 접목게발 선인장, 대형접목 선인장, 다육 등 상품의 다양화도 추진하고 있다. 또한 국가별 선호포장 디자인 및 운송용 박스 디자인을 개발하고, 무배지 상품, 컬러 종이화분 등 새로운 수요를 창출하기 위한 다양한 연구개발을 추진하고 있다.

상품개발과 함께 이루어지고 있는 것은 실제 완성형 상품이 팔릴 수 있는지를 검증하는 것이다. 기존 반제품을 수입하고 있는 네덜란드 도매업체, 직접 시장개척을 추진하고 있는 일본, 호주, 덴마크 등의 바이어를 초빙하거나 방문하여 완성형 상품에 대한 반응을 점검하였다. 또한 해외박람회에 완성형 상품을 출품하여 지속적으로 시장에 선보임으로써 인지도 향상과 본격적인 시장 론칭(launching)을 대비하고 있다.

다양한 완성형 상품의 홍보 노력을 통해 2008~2009년 시범수출을 실시하였다. 네덜란드, 미국, 일본, 캐나다, 프랑스 등의 12개 업체에 완성형 상품을 21만 5,000본, 25만 7,000달러 수출하였다.

시범수출 결과 기존 네덜란드 중심의 주류시장은 물론 미주, 아시아(일본) 등 새로운 시장개척이 가능할 것이라고 판단되었다.

신제품을 통한 부가가치 창출효과는 반제품 수출과 비교하여 더욱 크게 나타날 것으로 예상된다. 반제품의 수출단가가 구당 330원에 불과한 상황에서 완성형 상품으로 전환하면 단가를 950원 수준을 향상시킬 수 있기 때문에 수출액 증대효과가 2.8배나 나타나는 것이다. 다만 완성형 상품화를 위해 투입되는 부자재, 식입비 등을 얼마나 효과적으로 줄일 수 있을지의 문제가 중요한 해결과제로 다시 등장하고 있다.

그림 10-8 신수요 창출 및 국가별 선호에 대응한 상품개발

실용화 상품

완성형 상품(단품)

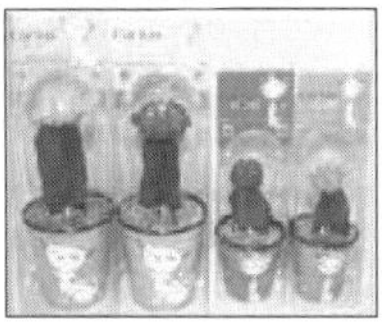

완성형 상품(세트)

국가별 선호상품 개발

상품디자인(영국)

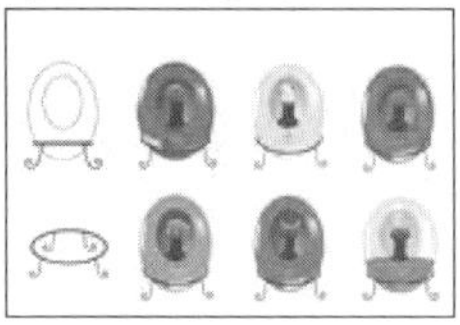

운송용 박스(영국)

신수요 창출 상품

무배지 상품

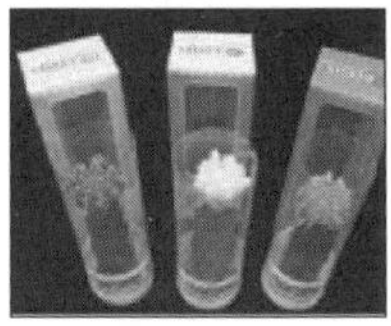

컬러 종이화분 상품

그림 10-9 완성형 상품시장 홍보 노력

해외 바이어 초청

네덜란드, 일본, 호주, 덴마크 등

해외 박람회 참가

일본: 동경, 시즈오까 등
네덜란드: 알스미어박람회
독일: 에센박람회
영국: 관광박람회

해외 수출상담

네덜란드: 에델캑터스, 알스미어경매장
미국: 대형유통마트, 화훼시장
일본: 오다 꽃시장, 프레시플라워 등

표 10-1 완성품 시범수출 현황(2008~2009년)

수입국	수입업체	수출물량(천 개)	수출금액(천 달러)
네덜란드, 미국 등 6개국	에델캑터스 등 6개 업체	70	84
일본, 네덜란드 등 3개국	프레시플라워 등	86	103
네덜란드, 캐나다, 프랑스	유로키스트, 컨티넨탈 플라워마켓 등	59	70
합계	12개 업체	215	257

표 10-2 반제품의 완성형 상품 전환에 따른 효과 추정

구분	품목	규격	단가(원)	수량(천 개)	수출액(백만 원)	비고
반제품	비모란	9cm	330	8,000	2,640	100
완성형 상품	비모란	9cm	950	8,000	7,600	288
증가액	–	–	–	–	4,060	188

3.3. 도전은 계속되어야 한다

기존 성과를 보면, ① 수출 주력품종인 비모란, 산취, 소정 등에서 지속적으로 신품종을 개발할 뿐 아니라 국제 품종등록까지 추진하여 고유성을 보호, ② 다육 등 수출가능 품목 확대, ③ 대목 제조기, 생력 트레이 활용기술, 양액생산 시설 · 장비 개발 등 다른 품목에서 찾아보기 힘든 혁신적인 사례를 만들어 냈다.

우선 신품종의 경우 구색, 구형 등에 따라 품종의 고유성을 발현해야 한다는 점을 감안하여, 기존 70여 개 품종과 함께 다수의 신규 품종을 추가로 개발해 놓고 있다. 품종개발의 시간을 더욱 단축시키기 위해 조직배양기법을 도입하는 등 관련 기술의 개발도 추가로 진행되고 있다.

또한 생력(省力) 트레이 이용기술은 접목선인장 재배과정의 특성을 충분히 활용할 수 있도록 한다는 혁신적인 아이디어의 산물이다. 접목선인장 재배를 토경(土耕)에서 양액재배로 전환시켰을 뿐 아니라, 배지방식에 비해 비용절감효과가 뛰어나다.

수출상품 개념의 전환과 새롭게 추진하는 마케팅 활동은 사실 기존 생산부문에서 지속적으로 이루어졌던 기술적 혁신을 시장화 · 산업화하는 보다 중요한 단계에 진입했음을 의미하는 것이다. 이에 적합한 기술개발과 함께 마케팅 노력이 함께 결합되어야 도약을 위한 발판을 만들어 낼 수 있다.

접목선인장 산업주체들의 노력은 결국 정체상황에 있는 수출액을 증대시키기 위해서는 일대 도약이 필요함을 느낀 것이고, 이를 해결하기 위한 종합적인 기획과 정책적인 연구개발 지원이 함께 병행되었기 때문에 실천해 낼 수 있는 근거가 되었다.

그림 10-10 우량품종과 생산기술 개발의 성과

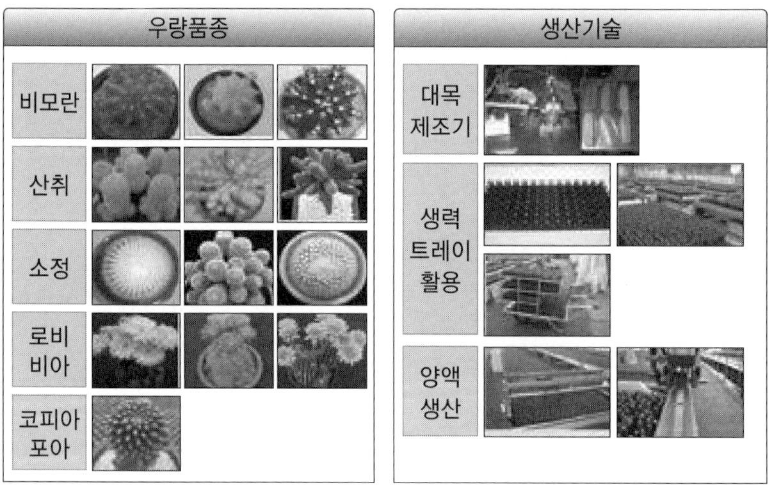

4. 미래 성장을 위한 틀: 조직혁신과 산·학·관의 연계

4.1. 산 · 학 · 관의 합작품

접목선인장의 산업화와 발전과정을 보면 농산업화를 위해서는 생산주체, 대학 및 연구기관의 역량과 정책 및 지방자치단체 지원의 결합이 얼마나 중요한지를 확인할 수 있다.

선인장 접목기술이 일본으로부터 이전되는 초기단계에서 접목선인장은 개별 독농가의 영역이었다. 그러나 원래의 기술을 능가하는 품종개발은

그림 10-11 경기도농업기술원 선인장연구소

- 세계 유일 접목선인장 전문연구소
  - 1994년 부지 매입
  - 1995년 선인장시험장, 연구동 및 부속건물 건립
  - 2004년 선인장연구소로 개칭
  - 2005년 다목적 교육장 증축
- 연구인력 18명(연구직 7명)(2009년)
- 연구예산 14억 9,400만 원(2009년)
- 선인장 생산, 유통, 수출의 접점
  - 현장밀착형 연구로 선인장산업화 거점
- 선인장 연구의 국내 최대 인프라 보유
  - 부지 21,369㎡ - 건물 4동 2,286㎡
  - 온실 15동 6,506㎡ - 연구장비 112종

경기도농업기술원(선인장연구소 설립, 1994년)과 농촌진흥청 원예연구소에서 수행하였고, 관련된 생산 생력화(省力化) 기술개발 및 농가적용 실증이 대학 등을 통해 진행되었다. 생산자들은 선인장연구회를 구성하여 연구소에서 개발된 종자를 보급받아 증식과 생산에 참여하였다. 연구와 보급 및 생산기반 확충을 위한 재원은 경기도, 고양시 등 지방자치단체의 지원이 밑바탕이 되었다. 접목선인장의 확산과 산업화는 이렇게 연구소, 대학, 정책 지원과 생산자들의 조직화된 참여로 이루어진 것이다.

4.2. 생산자 자율의 사업조직 만들기

선인장연구회는 현재 영농조합법인 형태로, 접목선인장 및 다육 생산 농가들로 구성된 생산자조직이다. 당초에는 1989년 선인장 생산농가들의 자율조직으로 '선인장협회'로 창립하였다가 이후 선인장연구소가 설치되어 이 연구소의 농가지도 및 보급사업에 참여하면서 '선인장연구회'로 개칭하였고, 2003년 화훼자조금사업을 시행하면서 영농조합법인으로 전환하였다.

선인장연구회는 일반 작목반과 유사하게 지역별로 9개의 지회를 구성하고, 지회장들이 연구회의 임원을 맡는 방식으로 운영된다. 연구회는 접목선인장 농가들이 참여하는 수출분과와 다육 등 국내 판매 농가들이 참여하는 내수분과로 전문 협의회를 두어 공동의 경제활동을 하고, 직판장 운영, 자조금에 의한 홍보활동, 고양꽃박람회 및 선인장산업전시회 개최, 각종 내부 교육 등을 자율적으로 수행하고 있다.

선인장연구회는 2008년부터 새로운 변신을 추진하고 있다. 선인장을 대표하는 유일한 생산자조직이라는 자부심과 강력한 회원 간의 연대의식만으로는 선인장산업을 이끌어 가는 주도적인 역할을 수행하는 데 역부족이라

그림 10-12 선인장연구회 비전 만들기

는 점을 느끼고 있기 때문이다.

새로운 변신의 시도는 선인장연구회가 기존 유통업자 또는 상인에 판매를 의존하는 방식에서 탈피하여 생산자조직으로서 '사업기능'을 직접 수행함으로써 활로를 찾는 시도를 하고 있다. 연구회에 '선인장유통사업단'을 창설하여 수출업체와의 협의 및 완성품 상품화 기능을 담당하고 내수시장 개척과 마케팅 활동을 종합적으로 추진하려는 구상을 수립하고 있다.

선인장연구회 비전 만들기는 2009년 여름 전체 회원 총회·워크숍을 통해 기본 방향을 완성하였고, 2010년 교육프로그램으로 세부 실천과제에 대한 회원의 인식 통일과 구체적인 실행 준비를 진행하고 있다.

4.3. 혁신을 주도하고 지속하기 위한 과제: 주체의 문제

접목선인장사업의 산업화와 성장의 이면에는 산 · 학 · 관의 협력과 결합이 중요한 역할을 하였다. 산 · 관 · 학 협력과 이에 참여한 인력은 결국 지금까지의 성장을 만들어 낸 장본인들이고, 이 협력이야말로 접목선인장 성장의 가장 중요한 요소라고 할 수도 있다. 마찬가지로 앞에서 살펴본 새로운 도약의 단계에서 이에 적합한 새로운 추진방식, 새로운 주도주체의 모

그림 10-13 선인장산업화 추진시스템 구상: 클러스터화

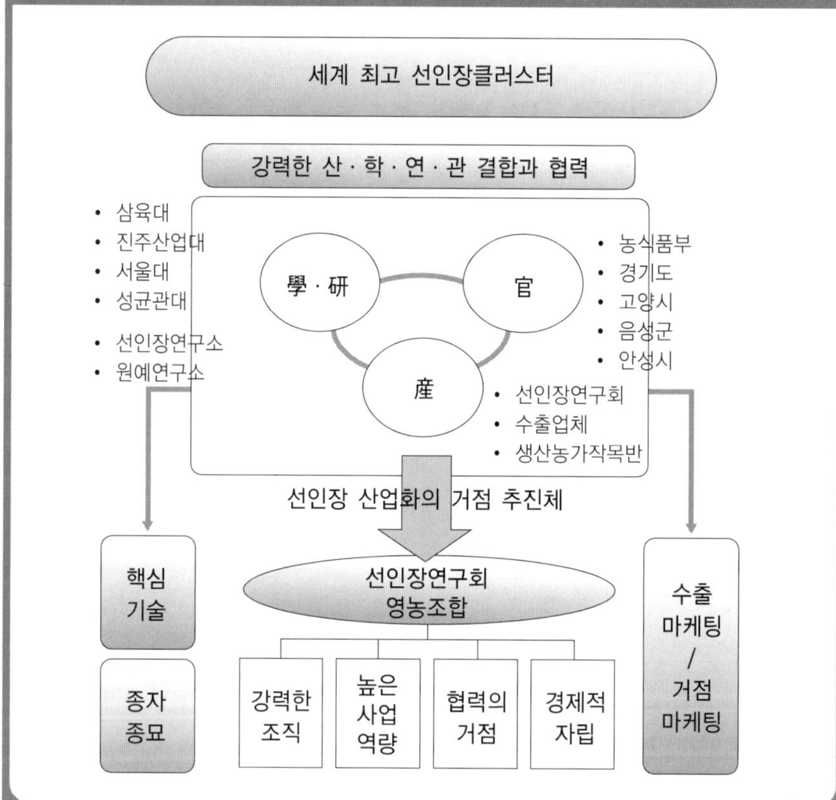

색이 이루어지지 않으면 현재의 상태로는 한계에 부딪힐 수밖에 없을 것으로 예상된다.

학 · 관이 생산자들을 리드해 가는 방식으로 성장이 이루어졌지만, 이제는 본격적인 시장개척과 마케팅을 통해 산업화를 추진해 갈 수 있는 생산자조직의 역량 발휘가 필요한 시점이 된 것이다.

선인장 산업화의 추진체계는 '클러스터' 시스템을 기초로 구상하여 실행을 준비하고 있다. 이미 그 동안의 역사를 통해 이루어진 산 · 학 · 관 협력체제를 보다 확대하고, 생산자조직으로서 영농조합법인 선인장연구회의 역량을 집중적으로 강화하여 본격적인 사업체로 전환시킴으로써 구심점, 핵주체(核主體)로서의 역할을 수행하는 것이다.

선인장연구회가 생산자 자율조직으로서 협의체에 머무르지 않고 본격적인 사업체로서 조직을 갖추어 변화해야 가능한 사항이기도 하지만, 이러한 노력이 없다면 상품화와 산업화 추진의 성과를 생산농가가 수취(收取)하는 데에도 한계가 있을 것이다.

5. 결론

5.1. 남아 있는 과제

접목선인장을 수출상품화를 중심으로 성장한계 극복을 위한 노력을 살펴보았지만, 선인장 산업화는 수출만으로는 한계가 있다. 당초 국내 수요가 부족한 상태에서 수출 중심의 전략산업화를 추진하였지만 현재는 국내시장에서도 접목선인장에 대한 인식이 증가하고, 팬시(fancy)상품, 다육식물과 결합된 세트(set)상품으로서의 가치를 인정받고 있다.

그림 10-14 접목선인장의 국내시장 개척사례

- 대량유통을 위한 선인장 팬시상품 마케팅
  - 대상상품: 미니캑터스 상품
  - 소비자가격: 5,900원
  - 타겟고객: 20~30대 여성
  - 판매시장: 디자인샵, 할인점, 온라인 쇼핑몰
  - 특징
    - 전자파/야간공기정화 기능이 있는 선인장/다육식물 2종 세트
    - 패키지상품으로 쇼핑의 편리성 제공 및 홍보효과 제고

- 국내 대형유통망 신상품 유통매장(예: 롯데마트)

월드점

도봉점

의정부점

구리점

그림 10-15 접목선인장의 신상품 개발사례

베란다용 조경용기 개발

수출용 완성형 상품은 현재 대형마트 중심으로 변화된 시장에 접근하는 데에도 유리하다. 중간 유통과정에서 추가작업이 필요 없고, 생산자 단계에서 만들어진 상품을 직접 소비자에게 판매할 수 있기 때문에 복잡한 유통과정이 필요 없는 직거래형 상품이다.

또한 접목선인장의 다양한 내수상품을 구상하고, 탁자 위에 놓이는 '외로운' 선인장 화분 하나가 아니라 화려한 조경의 요소로 활용하는 방안을 확산시킴으로써 수요를 증대시키기 위한 방안을 개발하고 있다.

5.2. 혁신을 통한 도약과 성장

접목선인장은 우리에게 없던 식물을 도입하고, 관련 기술혁신을 이루어가면서 수출지향적인 목적을 가지고 육성한 '기획'된 산업이다. 본격적인 산업화가 추진된 지 20년이 넘어섰지만 종자개발, 재배, 상품화 등 전체의 과정 속에 수많은 기획, 아이디어가 집약되어 가고 있고 지속적인 혁신을 통해 새로운 도약을 모색하고 있다.

접목선인장산업이 부딪힌 한계상황과 완성형 상품화를 통한 도약 · 극복의 시도는 농산업 발전을 위한 노력의 방향을 강하게 웅변해 주고 있다. 농산업의 성장을 위해서는 이제 재배 · 생산 기술중심의 혁신 노력에서 탈피하여, ① 시장을 전제로 하는 본격적인 산업화 기술개발, ② 고도의 마케팅전략과 실천, ③ 산업화 주체들의 결합과 협력을 모태로 하는 클러스터 추진체계 구축, ④ 핵심주체로서 생산자조직의 역량 강화가 필요하다는 점을 보여 주고 있는 것이다.

한계는 혁신을 불러온다. 그리고 그 혁신이 단순한 시도로 그치는 것이 아니라 중장기에 걸친 일관된 실천으로 이어질 때 성장의 도약이 이루어진다. 접목선인장은 혁신을 시도하는 단계에 있다. 200만 달러가 아니라 1,000

만 달러의 전략산업으로 성장하기 위한 실천이 지금도 진행되고 있고, 그 실천이 지속적으로 이루어질 때 성과가 나타날 것이다.

PART 4

제4부

농촌경관의 상품화에서 소득기회를 찾는다

제11장

농촌 활성화를 위한 경관의 보전과 활용

제12장

일본의 경관마찌즈꾸리

Chapter 11

농촌 활성화를 위한 경관의 보전과 활용

1. 들어가며
2. 농촌 경관관리의 주안점
3. 농촌 경관정책, 어떤 일을 해 왔는가
4. 현행 농촌 경관관리사업의 한계
5. 이제부터 할 일

성주인

한국농촌경제연구원 부연구위원

e-mail: jiseong@krei.re.kr

Chapter 11

1. 들어가며

농촌 활성화란 폭넓은 의미를 갖는다. 일반적으로 농촌 활성화는 주민들의 소득기회 확대를 뜻한다. 하지만 이 글에서는 보다 넓은 의미에서 농촌 활성화를 바라보고자 한다. 농촌은 주민들이 소득을 올리는 일터인 동시에 일상생활을 영위하는 삶터이며, 나아가 현지주민뿐 아니라 도시민을 포함한 외지인들이 찾아서 여가를 즐기는 쉼터이기도 하다. 그리고 다양한 주민들이 지역사회의 구성원으로서 유대감을 갖고 공동의 일들에 참여하는 공동체 터전이기도 하다. 따라서 일터, 삶터, 쉼터, 공동체터라는 복합적인 측면에서 농촌이 활력을 지니는 것이 중요하다.

이러한 복합적인 의미에서 농촌 활성화를 바라볼 때, 경관의 중요성이 뚜렷이 부각된다. 농촌을 활성화하는 데 경관 가꾸기가 큰 기여를 할 수 있다는 것은 최근의 여러 지자체 사례들에서 잘 확인할 수 있다. 나비축제로 유명해진 함평군, 문학적 소재를 살려 운치 있는 메밀밭을 조성한 평창군, 청보리밭으로 경관농업 대표로 떠오른 고창군, 바다와 어우러진 다락논 경관이 지역 랜드마크가 된 남해군 사례 등이 대표적이다.

이처럼 널리 알려진 사례들만 있는 것이 아니다. 대대로 농사만 짓던 알려지지 않은 마을들 중에서도 농림수산식품부의 경관보전직불제사업에 참여하면서 난생 처음으로 방문객을 맞이하는 등 큰 변화를 겪는 사례들이 나타난다. 마을에 도시민들이 찾아오면서 소득기회가 생길 뿐 아니라, 주민들은 사업참여를 계기로 공동체 의식 증대라는 무형의 효과를 얻기도 하였다.

농촌은 전통적으로 농업 생산공간이었지만, 최근에는 도시민이 이주하여 거주하는 정주공간 성격도 중요하게 부각되고 있다. 그런데 농촌에 도시민의 정주를 유도하려면 농촌다운 경관을 유지하고 있는지가 중요한 요소이다. 설문조사 결과도 이를 보여 준다. 농촌 이주의향이 있는 도시민들 중 61% 이상은 이주장소 결정시에 '자연환경이나 경관이 좋은 지역'을 선호하는 것으로 조사되기도 하였다.[1)]

이처럼 농촌 경관은 축제개최 및 도·농교류를 통해 단기적인 소득증대와 공동체 활성화를 도모하는 데 중요한 역할을 발휘한다. 동시에 그것은 장래의 농촌 발전을 위한 잠재적인 자산으로서도 의의를 지닌다.

농촌 활성화에 기여하려면 경관의 보전 및 활용[2)]을 위한 정책이 어떠한 방향으로 추진되어야 할 것인지 논의하는 것이 이 글의 주제이다. 특히, 농촌 경관정책의 현황과 문제점을 살펴볼 때는 이 분야의 대표적 정책사업이자 실질적으로 유일한 사업인 경관보전직불제를 주로 검토한다. 경관보전직불제를 중심으로 기존 사업의 성과와 한계를 짚어본 후, 농촌의 경관관리를 위해 정책적으로 지향해야 할 점과 개선이 필요한 사항이 무엇인지 논의할 것이다.

2. 농촌 경관관리의 주안점

2.1. 농촌 경관의 특성

농촌 경관은 도시 경관과 구별되는 특성을 지닌다. 농촌 경관은 산, 하천, 숲 등 자연적 요소와 농경지로 이루어진 농업적 요소, 주택들로 구성된 마을의 생활환경 요소 등으로 구성된다. 이러한 다양한 요소들이 유기적으

1) 송미령 외(2007).
2) 이하에서는 '경관의 보전 및 활용'을 약칭해서 '경관관리'라 부르기로 한다.

로 어우러져 조화를 이룬다는 점에서 농촌 경관은 도시 경관과 대비된다(〈그림 11-1〉 참조).

농촌 경관은 주민들의 일상생활의 산물로써 형성된다. 그리고 여러 가지 경관요소들이 비교적 긴 세월에 걸쳐 상호작용을 이루어 만들어진다. 그러한 까닭에 도시 경관에 비해 농촌 경관에서는 전통성이 더 강조되는 편이다. 그 지역의 오래된 관습과 문화, 생활양식 등이 물리적인 경관에서 배어나므로 농촌 경관에는 지역적인 정체성이 보다 분명히 드러날 수 있다. 그래서 효과적인 보전과 관리가 이루어진 농촌 경관은 곧 '문화경관'(cultural landscape)의 특징을 나타낸다.

2.2. 농촌 경관관리에 요구되는 접근법

농촌 경관관리를 위해서는 농촌 경관의 특성을 충분히 감안하는 것이 중요하다. 정책 추진을 위한 착안점을 몇 가지 살펴본다. 첫째, 농촌 경관은 하루아침에 형성되는 것이 아닌 까닭에 경관관리의 성과 또한 단기간에 손쉽게 얻을 수 없다. 들인 노력에 비해 단기결실을 얻기는 쉽지 않으므로 경관관리는 긴 안목으로 접근해야 할 일이다.

그림 11-1 농촌 경관을 이루는 요소

둘째, 주민참여가 성공적인 농촌 경관관리의 관건이다. 경관관리는 본질적으로 농촌 주민들이 살아가는 일상생활 터전을 가꾸는 일이기 때문이다. 따라서 이를 위해서는 공공투자로 어떠한 시설을 설치하는 과거의 농촌 정비사업 방식과는 구별되는 접근법이 요구된다. 주민의 삶과 동떨어진 이벤트 공간을 조성하는 것이 아닌 까닭이다.

셋째, 효과적인 경관관리를 위해서는 지자체의 역할이 중요할 수밖에 없다. 중앙정부는 지원을 위한 큰 틀을 만드는 데 주력해야 한다. 세부적인 경관관리의 내용에 대해서는 지자체가 주도하는 것이 바람직하다.

넷째, 경관관리는 종합적인 접근이 요구되는 일이다. 어느 한 요소만이 아니라 다양한 경관요소가 조화를 이루어야 하기 때문이다. 따라서 이러한 활동을 지원하는 것은 전통적인 농업정책의 영역에만 해당되는 일이 아니다. 정책대상도 농업인에 한정할 수 없다. 기존에 이루어진 농업 · 농촌정책에 비해 폭넓은 접근이 필수적이다.

3. 농촌 경관정책, 어떤 일을 해 왔는가

3.1. 이제 첫발을 내디딘 농촌 경관정책

농촌의 경관문제에 대해 일찍부터 논의가 있었지만, 농촌 경관관리정책의 골격이 마련된 것은 그리 오래 되지 않았다. 이전에도 각종 농촌 개발사업을 시행하면서 부분적으로 경관관련 사업내용을 포함하기도 하였지만, 어디까지나 부수적인 사업에 불과하였다. 농촌의 경관관리에 대해 처음으로 법적 근거가 마련된 계기는 2004년에 「농림어업인 삶의 질 향상 및 농산어촌지역 개발촉진에 관한 특별법」(이하 '삶의질특별법')이 제정되면서부터

이다. 하지만 이 법에서는 국가와 지자체가 농산어촌의 경관보전을 위한 시책을 추진해야 한다는 필요성을 당위적으로 명시하는 데 머물렀다.

2006년 12월에는 「농촌경관개선종합대책」이 수립되어 농촌 경관관리에 관한 농림수산식품부 차원의 종합적인 정책틀이 갖추어졌다. 2008년 12월에는 지자체가 농어촌 경관계획 수립 및 경관관리를 원활하게 할 수 있도록 지원하고자 『농어촌 경관계획수립 및 경관관리 업무편람』이 발간되기도 하였다. 2010년부터 시행되는 제2차 삶의 질 기본계획에서는 "환경 · 경관 개선" 부문이 주요 추진과제로 제시되는 등 경관관리가 농촌 정책영역의 하나로 분명히 자리잡게 되었다.

이처럼 종합적인 정책이 도입되기는 하였으나, 일선 현장에서 농촌 경관관리 시책이 활발히 적용되지는 못하는 실정이다. 경관관리를 고유한 목적으로 하는 중앙정부의 사업은 2005년에 시범사업으로 도입된 농림수산식품부의 경관보전직불제가 시초인데, 최근까지도 현장에서 시행되고 있는 중앙정부 차원의 농촌 경관분야 시책은 사실상 경관보전직불제가 유일하다고 해도 과언이 아니다. 농어촌 경관계획 수립요령, 경관관리 · 활용 매뉴얼, 경관맵 등과 같은 경관개선종합대책이 마련되기는 하였으나, 현재로는 효과적인 정책수단들이 뒷받침되지 않고 있는 상황이다.

3.2. 경관보전직불제, 그 동안의 성과

경관보전직불제가 작물 지원에 그치며 농촌 경관관리에 대한 종합적인 수단이 되지 못한다는 지적은 사업 도입 당시부터 제기된 바 있다.[3] 그러나 이러한 문제 지적과는 별도로 그 동안 사업이 시행된 각지에서 주목할 만한

3) 성주인(2005).

성과가 나타난 것도 사실이다. 특히, 경관작물 개화와 연계하여 축제를 개최한 마을에서 급격히 방문객이 늘어난 것이 대표적인 변화이다(〈표 11-1〉 참조). 시범사업기간인 2005~2007년 동안 전국적으로 투입된 국비 총액이 연간 6~10억 원으로 그리 많지 않은 액수였음을 감안할 때 이는 매우 큰 성과라 할 수 있다.

3년의 시범사업이 종료되고 2008년부터 본사업이 시행되면서 전국적으로 경관보전직불제 사업량은 대폭 확대되었다(〈그림 11-2〉 참조). 2005년 470ha의 면적으로 출발한 경관보전직불제는 2008년 2,646ha, 2009년 16,171ha로 급증하였다. 사업참여 시 · 군도 2005년 32개였는데, 2008년에는 82개 시 · 군으로 늘어났다. 이처럼 외형적인 사업량 확대에서 이 사업이 긍정적인 평가를 받았다는 점을 짐작할 수 있다.

일선 지자체 담당자들 중 다수는 지속적으로 사업에 참여하려는 의향을 보이는 등 향후에도 경관보전직불제에 대한 지원수요는 줄어들지 않을 전망이다. 한국농촌경제연구원에서 2009년 7월 실시한 바 있는 공무원 조사

표 11-1 경관보전직불제 사업시행 전 · 후의 마을 방문객 비교

대상지역	시행 전	시행 후	비 교
고창군 공음면 선동리	20만 명	25만 명	1/4배 증가
고창군 부안면 송현리	10만 명	20만 명	2배 증가
나주시 다시면 신광리	2만 명	5만 명	2.5배 증가
상주시 이안면 지산리	-	1만 5천 명	관광수요 신규 창출
장흥군 회전면 산저리	300명	5만 명	100배 이상 증가
하동군 북천면 직전리	250명	46만 명	150배 이상 증가
함양군 백전면 오천리	-	6천 명	관광수요 신규 창출

주: 정확하게 집계된 수치는 아니나 방문객들이 소비한 음식이나 차량대수 등을 기준으로 마을 자체적으로 산정한 결과임.
자료: 성주인 · 박주영(2007).

그림 11-2 경관보전직불제 사업량의 확대 추이

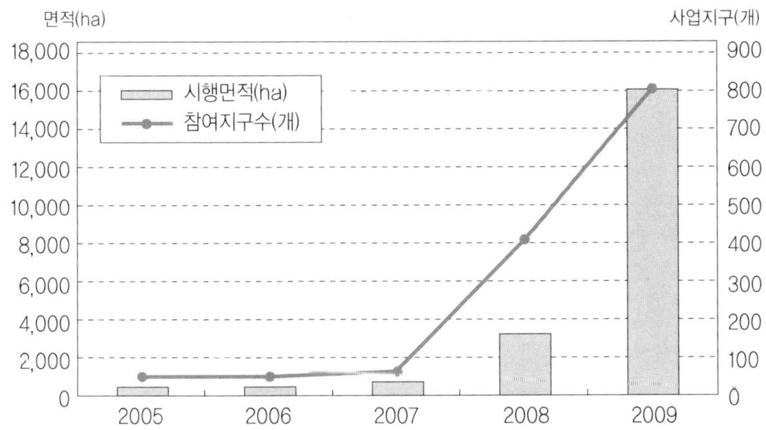

그림 11-3 지자체 담당자들의 향후 경관보전직불제 참여 의향

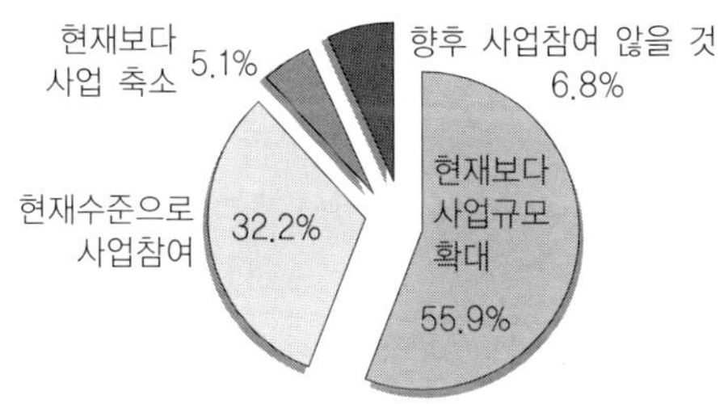

주: 전체 공무원 중 경관보전직불제 사업에 참여한 시·군 담당자(59명)의 응답결과를 선별 집계함.

결과를 집계한 〈그림 11-3〉에서 이를 확인할 수 있다.[4] 기존에 사업에 참여하였던 시·군 중 현재보다 사업참여규모나 지원대상 농가수를 확대하겠다

4) 조사대상자는 전국 140개 시·군의 농정 및 지역개발·경관 업무담당자로서 회수된 설문 중 유효 응답을 보인 115명을 대상으로 제반 분석을 실시하였다. 세부 조사내용 및 결과에 대해서는 성주인·박주영(2009) 참소.

는 비율이 56%로 집계되고 있다. 반면에 사업규모를 줄이거나 앞으로 사업에 참여하지 않겠다는 응답은 12%로 소수에 머무른다. 일선 지자체 담당자들이 이처럼 사업에 대해 적극적이라는 것은 경관보전직불제가 그만큼 성과를 나타내었음을 시사하는 것이다.

4. 현행 농촌 경관관리사업의 한계

이상과 같이 경관보전직불제사업은 외형적으로 성과를 거둔 것은 분명하지만, 다른 한편 현행과 같이 경관보전직불제 일변도로 농촌 경관관리사업이 이루어지면서 나타나는 문제점도 있다. 제4절에서는 지난 몇 년 간 사업시행을 통해 얻어낸 작지 않은 성과에도 불구하고 경관보전직불제가 효과적인 농촌 경관관리 수단으로 자리잡는 데는 한계가 있다는 점을 지적하고자 한다.

4.1. 경관보전직불제 사업성과 평가에 나타난 명암

우선 경관보전직불제 사업의 성과를 짚어보았다. 〈표 11-2〉는 사업성과를 다섯 가지 부문으로 구분한 후, 지자체 공무원 조사를 통해 부문별 성과를 파악한 결과를 보여 준다. 지자체 담당공무원들은 '마을 경관개선'에 대해 70% 이상이 긍정적인 평가를 내리는 것으로 나타났다. 반면 '마을 공동체 의식 향상' 효과에 대해서는 37%의 응답자만이 긍정적으로 평가하고 있다. 이 사업이 공동체 차원의 활동을 촉발하는 데는 그다지 큰 효과를 얻지 못하였음을 시사한다.

또한 〈표 11-2〉는 사업성과 평가내용이 2007년도와 2009년도 사이에 어

표 11-2 경관보전직불제사업의 부문별 성과 (단위: %)

성과항목 \ 성과도	매우 그렇다	그런 편이다	보통 이다	그렇지 않다	전혀 그렇지 않다	성과점수	
						2009년	2007년
마을 경관개선	12.1	58.6	22.4	6.9	-	3.8	4.3
마을 방문객 증가	3.4	41.4	37.9	17.2	-	3.3	4.0
농가소득 향상	3.4	46.6	36.2	12.1	1.7	3.4	3.4
마을 공동체의식 향상	3.5	33.3	45.6	17.5	-	3.2	3.8
주민의 경관관리 인식 증대	1.7	53.4	37.9	5.2	1.7	3.5	4.0

주: 1) 성과점수는 응답결과를 5점 척도로 점수화하여 구한 평균값으로 5점에 가까울수록 성과가 높고 0점에 가까울수록 낮음.
2) 2007년 성과점수는 성주인 · 박주영(2007) 조사결과를 활용함.

떻게 변화하였는지도 비교해서 보여 주고 있다.[5] 부문별 사업성과에 대해 5점 척도로 응답한 결과를 점수화[6]하여 전체 응답자의 평균값을 비교해 보면, 성과점수는 '주민소득 향상'을 제외한 모든 항목에서 2007년 조사결과에 비해 하락한 것으로 나타났다. 특히, 경관개선부문의 성과에 대해 2007년보다 2009년 조사결과에서 성과점수가 하락한 점이 주목된다.

〈표 11-3〉에서는 경관보전직불제의 가장 큰 성과가 무엇인지 응답한 결과를 두 시점 간에 비교하였다. 사업의 가장 큰 성과로서 '농가소득 향상'을 답한 비율은 2007년에는 14%에 머물렀으나, 2009년 조사에서는 이와 같이 답한 응답자가 30%에 이른다. 반면 '마을 경관개선에 기여'하였다는 답변은 2007년에 비해 2009년 응답결과에서 크게 줄어든 것을 볼 수 있다.

이러한 설문조사 결과에 비추어 볼 때, 현장 담당자들이 생각하는 경관보전지불제사업의 우선적인 목적이 변화하고 있음을 지적할 수 있겠다. 작물 생산비 지원을 통한 농가소득 보전이라는 목적이 농촌의 아름다운 경관

5) 2007년도 지자체 공무원 조사결과는 다음 연구를 참고하였다. 성주인 · 박주영(2007).
6) 성과점수는 5점(성과 매우 높음)~0점(성과 매우 낮음) 사이에 분포한다.

표 11-3 경관보전직불제사업의 가장 큰 성과 (단위: %)

사업 성과 \ 조사연도	2009년 (n=57)	2007년 (n=30)
마을 경관개선에 기여	29.8	50.0
마을의 방문객 증가	12.3	17.9
농가소득 향상에 기여	29.8	14.3
마을의 공동체 의식 향상	7.0	10.7
주민의 경관 가꾸기에 대한 인식 증대	21.1	7.1
합 계	100.0	100.0

주: 1) 경관보전직불제 시행 경험이 있는 지자체의 공무원 응답결과를 집계함.
2) 2007년도 자료는 성주인 · 박주영(2007) 조사결과 인용함.

형성이라는 목적을 압도하는 양상이 최근 들어 더욱 두드러지는 것이다. 2008년부터 청보리나 밀과 같은 사료작물 및 식량작물이 최근 경관보전직불제 지원대상 작물에 포함되었는데, 이러한 변화가 위의 조사결과에 반영되었다고 판단된다. 청보리나 밀이 지원대상이 되면서, 경관관리 목적보다는 소득증대를 도모하고자 사업에 참여하는 농가들이 더욱 늘어난 것이다.

4.2. 주민들의 경관관리활동 참여 부진문제

현행 경관보전직불제의 가장 문제 중 하나로 주민들의 자율적인 경관관리활동을 유도하지 못하는 점을 들 수 있다. 주민들의 역량을 고려하지 않고 사업지구를 선정한 결과 이러한 문제가 증폭되기도 한다. 대다수 사업지구에서는 경관보전직불금 지원은 받지만, 공무원의 지원 없이는 자체적으로 경관관리활동을 수행할 수 없는 실정이다.

고령화된 농촌 마을의 여건상 이러한 한계는 어느 정도 불가피하지만, 애초에 사업지구 선정과정부터 문제를 안고 있는 사례도 상당수이다. 예컨대, 하나의 사업지구 안에 다수의 마을이 포함되는 경우 활동의 구심점을 형성하지 못하여 작물재배 이외의 활동을 벌이는 데 어려움이 있다. 특히, 청보리 같은 작물은 넓은 들판을 둘러싸고 있는 6~7개 이상의 마을이 함께 사업에 참여하는 사례가 많은데, 이 경우 여러 마을 주민들이 함께 참여하는 공동활동 추진은 힘들게 마련이다.

마을의 소수 농가만이 사업에 참여하는 사례도 있는데, 이 역시 경관관리활동 추진이 어렵기는 마찬가지이다. 예컨대, 전북 ○○시에서는 1개 농가만이 경관보전직불제사업에 참여하여 청보리를 재배하고 있다. 자연히 직불금을 지급받지 않는 다른 대다수 농가들의 경관보전활동 참여를 기대하기는 힘들다.

지자체 담당자 역시 사업지구 선정에서 나타나는 문제점을 지적하고 있다. 〈표 11-4〉는 "경관직불제 사업지구 선정이 지역의 경관계획 및 주민 역량에 기반하지 않고 이루어진다"는 지적에 대한 지자체 공무원의 응답결과이다. 전체적으로 44%의 응답자가 이에 대해 동의하는 것으로 나타났다.[7]

경관보전직불제 참여 주민들이 자율적으로 경관관리활동을 추진해 갈 역량이 부족하다면 지자체의 적절한 지원이 필수적으로 요구된다. 특히, 경관관리 필요성에 대해 주민들이 공감대를 형성하도록 학습과 교육, 컨설팅 기회를 제공하는 것이 필요하다. 하지만 공무원 조사결과에 의하면 이러한 주민 교육과 컨설팅 등의 지원을 제공하였다는 지자체 비율은 38%에 머무르는 것으로 나타났다. 경관보전직불금을 제공한 것 말고는 지자체에서 달리 지원해 준 사항이 없다는 시 · 군도 27% 가량에 이르는 것으로 조사된 바 있다.[8]

한편, 2009년도 경관보전직불제사업부터는 새로운 변화가 시도되고 있

7) 특히, 지역개발 및 경관관리 분야에 종사하는 응답자는 61%가 그러한 입장을 보이고 있다.
8) 성주인 · 박주영(2009).

표 11-4 주민 역량에 근거하지 않은 사업지구 선정에 대한 의견 (단위: %)

구 분	담당업무 구분		전 체 (n=111)
	농 정 (n=83)	지역개발 · 경관 (n=28)	
매우 그렇다	6.0	3.6	5.4
그런 편이다	32.5	57.1	38.7
보통이다	21.7	28.6	23.4
그렇지 않다	34.9	7.1	27.9
전혀 그렇지 않다	4.8	3.6	4.5
합 계	100.0	100.0	100.0

주: '주민 역량 및 지역 경관계획에 기반하지 않고 사업지구를 선정한다'는 문항에 대한 지자체 공무원 의견을 집계함.

다. 작물식재에 그쳤던 그 동안의 한계를 극복하고자 마을단위 경관보전활동을 지원하는 방안을 마련한 것이다. 마을에서 재배하는 경관작물 면적을 기준으로 ha당 30만 원의 '마을 경관보전 활동비'를 지원하여 주민들이 스스로 경관관리활동을 추진하도록 하였다. 또 이러한 경관관리활동은 사업지구별로 수립하는 마을경관보전계획에 근거하도록 하였다. 경관작물 재배 중심에서 지역(마을)단위 프로그램으로 경관보전직불제가 발전할 계기를 마련하고자 시도한 것이다.

이러한 보완책 도입에도 불구하고 그것이 소기의 성과를 거둘지는 현재로서 전망하기 힘들다. 오히려 상당수 지자체 담당자들은 그 효과에 대해 회의적인 의견이 우세한 것으로 조사되기도 하였다. 〈표 11-5〉에 나타난 바와 같이 지원금 액수 제한, 마을 역량 부족, 경관직불금을 받지 않는 일반농가의 참여 어려움 등의 문제에 대해 지자체의 농정분야 담당자들 중 과반을 훨씬 넘는 응답자가 동의한다는 의견이다. 이러한 조사결과에서 유추하건대, 현행 사업방식대로 간다면 새로운 지원수단의 도입에도 불구하고 앞으로 마을단위의 경관보전활동은 활성화되지 않고 제한적일 가능성이 크다고

표 11-5 마을 경관보전활동의 문제점에 대한 지자체 담당자 의견 (단위: %)

주요 문제점 \ 응답결과	매우 그렇다	그런 편이다	보통 이다	그렇지 않다	전혀 그렇지 않다
지원금(30만 원/ha)이 적고 용도가 제한적	22.9	48.2	19.3	7.2	2.4
계획수립 역량을 갖춘 마을이 적어 비현실적	17.8	47.6	19.0	13.1	2.4
경관작물 재배 않는 일반농가는 참여가 어려움	26.5	54.2	12.0	6.0	1.2

주: 지자체의 농정업무 담당자(84명이 해당) 응답결과를 집계함.

예상할 수 있다.[9)]

4.3. 문제의 종합

지금까지 살펴본 바를 종합하면 경관보전직불제사업을 통해 그 동안 나름대로 성과를 거둔 것은 사실이지만, 한계 또한 분명히 드러나고 있다. 그 동안 사업에 대한 일선 지자체 및 주민들의 참여를 끌어낼 수 있었던 것은 개개인의 직접적인 소득증대효과가 컸기 때문이다. 하지만 그러한 효과가 지나치게 부각된 나머지 사업 고유의 목적인 경관관리활동을 확대하는 것은 오히려 부차적인 일로 여겨지는 경우도 있다.

그 결과 나타나는 큰 문제는 무엇보다 사업의 성과 축적이 되지 않는다는 것이다. 상당수 사업지구에서 정부의 지원이 그치면 사업 이전의 상태로 회귀해 버리는 상황을 피하기 힘든 것이다. 경관보전직불제사업 참여가 한 단계 높은 수준의 경관관리활동으로 빌진할 기회로 활용되지 못한다고 할 수 있다

9) 실제로 현장 인터뷰 결과, 대다수 마을에서 마을 경관보전 활동비를 마을 행사를 개최하는 데 수로 사용하겠다고 답하였으며, 경관관리 목적으로 활용하겠다는 사례는 찾기 힘들었다. 또한 경관관리활동을 추진하는 데 활용하도록 제공되는 지원금을 경관작물 종자구입에 사용하는 경우도 적지 않은 것으로 파악되고 있다.

지원대상 지구가 급증하는 등 사업량이 외형적으로만 확대된 것도 문제이다. 그 결과 정부와 지자체에서 사업 시행과정을 효과적으로 모니터링하여 현장의 성과와 문제점을 발견하고 이를 정책에 피드백할 수 있는 수준을 넘어선 측면도 지적할 수 있다. 사업참여를 계기로 주민들이 역량을 형성해 가는 동시에 경관관리활동의 수준을 단계적으로 높여 가는 마을들을 중점 지원하는 내실화 전략보다는 외형적인 사업량 확대가 우선시되는 경향이 있다.

대외적인 제약요인도 감안해야 한다. 경관보전직불제가 현행과 같이 생산비 지원을 통한 소득증대에 우선순위를 두는 사업 성격을 지속해 갈 경우 이는 근본적인 제약에 부딪칠 수 있다. 특정 작물에 대해 생산비를 지원하는 방식은 WTO 협정에 위배될 가능성이 크기 때문이다. 그 경우 경관보전직불제사업에 대해서는 더 이상 예산을 확대할 수 없으며, 지속적으로 보조금을 감축해야 하는 상황에 직면할 가능성도 있다.

이상과 같은 문제들은 작물 중심의 지원을 주된 내용으로 출발한 경관보전직불제사업의 한계에서 기인한다. 이런 문제점을 극복하기 위해서는 국제적으로 허용되는 활동을 중심으로 보조금을 지원하도록 현행 경관보전직불제사업 내용을 재설계하는 작업이 필요하다. 보다 큰 틀에서 농촌 경관관리정책 자체에 대한 재검토도 필요할 것이다. 제5절에서는 이러한 정책과제에 대해 논의한다.

5. 이제부터 할 일

5.1. 관 주도의 사업탈피가 일차적 과제

농촌 경관관리의 내실화를 위해서는 먼저 관 주도의 사업을 극복할 방안을 마련해야 한다. 현행 경관보전직불제사업은 외형상 주민 주도의 활동인 것처럼 되어 있으나, 실제로 정부와 지자체가 사업 전반을 이끌어 가고 있다. 경관관리활동을 지속해 갈 정도로 주민 역량 형성을 성공적으로 이루어 낸 마을은 소수에 불과한 것이다.

경관보전직불제뿐 아니라 현재 지자체에서 시행하고 있는 경관분야 시책들 역시 전반적으로 공공 주도로 진행되는 사업이 주를 이룬다. 〈표 11-6〉은 지자체마다 지원한 각종 농촌 경관관리사업 내역에 대해 공무원 조사에서 파악한 결과를 보여 주고 있다. 다수 시 · 군에서 실시하고 있는 경관보전직불제나 푸른들 가꾸기 등의 경우는 농업인의 참여를 전제로 하는 사업이기는 하지만, 작물재배에 대한 공공의 지원책 성격이 강하다. 그 밖에 응답률이 높은 꽃길 조성, 가로수 식재와 같은 사업은 대개 지자체 주도로 시행되는 사업이라 할 수 있으며, 빈집 정비사업도 마찬가지이다. 반면에 주택이나 돌담 정비, 통일된 간판 조성 등과 같이 주민들의 보다 적극적인 참여가 요구되는 사업의 경우 실시중인 시 · 군이 상대적으로 적은 것으로 나타났다.

효과적인 농촌 경관관리를 위해서는 무엇보다 주민들 스스로가 경관관리 필요성에 대한 공감대를 형성하고 공동활동을 위한 규범을 마련하고자 노력해야 할 것이다. 공공과 주민 사이의 합의도 필요하지만, 무엇보다 주민들 상호간에 공감대를 형성하고 합의를 이루는 것이 더 중요하기 때문이

표 11-6 추진 중인 농촌 경관관리사업(시 · 군 공무원 조사) (단위: 개, %)

경관관리사업 내용	사업시행 시 · 군 현황
경관보전직불제 실시	43(54.4)
푸른들 가꾸기 사업참여	52(65.8)
통일된 모양으로 간판 정비	21(26.6)
빈집 정비	47(59.5)
주택 지붕 색채, 재료, 모양 등 통일	10(12.7)
꽃길 조성	66(83.5)
특색 있는 가로수 식재	37(46.8)
마을의 돌담, 울타리 가꾸기	11(13.9)
기타	7(8.9)

주: 1) 설문조사 응답 시 · 군 대상 집계결과로서 ( ) 안은 79개 시 · 군 대비 해당 시 · 군 수의 백분비임.
2) 볼드로 표시한 사업은 과반수 이상 시 · 군에서 시행중이라고 응답한 경우임.

다. 이어서 살펴볼 모범사례에서 이 점을 배울 수 있다.

5.2. 앞선 사례에서 얻는 교훈

농촌의 경관관리정책 추진을 위한 시사점을 얻고자 두 가지 사례를 살펴보기로 한다. 먼저 일본 나가노현(長野縣)에 위치한 오부세정(小布施町) 사례이다. 주민들 간의 경관협정 수립과정을 지자체에서 지원하는 한편, 공공사업과 주민 스스로의 경관 가꾸기 활동이 적절히 조화되어 개성 있는 농촌 만들기에 성공한 경험을 여기서 확인할 수 있다.[10)]

오부세정에서는 먼저 민간부문의 여러 주체들이 스스로 협력하고 양보하여 아름다운 오부세정 거리를 만들자는 공감대가 형성되었고, 1980년대부터 가로 가꾸기 사업이 진행되었다. 지속적이고 반복적인 회의를 통해 결

10) 농림부 · 한국농촌경제연구원 · 충남발전연구원(2007).

론이 도출되었고, '환경디자인 협력기준'을 제정하였다. 환경디자인 협력기준에서 가장 핵심적인 내용은, 주택 등 건축물의 외관에 관한 것이다. 예를 들어, 지붕은 삼각형 모양으로 하되 기와를 얹는다거나, 벽은 흙벽으로 하거나 적어도 흙색으로 칠하도록 기준에서 정하고 있다.

오부세정 행정기관에서는 이러한 일련의 합의사항을 토대로 경관조례를 제정하게 되었고, 지금은 '경관을 고려한다'는 인식을 오부세정의 주민 모두가 공유하고 있다. 그래서 주민들도 적극적으로 참여하는 가운데, '자기 집 내부는 근대화하더라도 외부는 오부세정에 살거나 방문하는 모든 이를 위해 전통적 · 향토적 방식으로 꾸민다'는 원칙이 정해졌다.

'꽃의 마을 만들기' 활동도 주민들이 의견을 모아서 이끌어 낸 결과이다. '꽃의 마을 만들기'의 일환으로 주민들은 각자의 집을 '개방정원(open garden)'으로 가꾸기로 하였다. 개인주택 90여 곳에서 정원을 '개방정원'이라는 팻말을 붙여 놓아 누구나 구경할 수 있도록 한 것이다. 어느 정도 규모가 있는 공원은 행정기관이 주도하여 조성하였다. 거리는 지역특산물인 밤나무를 활용한 나무벽돌로 정비되고 아기자기한 쌈지공원(pocket park)과 수로가 곳곳에 조성되었다.

이러한 노력이 원래부터 관광활성화를 목적으로 진행된 것은 아니었다. 그러나 지역이 명소로 알려지면서 자연히 지역을 찾는 방문객도 늘어났다. 한 번 찾았던 관광객들의 재방문율도 60%에 달할 정도로 오부세정은 지명도를 얻게 되었다. 이 같은 성과의 바탕에는 주민들이 나서고 행정기관이 함께 참여하여 오랫동안 아름다운 경관을 가꾸어 온 전통이 있다. 경관 가꾸기에서 주민과 지자체 간의 적절한 역할분담의 모델을 보여 주는 사례라 할 수 있다.

국내에도 주목해 볼 사례가 있다. 진안군 백운면의 경우 주민들의 참여를 바탕으로 면 소재지를 개성 있는 공간으로 가꾸고자 유도하는 일련의 구

그림 11-4 일본 오부세정의 경관 가꾸기 사례

전통 경관을 살린 중심가로 가꾸기

주민들이 가꾼 가로변 개방정원(Open Garden)

자료: 한국농촌경제연구원에서 일본 현지조사를 통해 수집한 오부세정 발간자료 인용함.

상을 진행한 바 있다.[11] 소재지의 상점 간판들을 특색 있고 조화롭게 바꾸는 작업을 한 결과 농촌다운 소박함을 간직하면서도 문화적인 정취를 느낄 수 있도록 면 소재지가 변모하기도 하였다. 거리 간판을 꾸미는 작업은 2007년 문화관광부의 "일상장소 문화생활 공간화 기획 · 컨설팅 지원" 사업의 일환으로 이루어졌다. 원래 관광목적을 염두하고 시작한 일은 아니었으나 독특하면서 흥미 있는 디자인으로 탈바꿈한 소재지 모습이 화제가 되어 백운면은 방문객이 찾아오는 명소가 되었다.

면 소재지에서 상업활동을 하는 주민들 각자의 적극적인 참여가 이러한 변화의 밑거름이 되었다는 점이 진안군 사례가 갖는 의의이다. 또한 이러한 작업은 '지붕 없는 전원박물관'으로 백운면을 발전시키려는 지역주민

11) 성주인 · 송미령(2007).

그림 11-5 특색 있는 간판 정비를 벌인 진안군 백운면 소재지

자료: 성주인 · 송미령(2007).

과 지자체 공무원의 구상에 입각하여 진행된 일이다. 경관 가꾸기는 곧 더 넓은 의미의 지역 가꾸기 연장선에서 추진할 과제라는 시사점도 얻게 된다.

5.3. 지자체와 주민 주도의 경관관리활동 추진을 위한 과제

농촌 경관 가꾸기는 지역 차원의 노력이 선행되어야 한다는 시사점을 두 사례에서 공통적으로 찾을 수 있었다. 정부에서도 효과적인 경관관리정책을 마련하여 적절한 지원을 해야 하지만, 무게중심은 주민과 지자체의 활동에 있는 것이다. 이러한 지역 주도의 경관관리활동 추진을 위해 지자체 차원에서 추진할 과제들부터 살펴보기로 한다.

첫째, 공동의 활동이 필요하다는 인식을 주민과 지자체 담당자 등 다양한 지역사회 주체들이 공유하는 과정이 필요하다. 이는 한 단계씩 점진적으

로 나아가는 학습과정이 바탕이 되어야 한다. 먼저 지자체 차원의 교육 프로그램을 통해 주민 및 실무담당자들이 이러한 문제인식을 공유할 수 있을 것이다. 또한 특정한 사업지구 주민만을 대상으로 하지 않고 다양한 주민들이 폭넓게 참여할 수 있는 프로그램을 도입할 필요가 있다.

특히, 경관보전직불제 대상 지구 외에 지자체 전체적으로 적용될 수 있는 경관관리 프로그램을 마련해야 한다. 기존 경관보전직불제의 경우 사업지원대상에 선정되고 나서야 비로소 주민 교육이 시작되었는데 이는 바람직하지 않다. 경관보전직불제를 비롯한 각종 경관관리사업이 시행되기 이전에 주민 교육 프로그램이 지역의 다양한 구성원을 대상으로 이루어지는 것이 필요하다. 그리고 주민들이 경관관련 교육 프로그램에 참여함으로써 본격적인 경관관리활동을 진행할 만한 역량이 축적되기 시작한 곳이 사업대상으로 선정되도록 하는 것이 중요하다. 당연히 그러한 사업지구라면 주민들 나름대로 마을의 경관관리 비전과 계획을 지니고 있으리라 기대할 수 있을 것이다.

둘째, 경관보전직불제에만 의지하기보다는 별도의 경관 가꾸기 사업을 지자체에서 먼저 시작하는 것이 바람직하다. 정부 예산사업이 만들어진 후 추진하기보다는 작은 규모의 사업이라도 먼저 지자체에서 독자적으로 사업안을 마련하여 시행할 필요가 있다. 자체적으로 '아름다운 농촌 경관 가꾸기 경진대회' 등을 개최하여 일정액을 지원하는 방식으로 진행하면 보다 많은 마을들의 참여를 유도할 수 있을 것이다. 과거 새마을운동처럼 농촌 경관 가꾸기가 운동의 차원으로 발전하는 것도 기대해 볼 수 있을 것이다. 이러한 모범사례들이 충분히 축적되기 시작한다면 중앙정부 차원의 지원정책을 확대하는 것도 한결 힘을 얻을 것이다.

셋째, 제대로 일이 진행되도록 하려면 지자체 조직체계도 돌아보아야 한다. 현재까지 대부분 지자체에서는 농정관련 부서가 농어촌 경관관리 업무를 담당하는 경우가 많았다. 이전에 경관작물을 바탕으로 사업을 시행하였을 때는 농정분야에서 이러한 업무를 전담하는 데 큰 무리가 없었다. 그러나 품목기반의 조직인 농정 부서에서는 농가소득 향상목표가 우선시되므로 종합적인 농촌 경관관리사업 추진에는 한계가 있을 수밖에 없다.

경관보전직불제와 같이 작물단위에서 출발한 농어촌 경관관리사업의 초점이 점차 특정한 공간범위 대상으로 확대되어 갈 것이므로 그에 맞추어 지자체의 농촌 경관업무에 대해서 통합적인 추진체계를 갖추는 것이 요구된다. 농어촌 경관분야에는, ① 법(국토계획법, 경관법, 삶의질(質)특별법, 농어촌정비법 등), ② 계획(도시기본계획 · 관리계획, 경관계획, 농어촌경관계획, 삶의 질 시행계획 등), ③ 사업이 다양하게 포함되어 있어 특성 업무영역에만 미무르지 않는 폭넓은 접근이 이루어져야 한다. 따라서 도시계획, 지역개발, 경관관리, 농정 등 여러 분야가 공동의 파트너로 참여하는 통합적인 추진제계를 지자체마다 마련할 필요가 있다.

5.4. 중앙정부 차원에서 진행할 일

지자체와 주민의 자율적인 경관관리활동이 우선되어야 하지만, 지방이 움직이도록 효과적인 정책의 틀을 만드는 것은 중앙정부의 고유한 역할이다. 또한 정책이 효과적으로 현장에 적용되도록 하는 것도 중요하다. 특히, 농림수산식품부에서는 농촌경관개선종합대책 등과 같이 기존에 마련한 농촌 경관관리의 틀이 일선 지자체에서 잘 확산되도록 하는 데 역점을 두어야 할 것이다.

기존 시책이 현실적용이 어렵다면 무엇이 걸림돌인지 면밀히 파악하고 이를 보완해야 할 것이다. 예컨대, 농어촌 경관계획의 의의와 내용, 수립방안 등을 담고 있는 농어촌 경관계획 수립요령이 배포된 바 있지만, 농어촌

표 11-7 농어촌 경관계획 수립요령에 대한 지자체 담당자들의 평가 (단위: %)

수립요령 평가 \ 응답자 구분	응답자 담당업무 구분		전체 (n=109)
	농정 (n=81)	지역개발, 경관 (n=28)	
실제 계획수립에 도움	**39.5**	25.0	35.8
도움 안 되나 계획 필요성은 제시	24.7	7.1	20.2
구체성 부족으로 도움 안됨	13.6	14.3	13.8
수립요령 자체를 잘 모름	18.5	**46.4**	25.7
기타	3.7	7.1	4.6
합 계	100.0	100.0	100.0

경관계획의 수립실적은 극히 미미하다. 농어촌 경관계획 수립요령 및 경관관리 매뉴얼의 내용이 충실하지 않은 이유도 있지만, 농어촌 경관계획의 의의 및 내용에 대한 홍보가 충실히 이루어지지 않은 것이 보다 큰 이유라 할 수 있다. 〈표 11-7〉에 나타난 바와 같이 일선 지자체의 농촌 경관관련 업무 담당자들 중 상당수가 농림수산식품부에서 마련한 농어촌 경관계획 수립요령 자체를 인지하지 못하는 실정임을 염두에 둘 필요가 있다. 농어촌 경관계획 수립요령 및 매뉴얼 등이 현장 적용성이 높도록 다듬고 이를 일선 지자체에서 널리 활용하도록 홍보해야 함을 시사하는 것이다.

한편, 〈표 11-7〉의 조사결과는, 농어촌 경관계획의 수립 및 추진과 관련된 중앙정부의 정책은 단지 농림수산식품부만의 정책이어서는 안 되고 관련 부처 간의 역할분담 및 적절한 통합 조정이 필요하다는 시사점도 제시한다. 공무원 응답결과 농정업무담당자보다는 지역개발 및 경관업무담당자의 경우에 농어촌 경관계획 수립요령에 대한 인지도가 더 낮게 나타난 것을 주목할 필요가 있다. 이는 계획수립요령을 농림수산식품부에서만 작성 · 배포한 데 기인하는 결과이기도 하다. 농어촌 경관업무가 단순히 경관작물 재배에 그치지 않고 도로, 주택, 건축 등 다양한 분야를 포괄하므로, 앞으로는 중앙부처 차원에서도 효과적인 업무연계가 중요한 과제이다.

제2차 삶의 질 기본계획에서 제시한 환경 · 경관 부문 과제의 원활한 추진을 위한 세부적인 실천방안을 마련하는 작업도 필요하다. 우선 마을 경관관리활동의 활성화를 위한 구체적인 지원책을 마련해야 할 것이다. 이를 위해서는 경관작물 재배 위주에서 벗어나 작물 이외의 경관관리활동 지원 위주로 현행 경관보전직불제사업의 중심을 이동하는 작업을 필요로 한다. WTO 규정 준수를 위해서도 이처럼 지원이 허용된 농촌 어메니티 관리 중심으로 지원활동 내용을 개선하는 것이 중요하다.

이를 위해 일부 사업지구에서라도 경관관리의 성과가 축적되도록 적극적으로 유도하는 것이 필요할 것이다. 예컨대, 경관관리 성과가 우수한 마을들에 대해서는 한 단계 높은 수준의 활동을 본격적으로 추진할 수 있도록 시범사업 형태로 경관협약을 체결하여 각종 사업을 지원하는 방안도 생각해 볼 수 있다.

주민들의 농어촌 경관계획 수립을 장려하는 방안도 모색해야 한다. 정부에서 추진 중인 기초생활권정책의 일환으로 도입된 포괄보조금제도 등을 활용하여 지자체에서 경관분야 사업들을 확대 추진할 수 있도록 나름의 가이드라인 등을 마련하는 방안도 검토해 볼 수 있을 것이다.

참고문헌

농림부 · 한국농촌경제연구원 · 충남발전연구원, 「일본 농촌 지방자치단체의 지역 가꾸기: 경관관리와 인구유지 활동을 중심으로」, 2007.

성주인, 「농촌의 경관관리 실태와 정책 방안」, 한국농촌경제연구원, 2005.

성주인 · 박주영, 「농촌경관 관리 및 지원 시범사업에 대한 성과 분석 및 개선 방안 도출 연구」, 한국농촌경제연구원, 2007.

______, 「농어촌 경관관리사업의 추진 실태와 개선 방안」, 한국농촌경제연구원, 2009.

성주인 · 송미령, 「농산촌의 어메니티 창출 전략과 과제」, 한국농촌경제연구원, 2007.

송미령 외, 「살기 좋은 농촌 만들기를 위한 정책재편 방안(1/2차년도)」, 한국농촌경제연구원, 2007.

Chapter 12

일본의 경관마찌즈꾸리

1. 경관과 경관마찌즈꾸리
2. 경관법 해부
3. 경관마찌즈꾸리와 농촌활성화
4. 경관마찌즈꾸리 사례
5. 농촌 경관마찌즈꾸리의 바람직한 추진방향
6. 물 · 환경 · 인간의 관계를 중시한 경관계획 사례: 오구니마찌

변재연

국회예산정책처 예산분석관

e-mail: onokoro@assembly.go.kr

1. 경관과 경관마찌즈꾸리

1. 1. 경관(景觀)이란?

'경관'이란 '지역+풍경'으로 정의할 수 있으며, '경관'이라는 개념에는 시각적 요소 이외에, '지역'이라는 개념이 포함되어 있다고 하는 것이 중요한 포인트이다.

어느 공간(地)에 건축 등 구조물이 만들어지는(圖) 것은 경관의 핵심 요소이기는 하지만 전부는 될 수 없으며, 군집되는 것에 의해서 나타나는 '지역성'은 경관을 이해하는 데 있어서 불가결한 요소이다. 영국의 도시계획가인 고든 쿨렌(Gorden Cullen)은 "하나의 건물은 건축이지만, 두 개의 건물은 도시경관이다"라고 표현하면서, 시각적 요소의 집합, 그리고 각 요소와 요소 간의 관계에 의한 전체성의 중요성을 강조한 바 있다.[1)]

한편, 건축가 가와조에 노보루(川添登)는 일본의 근대건축에 대해서 "건물 하나하나는 개성적이지만, 함께 모이면 개성이 상실된다"고 문제점을 지적하는 한편, 농촌마을과 같이 "농가 하나하나는 개성이 없지만 함께 모이면 지역성이 나타난다"고 언급하여, 군집을 통해 나타나는 지역성이 경관을 이해하는 데 중요한 요소임을 강조하였다.[2)]

2004년에 제정된 일본의 「경관법」에서는 경관의 정의 또는 개념에 대해서는 직접 언급하고 있지 않지만, 기본 이념이 제시된 제2조에서 '양호한 경관'에 대해서 다음과 같은 5가지로 기술하고 있다. ① 양호한 경관은 아름답고 품격 있는 국토형성과 풍요롭고 윤택한 생활환경에 불가결한 것이며, 국

1) Gorden Cullen(1975).
2) 川添登(2005).

민공통의 자산으로서 현재 · 장래의 국민들이 그 혜택을 향유할 수 있도록 정비와 보전을 도모해야 한다. ② 양호한 경관은 지역의 자연 · 역사 · 문화 등과 사람들의 생활 · 경제활동 등과의 조화에 의해 형성되는 것으로서, 적정한 제한하에서 조화된 토지이용을 통해 정비와 보전을 도모해야 한다. ③ 양호한 경관은 지역의 고유한 특성과 밀접하게 관련되는 것으로서, 지역주민의 의향을 바탕으로 각 지역의 개성과 특색을 살리는 데 이바지할 수 있도록 다양한 형성을 도모해야 한다. ④ 양호한 경관은 관광 및 지역 간 교류 촉진에 큰 역할을 담당하는 것으로서, 지역활성화에 이바지할 수 있도록 지방공공단체, 사업자 및 주민 등 일체적인 노력이 필요하다. ⑤ 양호한 경관의 형성이란, 현재의 양호한 경관을 보전하는 것뿐만 아니라, 새로이 양호한 경관을 창출하는 것을 포함한다.

이처럼 「경관법」의 기본 이념에도 '지역의 자연 · 역사 · 문화 등' '지역의 고유한 특성과 밀접한 관련', '지역 간 교류의 촉진' 등과 같은 표현이 포함되어 있는 것은, '경관'을 고려할 때에 '지역'은 불가결한 요소임을 시사한다. 또한 '풍요로운 생활환경의 창조', '사람들의 생활 · 경제활동과의 조화' 등과 같이 '지역'에서 영위되는 '생활'에 대한 언급이 이루어지고 있다는 점에 주목할 필요가 있다.

1. 2. 경관마찌즈꾸리(景観まちづくり)[3]란?

'경관'이란 앞서 살펴본 바와 같이 지역적 개념과 시각적 개념이 통합된 개념으로서, 역사 · 풍토, 문화 · 전통, 사람 · 생활, 기술 · 제도 등이 일체가 되어 가시적으로 나타나는 것이다. '경관마찌즈꾸리'는 이러한 지역과 마을

3) 마찌즈꾸리는 '마을가꾸기'로 직역할 수 있으나 농촌의 경관은 단지 마을에 국한되지 않는다는 점에서 원어를 그대로 쓰기로 한다.

그림 12-1 경관과 경관마찌즈꾸리의 개념

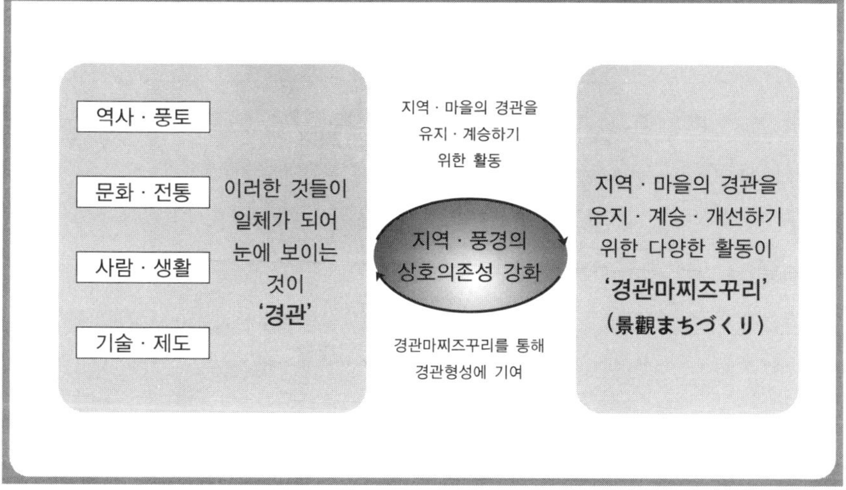

의 경관을 유지 · 계승 · 개선하기 위한 다양한 활동으로 정의할 수 있으며, '경관'은 '경관마찌즈꾸리'의 목적변수이자 결과변수임을 알 수 있다(〈그림 12-1〉 참조). 또한 '경관마찌즈꾸리'는 급격한 도시화 및 경제발전 등에 의해 그 연결고리가 약화되어 왔던 '지역'과 '풍경'의 상호의존성을 강화하는 역할을 한다고 할 수 있다.

1.3. 경관마찌즈꾸리의 기본 프로세스: '테트라 모델'

경관마찌즈꾸리는 마찌즈꾸리의 '4단계'와 '3대 구성요소', 그리고 '6개의 축'으로 이루어진 '테트라 모델'을 기본 프로세스로 적용하고 있다. 테트라 모델에 의하면 마찌즈꾸리의 일반적인 수순인 '자원 → 평가 → 주제 → 계획'의 4단계를 각각 삼각형으로 나타내고 각 단계를 구성하는 3개씩의 키워드를 해당 삼각형의 꼭지점에 위치시킨다(〈그림 12-2〉 참조).

그림 12-2 경관마찌즈꾸리의 4단계와 3대 구성요소

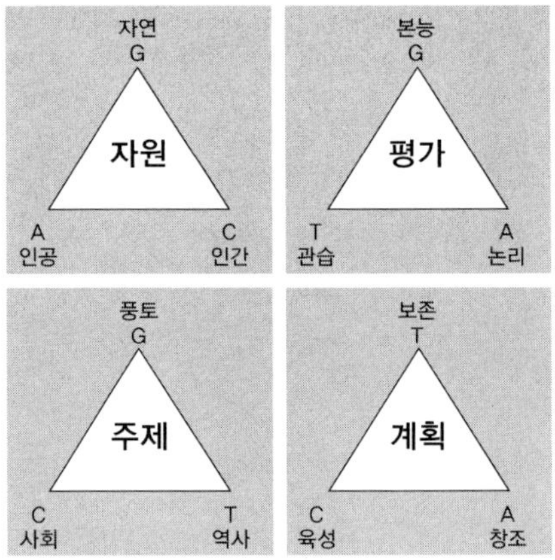

지역이 보유한 '자원'을 나타내는 삼각형에는 자원을 구성하는 3대 요소인 '자연 · 인공 · 인간'을 위치시킨다. 자원에 주어지는 '평가'에는 역시 이를 구성하는 3대 요소로서 '본능 · 관습 · 논리'를 위치시킨다. 자원의 평가를 통해 이루어진 '주제'에 해당하는 삼각형에는 그 구성요소로서 '풍토성 · 인사회성 · 역사성'을 위치시킨다. 마찌즈꾸리의 테마인 주제에 따라 추진되는 '계획'을 구성하는 3요소로는 '보존 · 육성 · 창조'를 위치시킨다.

'자원 · 평가 · 주제 · 계획' 등을 나타내는 이들 4개의 삼각형을 조합하여 정사면체를 만들면(〈그림 12-3〉 참조), 꼭지점 간 구성요소가 결합되어 새로운 의미가 부여된다. G(Genius)인 '자연 · 풍토 · 본능'은 본래부터 있었던 '자연적 경관'을 의미하고, A(Artificial)인 '인공 · 논리 · 창조개발'은 인간에 의해 만들어진 '인공적 경관'을 의미한다. C(Community)인 '인간 · 사회성 · 육성수복'은 지역사회에 의해 만들어 나가는 '인문적 경관'을 의미한다. T(Traditional)인 '역사 · 관습 · 보존보전'은 오랜 시간을 거쳐 계승되어 왔던

그림 12-3 경관마찌즈꾸리의 테트라 모델

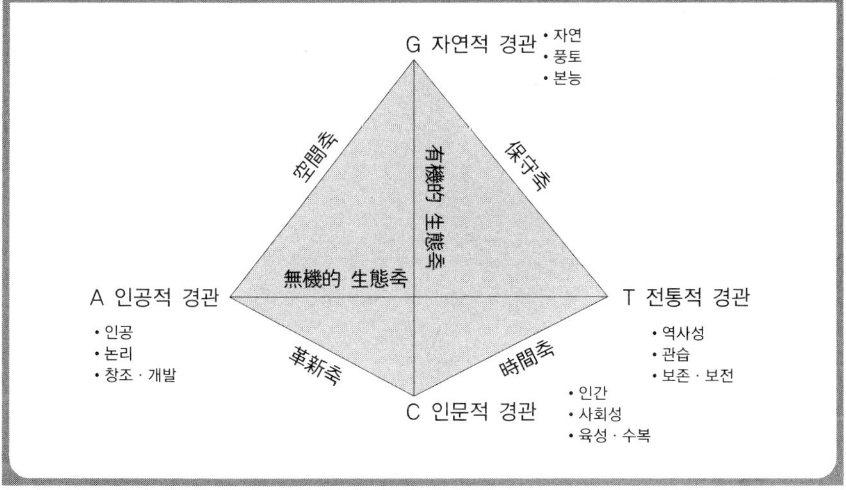

'전통적 경관'을 의미한다. 이렇게 만들어진 정사면체 각 꼭지점의 첫문자는 G · A · C · T로서, DNA의 4종류의 염기(Guanine, Adenine, Cytosine, Thymine)와 일치해서, 소위 지역경관의 유전정보를 기록하는 미디어라고도 할 수 있다.

또한 2개의 꼭지점을 잇고 있는 '변'에 대해서도 의미를 부여할 수 있다. 'G-C'는 자연과 인간 등 살아 있는 생태환경을 대상으로 하기 때문에 '유기적 생태축'이라고 할 수 있으며, 'A-T'는 무생물적인 환경을 대상으로 하기 때문에 '무기적 생태축'이라고 할 수 있다. 'G-A'는 자연환경과 도시환경과 같은 물리적 공간을 대상으로 하므로 '공간축'이라고 할 수 있으며, 'C-T'는 사회환경과 역사적 환경 등 시간과 더불어 만들어 왔던 것으로서 '시간축'이라고 할 수 있다. 'G-T'는 자연과 역사를 중시하여 보전 · 보호하려는 것에 주안이 두어져 있으므로 '보수축'이라고 할 수 있으며, 'A-C'는 인간의 손에 의해 창조 · 육성되는 '혁신축'이라고 할 수 있다.

한편, 정사면체를 평면상에 펼쳐 놓았을 때의 궤적을 그려 보면, '자원

그림 12-4 무한반복 · 순환형의 테트라스크롤

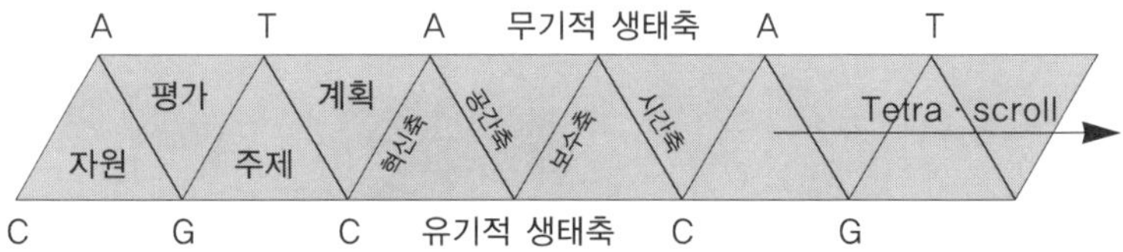

→ 평가 → 주제 → 계획'의 순으로 삼각형이 전개되고, 또한 복수의 정사면체를 결부시켰을 때 무한하게 순환을 반복하는 스크롤 모델로 변한다. 이와 같이 일반적인 마찌즈꾸리의 4단계 스텝과 각각을 구성하는 요소들 간의 상호의존성을 강화시키려는 무한반복적인 행위들의 조합이 '경관마찌즈꾸리 프로세스'의 기본적인 모델이 된다.

2. 경관법 해부

2. 1. 경관법의 제정배경

일본은 1970년대부터 경관조례 등을 통한 경관계획 운영의 경험과 실적을 가지고 있었으며, 기본법으로서의 경관법 또한 자치조례에 대한 근거법률을 마련하기 위한 의도에서 제정되었다. 종래까지 자치조례로 운영할 수밖에 없었던 이유는 도시계획법 · 건축법 · 지구계획 등 경관관련 법제도가 다양하게 나누어져 있기 때문이었다.

경관법 제정 이후 관련법률 간의 관계조정, 후속적인 조치 등에 관한 법률이 제정되어 신설되는 경관법이 경관관리의 기본법적 역할을 수행할 수 있도록 하는 담보조치로 작용하였다. 「경관법의 시행에 따른 관계법률의 정비 등에 관한 법률」(경관법정비법)[4]은 경관법 시행에 따라 도시계획법 · 옥외광고물법 등 기타 관련법률의 관계조정을 위해 제정되었다. 「도시녹지보전법 등 일부를 개정하는 법률」[5]은 도시에서의 녹지보전 및 녹화와 함께 도시공원 정비를 새롭게 추진하고 양호한 도시환경을 형성하기 위해 녹지보전지역에서 필요한 규제와 녹화지역에서의 녹화율 규제도입, 입체도시공원제도[6] 창설 등 필요한 조치를 취하도록 제정한 법이다. 경관법과 더불어 '경관녹화 3법'으로 통칭되고 있는 이들 세 개의 법은 경관형성의 중심법안으로 활용되고 있다.

2. 2. 경관법의 3대 특징

경관법의 3대 특징은 앞서 살펴본 바와 같이, ① 기본 이념을 정하고 있다는 점, ② 관계자의 책무를 정하고 있다는 점, ③ 국가가 경관규제를 일률적으로 정하는 것이 아니라, 지역의 특색 있는 추진을 지원 · 장려한다는 점이다.

경관법의 기본 이념에 대해서는 앞서 살펴보았으므로 생략하고, 관계자이 책무에 관한 이 법 제3~6조의 내용을 보면 다음과 같다. ① 국가: 양호

4) 「景観法の施行に伴う関係法律の整備等に関する法律」.
5) 「都市緑地保全法等の一部を改正する法律」.
6) 입체도시공원(立体都市公園)제도란, 토지를 입체적으로 이용하여 각종 시설과 도시 내의 공원을 결합하여 도시 내의 공원비율을 향상시키고, 자체적으로 조달하기 어려운 공원개발유지비용은 공원과 복합화하여 설치된 시설에서 충당하는 방법을 의미함.

한 경관의 형성에 관한 시책을 종합적으로 책정 · 실시하고 양호한 경관형성에 관한 계발 및 지식의 보급, ② 지자체: 양호한 경관의 형성에 관하여 정부와 적절한 역할분담하에서 지역의 자연적 · 사회적 조건에 적합한 시책의 책정 및 실시, ③ 사업자: 토지이용 등 사업활동에 있어서 양호한 경관의 형성을 위해 노력하고, 국가 · 지자체의 시책에 협력, ④ 지역주민: 양호한 경관의 형성에 관한 이해를 바탕으로 경관형성에 적극적인 역할을 수행하고 국가 · 지자체의 시책에 협력 등이다.

이 법은 또 '경관지구'와 '경관계획구역' 신설을 통해 '규제'와 '특성화 유도'를 병행하고 있다. '경관지구'는 지자체가 적극적으로 경관을 형성 · 관리하기 위해 필요한 경우에 사용할 수 있는 용도지구로서 규제적인 성격이 강하다. 이에 반해 '경관계획구역'은 지자체가 규제적인 방법으로 경관을 관리하기보다는 유도나 권고 등 유연한 경관관리를 취하는 것이 바람직하다고 판단되는 경우에 사용하고 있으며, 조례를 통하여 제시된 일정의 경관관리 기준을 시민과 함께 지켜 나가기 위한 상호간 노력을 전제로 하고 있다.

2.3. 경관행정단체와 경관정비기구

'경관행정단체'라 함은 경관법에 기초하는 시책의 주요 실행주체가 되는 지방자치단체를 지칭하며, 기본적으로 정령시,[7] 중핵시,[8] 도도부현(都道

7) 정령시(政令市)란 일본의 지방자치법에서 규정하는 정령에서 지정하는 인구 50만 명 이상의 시를 의미하며, 사회복지 · 위생 · 도시계획 등 총 17개 항목의 사무에 대해서 도도부현이 가지는 권한이 위임되고, 도도부현에 가까운 재정상의 권한을 가질 수 있다. 2008년 현재 13개의 지방자치단체가 지정되어 있다.

8) 중핵시(中核市)란 일본의 지방자치법에서 규정하는 정령에 의해 지정받은 도시로서, 정령시가 처리할 수 있는 사무 중에서 도도부현이 일체적으로 처리해야 하는 사무 이외의 것(복지 · 위생 · 도시계획 등)을 처리할 수 있다. 인구 약 30만 명에서 50만 명 미만으로 면적이 100㎢ 이상인 경우에 해당되며, 2008년 현재 35개 시가 지정되어 있다.

府縣: 광역자치단체)이 되지만 그 밖의 시정촌(市町村: 기초자치단체)도 사전에 도도부현의 동의를 얻어 경관행정단체가 될 수 있다. 경관행정단체를 지정하는 이유로는 양호한 경관형성을 위해서는 주민생활과 가장 밀접한 기초단체인 시정촌에서 경관행정을 실행하는 것이 가장 바람직하나 다수의 시정촌과 관련된 경관행정이 요청되는 경우 등 지역여건에 따라서는 광역행정조직의 역할이 중요할 수도 있고, 이때 발생할 수 있는 행정의 중복을 사전에 방지하고 일관성 있는 경관행정을 펼칠 수 있도록 하기 위함이다.

'경관정비기구'는 민법상의 법인 또는 비영리활동법인으로서 자금이나 노하우가 부족한 지역주민들을 위하여 적극적으로 이해관계를 조정하고 주민들의 활동을 지원하기 위해 필요한 다양한 사업을 실행하는 주체이다. 경관행정단체장은 마을만들기를 하는 공익법인이나 NPO를 경관정비기구로 지정할 수 있으며, 경관정비기구는 인재파견 · 정보제공 · 경관중요건조물 및 수목관리 · 경관중요공공시설에 대한 사업을 추진하거나 또는 이들 사업에 참가할 수 있다.

이 밖에도 '경관협의회'라는 협의체를 구성할 수 있으며, 이는 경관행정단체, 경관계획에 정해진 경관중요공공시설의 관리자 등이 조직할 수 있는 단체이다. 필요에 따라 지역주민 그 밖에 양호한 경관형성 촉진을 위해 활동하고 있는 자를 추가하여 다양한 입장에 있는 관계자가 경관계획구역에서 경관형성을 위해 필요한 협의를 하고 있다.

2. 4. 경관계획의 수립

'경관계획'은 경관법에 의한 경관마찌즈꾸리의 출발점이다. 경관행정단체는 현실성 있는 양호한 경관을 보전할 필요가 있다고 인정되는 토지구역이나 지역의 자연 · 역사 · 문화 등을 고려하여, 지역특성에 맞는 양호한

그림 12-5 경관행정단체 및 경관계획책정단체수 추이

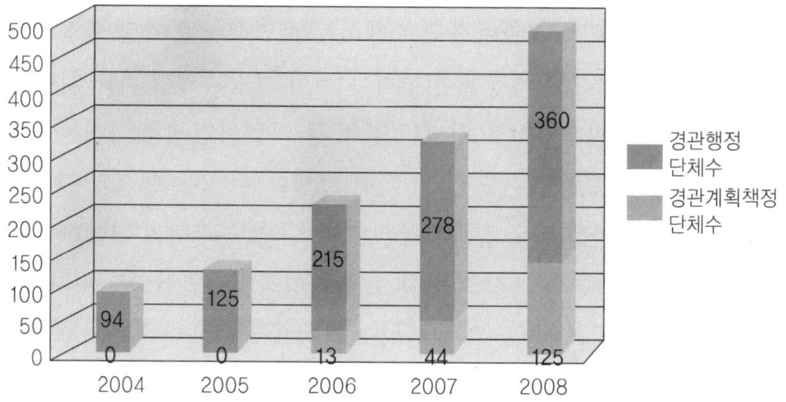

경관을 형성할 필요가 있다고 인정되는 토지구역에 대해서 경관계획을 수립할 수 있다.

경관계획에는 경관계획구역, 양호한 경관의 형성에 관한 방침, 구역 내 행위규제에 관한 사항, 경관중요건축물 및 수목지정 방침, 옥외광고물에 관한 행위제한 외에 경관중요공공시설 정비에 관한 사항과 점용허가기준을 정한다.

경관계획 수립과정에서는 공청회 개최 등 주민의 의견을 반영시키기 위해 필요한 조치를 강구해야 하며, 토지소유자 · NPO 등은 대상이 되는 구역의 토지소유자 2/3의 동의를 얻어 경관행정단체에 경관계획 책정 등을 제안할 수 있다.

경관행정단체수 및 경관계획을 책정한 단체수는 급격히 증가하고 있다. 선도적인 지자체의 성공사례와 중앙정부의 지원에 힘입어, 경관법 시행 5년 만에 경관행정단체수는 94(2004년)→360(2008년)으로, 경관계획책정단체수도 2008년 9월 현재 125로 급격히 증가되었다.

2.5. 경관형성에 대한 지원

정부는 '경관형성사업추진비' 예산을 신설하여, 매력적인 도시경관의 창조, 풍요로운 자연풍경을 활용한 경관정비, 역사적 풍토의 보존 및 전통적 건조물 정비 등의 사업 및 조사에 대하여 '마찌즈꾸리 교부금' 예산을 지원할 수 있다. 이 교부금은 경관형성사업을 추진하는 데 있어서 시정촌이 작성한 도시재생정비계획에 근거하여 실시되는 마찌즈꾸리사업의 경우에 사용가능하다.

경관중요건조물에 대한 규제완화는 사선제한의 완화, 건폐율 제한의 완화 등이 있으며, 또한 조례를 통해 건축기준법상의 제한 중 일부를 완화하는 것이 가능하다. 이와 함께 경관중요건조물에 대한 외관변경 제한을 부과할 수 있다. 따라서 이들 건조물의 용도 및 바닥면적 등 사용수익에 대하여 자동적으로 제한이 발생하게 된다. 따라서 상속세 평가에서 이런 제한에 따른 손실의 적절한 평가를 시행하며, 경관계획으로 정해진 사업을 위해 토지 등을 경관행정단체나 기구에 양도한 경우, 그 양도소득에 대하여 1,500만엔까지 특별공제가 가능하도록 하였다.

3. 경관마찌즈꾸리와 농촌활성화

3.1. 농촌경관의 문제점

농촌지역은 각종 대형개발 대상지역이 아닌 경우 대체로 경관이 크게 훼손되지 않은 경우가 많다. 그럼에도 불구하고 농촌지역은 다음과 같은 경관적 문제점을 가지고 있다. ① 스프롤현상 등 토지이용의 혼란으로 인한 경관의 악화, ② 폐기물 불법투기 및 경작포기지의 증가로 인한 경관악화와 이에 따른 주민들의 정서훼손, ③ 생태계나 경관을 배려하지 않은 각종 농촌개발사업의 추진, ④ 지역에 어울리지 않는 각종 건물 · 간판 디자인의 범람 등이다.

3.2. 농촌경관의 특징

농촌경관은 크게 '동적(動的) 경관'과 '정적(靜的) 경관'으로 구분할 수 있으며, 이들은 지역사회의 생활상과 사계절 변화 속에서 이루어지는 농림어업에 기초하고 있다.

'동적 경관'은 농산어촌에서의 생활이나 농림어업 생산활동 등으로 표현되고, 그 곳에 사는 '사람들'과 '농작물 · 동식물 등 자연'에 의해 비로소 아름다움이 표출된다. '동적 경관'은 '사람들이 주역이 되는 경관'으로서, 농림어업 생산활동 중에서 나타나는 '노동경관', 사람들이 살아가는 생활 속에서 나타나는 '생활경관', 예술이나 축제 등 전통문화가 가지는 '문화경관', 그리고 도 · 농교류 등을 통해 생겨나는 '교류경관' 등으로 구분할 수 있다.

'정적 경관'은 '자연이 주역이 되는 경관'으로서, 어린 묘목이 심어진 포장, 평야에 펼쳐진 논밭, 계단식 논에 비추어진 보름달, 찬바람을 이기고 꿋꿋이 서 있는 수목, 산림 · 하천의 각종 동식물 등 태초 · 원초적 자연으로서가 아니라, 인간의 생활 · 영농활동 등을 통해 이루어진 인간과 친밀한 2차적 자연이다.

3. 3. 농촌 경관마찌즈꾸리의 4대 관점

① 생산 · 생활 양면에 있어서의 공간적 조화

앞서 살펴본 바와 같이 '지역성'이 결여된 풍경은 진정한 의미에서의 경관이라고 할 수 없으며, 이 지역성은 농업이라는 생산적 측면과 농촌주민들의 생활 속에서 형성된 농촌공간에서는 더욱 중요한 요소로 작용한다. 따라서 농촌경관은 지역주민의 의향을 존중하고 필요에 따라 전문가의 조언을 활용하면서 농촌지역 개성에 적합한 공간을 창출해 나가는 것이 중요하다.

② 건강하고 풍요로운 자연환경과 경관의 보전

2차적 자연을 포함한 자연환경을 적절히 보전 · 이용해 나가는 것이 매력적인 농촌경관 형성에 필수적 요소이다. 다양한 동식물이 서식할 수 있는 자연경관의 보전 · 창조와 더불어, 수전 · 산림 등 지역자원의 순환기능을 강화할 수 있는 지속적인 사업추진이 필요하다.

③ 지역자원 · 전통문화에 기반을 둔 지역사회의 유지

농촌지역은 과소화 · 고령화에 의한 취락기능 저하, 도시 · 농촌지역 혼재화에 의한 주민 가치관 혼란 등에 의해 지역자원 및 전통문화가 해체될 우려가 나타나고 있다. 지역자원의 적절한 관리와 더불어, 지역의 전통문화 재발견 등을 통해 건전한 커뮤니티의 형성, 취업 · 소득기회의 확보를 도모하여 지역사회를 유지한다.

④ 농업 · 농촌의 매력을 활용한 도 · 농교류의 전개

농촌경관은 국민공유의 자산이며, 도 · 농교류는 농업 · 농촌에 대한 이해와 관심을 높이는 데 중요한 역할을 담당한다. 지역개성의 재발견과 지역

자원의 관광활용을 통해 매력을 높여 가면서 교류를 촉진한다.

3.4. '종합적인' 시책의 추진: '비노사토즈꾸리'(美の里づくり)

농림수산성은 경관법 제정(2004)을 계기로 이에 앞서 농산어촌 경관에 관한 종합적 시책인 「비노사토 플랜 21」(美の里プラン21)을 2003년 9월에 발표하였으며, 현재에는「비노사토즈꾸리」(美の里づくり)로 시책의 명칭을 변경하였다.

이 시책에는 〈표 12-1〉에서 보는 바와 같이 농림수산 관련사업에 있어서의 경관배려의 원칙을 도입하고, 농산어촌 경관형성을 위한 구체적 수치목표 설정, 지역에서의 경관점검 실시, 농촌경관의 관점에서 법적 규제 검증 등 종합적인 내용이 포함되어 있다.

4. 경관마찌즈꾸리 사례

4.1. 경관법 · 경관조례를 양축으로 경관행정을 추진한 광역지자체: 교토부

교토부(京都府)에서는 아마노하시다테(天橋立)지역 경관계획, 간사이(關西)문화학술연구도시 경관계획 등 광역적 · 특징적 경관을 보유한 지역을 모델지역으로 하여 경관계획이 수립되고 양호한 경관형성을 위한 사업들이 추진되었다. 조망경관, 연도(沿道) · 연선(沿線)경관 등 광역경관을 대상으로 경관형성을 유도하는 한편, 상업시설 등의 경관형성을 규제 · 유도하였다. 또한 법률을 보완하는 경관조례를 통해 주민 및 기초지자체에 대한 지원과

표 12-1 비노사토즈꾸리 주요 시책내용

기본 방향	주요 사업내용
경관배려 원칙	농업농촌정비사업, 산림계획 등 사업계획에 경관배려사항을 반영
	토지개량사업 · 임야공공사업 등의 설계기준 책정 · 제고
	그린공공사업 추진에 있어서 목재이용 확대 추진
	경관어세스먼트제도 도입
	각종 토지이용사업에서 경관시뮬레이션 기법 도입
정량적 목표설정	전원자연환경창조사업 착수지역(2002년 500지역 → 2007년 1,700지역)
	경작포기지 발생 방지(2010년까지 전국 21만ha 이내)
	산림볼런티어 활동 촉진(2010년까지 전국 400만 명)
	경관 및 친수성을 배려한 해안보전시설 정비추진(2007년까지 30㎞)
	농촌지역의 팜트레일 정비 추진
	아름다운 어촌만들기 모델사업 실시(2006년까지 30지구)
개성적인 농촌경관 유지 · 형성	비노사토즈꾸리 가이드라인 작성
	경관 핫라인 개설 등 각종 위반개발에 대한 내응 실시
	그린볼런티어 등 산림보전관리 활동 추진
법적 규제 검증 · 재고	집락지역정비법 운용 재고
	농지전용 실태 점검 및 위반전용에 대한 규제 강화
	경관보전 및 문화적 가치가 높은 지역에 대한 규제조치 완화
관계자 의식 개혁 · 양성	다양한 주체의 참가를 위해 NPO 등 단체지원 실시
	아름다운 마을만들기 표창제도 실시
	농업용수시설 등 농촌경관 100선 제도 실시
정보발신, 기술개발	IT를 활용한 e-마을만들기 계획 추진
	경관정보 DB 구축 및 포털사이트 구축
	GIS를 이용한 평가수법 개발 및 활용
	경관특성 분류 및 경관평가수법 개발 및 활용
	주민 합의형성 지원수법 개발

계발시책을 전개하였다.

경관형성의 시책목표, 시책체계 등을 제시한 「경관형성기본방침」을 제정하는 한편, 지역사회 지원을 위한 연수회 · 경관학습지원 · 경관어드바이저 파견 등을 통해 기반 · 인력 만들기를 지원하였다. 중요 건조물, 거리경관, 조망 등 경관자산을 등록하는 '경관자산등록제도'를 실시하고, 「경관부민협정」(景觀府民協定) 제정을 통해 지역주민 주체의 경관형성 활동을 지원하였다.

또한 광역적 경관자원을 보유한 지역 등에 있어서 경관계획을 책정하도록 「경관계획책정방침」을 명시하고, 시정촌이 경관행정단체로서 경관시책을 실시할 수 있도록 각종 지원책을 펼쳐 나가고 있다.

4. 2. 운하보존에서 시작된 경관의 보존과 활용: 오우미하찌만시

오우미하찌만(近江八幡)에서는 일찍이 매립계획이 추진되었던 하찌만보리(八幡堀) 운하를 시민운동을 통해 보전하게 되었던 것을 계기로, 경관에 대한 주민의식이 고양되어 경관계획을 세웠다. 시내 전체를 6개의 계획구역(호반, 수향, 전통적, 시가지, 가도, 전원)으로 구분하고 순서대로 경관계획을 작성하였으며, 전국 최초로 경관계획을 세운 수향(水鄕)풍경구역은 국가 문화적 경관 제1호로 선정되었다.

각 경관계획구역은 토지이용 등에 따라 5개의 세부 지구로 구분하고 지구마다 건축, 개발행위, 토지변경, 식재, 수변(水邊) 활용 등에 대한 상세한 기준을 설정하였다. 〈그림 12-6〉은 수향풍경계획구역 중 하찌만보리 운하지구 주변의 건축물 · 의장에 대한 세부기준을 예시한 것이다.

4. 3. 계단식 논 경관을 활용한 농업과 지역사회 보전: 오오나카오 지구

나가사키(長崎)시 오오나카오(大中尾) 지구의 경관보전활동의 핵심적인 역할을 하고 있는 '오오나카오 계단식 논 보전조합'(大中尾棚田保全組合)의

그림 12-6 수항풍경계획의 경관형성기준 예시

회장인 히로야마씨는 마을의 경관형성 방침에 대해 "경관형성이란 우리 계단식 논(棚田)을 지키고 경작하는 것"이라고 언급하였다.

이 지구의 계단식 논이 1999년 '일본 계단식 논 100선'(日本の棚田百選)에 선정된 것을 계기로 지역농업과 지역경관에 대한 인식이 고조되었다. 이러한 인식하에서 2002년 토지소유주, 경작농, 귀향자 등 42명으로 구성된 보전조합이 결성되었으며, 고정관광객 확보를 위해 만든 오너제도에 참여하고 있는 도시주민들도 여기에 포함되어 있었다. 주요 활동으로는 경관활용 콘테스트, 사진전 등 이벤트 개최와 더불어, 계단식 논에서의 각종 체험프로그램을 마련하고 있으며, 경관법 제정 이후 시사체의 지원 등을 통해 이는 더욱 활성화되고 있었다. 도시주민(오너)의 니즈가 증가됨에 따라, 경작포기지였던 논을 다시 복원하는 작업이 병행되는 등 '관광과 농업의 공존'에 크게 기여하고 있다. 경관형성에 있어서는 농촌민박이나 농산물판매소, 공공

사인 등에 있어서 도시적 요소를 도입한 것이 아니라, 지역에 어울리는 '빌리지 사인'(Village Sign)으로 디자인되어 있다.

또한 기존 계단식 논을 보존하는 데 그치는 것이 아니라, 일견 반복되는 경관으로 쉽게 지치기 쉬운 계단식 논(面)의 약점을 극복하기 위해, 계절별로 다채로운 화초류를 줄지어 식재한다던가(線), 경관 주요 포인트에 암석, 조경수 등 점(點)적 요소를 도입하는 등 새로운 경관창출에도 노력하고 있다.

4.4. 지역 간 연계를 통한 광역경관 보전: 기소가와 경관협의회

명승지로 알려진 기소가와(木曾川)라는 하천은 〈그림 12-7〉에서 보는 것처럼 두 개의 지방자치단체, 즉 기후(岐阜)현 가까미가하라(各務原)시와 아이찌(愛知)현 이누야마(犬山)시의 경계를 이룬다. 이들 두 지자체는 고층아파트 건설문제를 계기로 하천유역의 바람직한 경관형성과 보전에 관심을 가지게 되었다. 우선 기소가와유역의 경관형성 기본 방향을 검토하기 위해 양 지자체의 지역상공회, 관광협회 등으로 구성된 '기소가와 경관협의회'를 구성하였다.

그림 12-7 기소가와를 공유하는 두 개의 지방자치단체

이 협의회는 「기소가와 경관기본계획」을 수립하고 형태, 의장, 높이 등 건축물에 관한 경관형성지침을 마련하였고, 두 지자체의 '경관계획'은 이 기본 계획을 바탕으로 수립되었으며, 동 협의회를 경관법에 근거한 '경관협의회'로 규성하고 공동체적인 노력으로 경관형성사업을 추진하였다. 이는 이소가와 하천과 같은 경관자원을 공유하는 복수의 지자체 간 연계와 협력을 통해 광역경관을 보전한 좋은 사례로 꼽히고 있다.

4.5. 「경관마찌즈꾸리 사례집」 발간

국토교통성에서는 경관마찌즈꾸리에 대한 교육과 홍보, 사업촉진을 위해 경관마찌즈꾸리 사례집을 발간하였다. 이 사례집에는 '무엇이 만들어져 있다'라고 하는 '결과론적 내용'보다는, '누가 어떻게 만들었다'라고 하는 '행위 · 활동적 내용'중심으로 구성되어 있어, 후발지역에서는 선행연구자료로, 기존 지역에서는 성과관리 강화를 위한 기초자료로 광범위하게 활용되고 있다.

5. 농촌 경관마찌즈꾸리의 바람직한 추진방향

5.1. 목표: '지역성=농업+농촌'의 재생 · 회복

농촌에서의 경관마찌즈꾸리는 '경관'이라는 수단을 통해 농업 · 농촌에 잠재되어 있는 '지역성'을 발견하여 이를 재생 · 회복하는 것이 목표일 것이다. 다시 말하면, 농촌지역과 풍경과의 상호의존성을 발견 · 강화하여 농촌의 정수환경을 개선하고자 하는 노력 자체가 이 정책의 목표이며, 이에 따

표 12-2 경관마찌즈꾸리 주요 사례

구분	주요 사업내용	대표 사례지역
경관체험 기회촉진 사례	축제 · 페스티벌	이마바리 녹화페스타(이마바리시)
	콩쿠르	고교경관디자인 콘테스트(아오모리현)
	패널전시회 · 전람회	내가 좋아하는 마을스케치전(히라즈까시)
	경관 100선 등 경관선정	하타노 경관 100선(하타노시)
	경관정보지의 발행	경관정보지 '景' 발행(가미고에시)
	도시 · 건축 표창 등	노베오카 경관대상(노베오카시)
여가 · 건강 취미 · 기술 활용사례	지역산책	네리마구 경관워칭(네리마구)
	그림 · 사진 · 디자인	삿뽀로 시민갤러리(삿뽀로시)
	지역학 · 역사학 강좌	역사활용 마찌즈꾸리 세미나(요코하마시)
	원예	가드닝강좌(기요사토쵸)
커뮤니티 활동사례	볼런티어활동	가나자와 볼런티어대학(가나자와시)
	마찌즈꾸리	마찌즈꾸리 구락부(아사히구)
벤치마킹 강연회 등	경관투어, 선진사례 시찰	마찌즈꾸리 경관견학회(쯔찌우라시)
	강연회, 심포지엄	경관세미나(이와키시)
경관 이해 · 학습 촉진사례	경관발견 워크숍 등	이세사끼 풍경탐정단(이세사키시)
	경관마찌즈꾸리 출장강좌	생애학습 경관 출장강좌(아비코시)
	경관마찌즈꾸리 강좌	경관형성 마을만들기연구회(후지오카시)
	색채 등 전문강좌	환경색채세미나(아오모리현)
시민활동 단체지원	시민참가 계획공간 정비	우량경관형성주민협정(료가와쵸)
	시민활동지원제도	경관어드바이저 파견등록제도(야마구찌현)
	리더양성 강좌	지역경관 리더양성사업(아오모리현)

라 발생하는 도 · 농교류 · 관광 등은 부가적인 결과물이 될 것이다. 농촌이라는 공간에 아무런 의미없이 단순히 눈에 띄게 화려한 경관구조물을 설치하여 관광객을 유입하고자 하는 발상은 오히려 지역성을 더욱 훼손시키는 결과를 가져올 것이다.

5.2. 대상: 인적자원개발 측면까지 포함

경관마찌즈꾸리는 이미 살펴본 바와 같이 지역에 새로운 경관시설을 조성한다는 개념보다는 현재 존재하고 있는 자연 · 문화 · 농업환경 등을 기초로 지역사회 · 농촌에 대한 다양한 관리기법으로 적정상태를 유지하는 개념이 더 강하다고 볼 수 있다.

점 · 선 · 면에 걸친 하드웨어적 요소, 즉 시각적 · 물리적 측면뿐만 아니라, 지역의 역사 · 문화와 각종 체험프로그램 등의 소프트웨어 및 인적자원개발의 통합적 접근을 통해 '지역성을 가진 모든 물적 · 인적자원'이 경관마찌즈꾸리의 대상이 될 것이다.

5. 3. 주체: '빛'을 보는 것은 누구인가?

경관법상 경관계획의 수립주체는 경관행정단체이고, 경관마찌즈꾸리의 부수적 측면인 관광적 요소를 고려했을 때 경관마찌즈꾸리의 결과물인 '빛'을 보는 것은 외지인인 관광객이라고 생각하기 쉽다. 그러나 실질적으로 경관마찌즈꾸리를 통해 빛을 '만들고 보는' 것은 우선적으로 '지역사회 · 지역주민'이다.

'관광'(觀光)이라는 말은 원래 주역에 나오는 '관국지광'(觀國之光)에서 유래된 것으로 일반적으로 "어느 국가 · 지역의 우수한 풍광을 본다"라고 해석되고 있으나, '觀'이라는 한자에는 '본다'라는 의미 이외에도 '내보인다'라는 의미가 포함되어 있다.

지금까지 우리나라의 농촌개발사업은 중앙정부가 사업비와 사업대상을 결정하고 지자체는 중앙정부가 기획한 사업을 대행하는 역할을 수행하였다. 따라서 지역사회는 중앙정부가 기획하고 지자체가 집행하는 사업의 수혜자일 뿐, 그 기획과정이나 집행과정에서 충분한 역할을 수행하는 주체로서 참여하지 못하였다. 경관을 포함한 농촌개발이 실질적인 지역활성화 효과를 거두기 위해서는 무엇보다 '지역사회가 개발의 주체가 되어야 한다'는 논리로 재인식하여야 한다.

경관자원이라는 '부품'을 외부의 관광객이나 사업자에게 제공 · 의존하는 것이 아니라, 지역에서 지금까지 만들어 왔던 지역경관이라고 하는 '완성품'을 회복 · 디자인할 수 있어야 할 것이다. 바람직한 방향은 지역사회 내부의 참여만을 의미하는 것이 아니라, 외부의 계획(外發)과 내부의 협동(內發)이 결합되어, 공발(公發)적인 시스템이 형성될 때 그 효과가 극대화될 수 있을 것이다.

5.4. 영역: 주민의 삶 · 문화가 담긴 생활공간 자체

우리나라의 지금까지의 농촌개발 특히 관광개발은 '지역분리형' 개발방식에 기초하였다고 할 수 있다. 즉, 이미 형성되어 있는 마을에서 관광자원으로 접근하는 경로상의 일정 구역을 관광지로 지정한 다음, 주차장 · 상하수도시설 등 공공편익시설과 숙박 · 상점시설 등을 주변에 설치하는 방식

표 12-3 지역분리형 개발방식과 지역통합형 개발방식

지역분리형 개발방식	지역통합형 개발방식
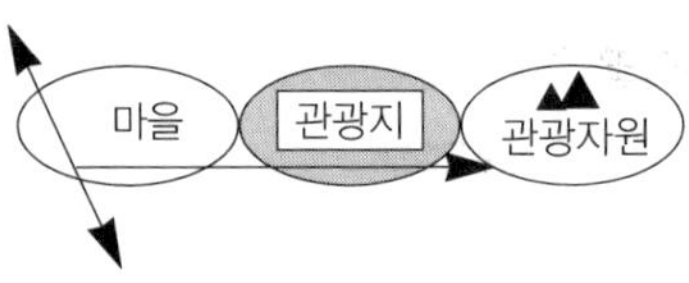	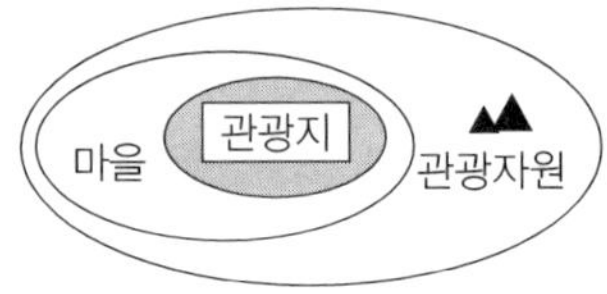
지구단위의 폐쇄형 개발 관광의 장과 생활의 장 분리	개방형 개발 및 지역과 유기적 연계개발 관광의 장과 생활의 장 통합

이었던 것이다. 이는 〈표 12-3〉에서 보는 바와 같이 지역통합형 개발방식과 대조적이다. 이러한 폐쇄적 개발방식에서는 관광지 개발이 지나치게 관광자원과 근접하여 자원의 훼손을 초래하는 경우가 종종 발생하였으며, 기존 마을과 관광자원 간의 연결고리를 끊는 결과를 가져와 기존의 지역사회는 와해되는 경우가 발생하였다. 경관마찌즈꾸리를 비롯한 지역통합형 개발에서는 이러한 방식에서 탈피하여 '지역주민의 삶과 문화가 담겨져 있는 생활공간 자체'가 그 개발영역이 되어야 할 것이다.

6. 물 · 환경 · 인간의 관계를 중시한 경관계획 사례: 오구니마찌

6. 1. 경관가이드라인을 책정한 오구니마찌

본 절에서는 오구니마찌(小國町)의 경관계획 수립주체인 (주)다까기 후지카와(高木富士川)계획사무소의 관련자료[9]를 통해, 실제로 어떠한 프로세스를 거쳐 농촌지역의 경관계획이 수립되는지에 대해 살펴보고자 한다.

2005년 현재 약 500개 정도의 지자체가 자체조례로 경관조례를 제정하여 일정한 성과를 거두고 있다. 그러나 한편으로는 "조례를 만들었지만 지켜지지 않는다", "난개발을 규제하는 것은 좋지만, 우리 경제활동에도 지장을 준다"는 등의 불만이 나오고 있는 것도 사실이다.

따라서 지금까지와는 다른 데에 착안점을 두고 계획수립단계에서부터 이러한 목소리에도 귀기울여 대응할 수 있는 독자적인 접근방법을 개

9) 日本建築学會(2005).

발 · 실천한 오구니마찌의 사례를 소개하고자 한다.

구마모토현 오구니마찌는 구마모토현 최북단인 아소(阿蘇)산 외측에서 찌구고(築後)강의 상류지역에 위치하고 있다. 경관문제를 다룬 대상지는 구로카와(黑川)온천이 있는 미나미오구니마찌와 오이타(大分)현 히다(日田)시를 연결하는 광역농도(農道), 통칭 팜로드(Farm-Road)에 접하고 있는 양쪽지역이다.

이 도로는 본래 농도로서의 역할과 더불어 후쿠오카 도시권과 아소지역을 연결하는 관광도로로서 지역활성화에 기여하고 있었다. 반면 무질서하게 추진된 개발은 풍요로운 자연경관을 파괴하는 부작용도 낳았다. 이 도로는 또 오구니마찌의 주요한 취락과 강의 수원(水源)지역을 종단하고 있어서, 도로변 지역의 개발사업은 수질오염, 지하수나 온천수의 고갈, 토사유출 등 하류지역에 다양한 영향을 주고 있었다. 이상과 같은 배경에서 '경관 가이드라인'을 설정함으로써 이러한 부작용에 대한 우려를 해소하고자 하였다.

6. 2. 계획의 착안점 / 사람, 물, 그리고 환경

이 지역은 농림업을 주된 산업으로 하고 있기 때문에 경관형성에 있어서 기존 취락 주민들의 영농 및 생활여건과의 적절한 조정이 없는 사업은 성립하지 않는다. 이른바 '개발'과 본래의 '생업'과의 상충은 지역주민 상호간의 신뢰관계에도 영향을 미칠 수 있으므로, ① 경관형성에 관련된 사람들의 협조관계, ② 경관의 기반을 이루고, 지역의 존립을 지탱하고 있는 물 환경에 대한 책임 있는 유지라는 2가지의 관점에서 계획을 수립하고자 하였다.

우선 첫 번째 관점은 이른바 '경관의 혼란'이 개발사업자나 이주자들과 지역주민 사이의 협조관계 부재에 기인하는 것이 많았다는 점에 착안한 것으로서, "개발사업자와 계획단계에서부터 협력관계를 발견하여", "이주자가 입주 후 공동작업에 참가할 수 있는 동기를 만들어 내는" 것이 무엇보다도 필요하다는 점이다.

예를 들면, 현재 오구니마찌에는 팜로드 연도(沿道) 전체의 개발과 관련하여 「마찌즈꾸리 조례」의 상위조례인 「광역농도연선개발지도기준」이 있어 그 운용을 '마찌즈꾸리협의회'를 중심으로 추진되고 있지만, 사실상 위와 같은 갈등해소효과는 충분하지 못하였다. 이는 총연장 약 20km에 이르는 연도 전역을 일괄하여 하나의 경관형성의 책임 있는 단위로 다루기에는 무리가 있음을 보여 주는 것이다.

실제로 연선지역은 성격이 다른 4개의 지구로 구성되어 있고, 여기에는 전통적인 생활단위로서 결성된 강한 공동체의식이 존재하고 있다. 따라서 책임 있는 주체가 불명료하기 때문에 규제가 지켜지지 않는다든지, 여러 가지 절차가 생략되어 버리는 사태가 일어났던 것이다. 이러한 사태를 미연에 방지하기 위해서는 규제의 내용 이전에, 팜로드 연도(沿道)지역 전체를 '경관형성의 목적에 적합한 단위'로 확대 설정하고자 하였던 것이다.

본 사업에서는 그 기법으로 연도지역 전체를 구조적으로 파악하는 '환경권 분석' 또는 '핸디법에 의한 계획단위의 분석'이라는 기법[10]을 사용하여 활용하였다. 이것은 기본적으로는 집수역(集水域: 수계)에 착안한 지형특성 분석이지만, 결과적으로는 개발사업의 영향권을 분명히 나타내 줌으로써 향후 협의에서의 참가주체를 명확히 하는 효과를 가져왔다. 또한 이를 통해 단순히 개발사업자의 사업착수에 대한 수동적인 입장이 아니라, 계획적으로 개발을 유도할 수 있는 가능성을 만들어 내었다.

결국 이러한 환경권 분석에서 그려진 지역단위는 경관형성을 도모해야 하는 '공생권'의 범위를 명확히 한 것으로, 다음과 같은 2가지의 의미와 효

10) 환경권 분석(핸디법에 의한 계획단위의 분석)은 NPO법인 환경권연구소(대표: 다까기 준지)의 연구에 의한 것이다.

과를 가져왔다.

① 지형 및 수계에 의해 구획된 범위는 하나의 지역성이 있는 풍경으로 인식되는 자연풍경의 특징을 잘 나타내어, 이러한 배경 위에 형성된 인위적 경관의 심리적 · 물리적 규범이 된다.

② 지형 및 수계에 의해 구획된 범위는, 동시에 하류지역의 취락형성과 그 영위를 지탱하는 기반으로서 상류지역에서 추진되는 개발사업은 직접 · 간접적으로 취락과 농지에 영향을 주기 때문에, 경관형성에 관한 인간관계의 범위를 분명히 해 주었다.

그리고 두 번째 관점은 전술한 바와 같이 팜로드가 통과하는 지역이 수원(水源)지역임에 착안하여, 중산간지의 물 환경 보전이 경관형성의 대전제가 된다고 하는 점에 기초하였다.

예를 들면, 이 지역에 살고 있는 많은 세대들은 현재 간이수도를 이용하고 있으며 그 수원의 대부분은 팜로드 통과지역에 산재하고 있지만, 이미 생활 및 산업배수가 농업용 수로에 흘러들어, 지역주민과의 문제가 발생되고 있었다. 더구나 급수, 배수뿐만 아니라, 물은 선인들의 긴 역사 속에서 우여곡절을 거듭하며 내려온 지역의 관습이나 이권에 의해서 유지 · 관리되어 온 것으로서, 지역운영의 기반이었다. 따라서 지역주민의 물에 대한 관심은 매우 높을 수밖에 없다. 더구나 이 지역은 국립공원 부근 지역으로서 온천자원 등이 지역의 경제를 지탱하여 왔다. 이러한 가운데 대규모 개발은 온천수 용출량의 변화를 가져오므로 지역으로서는 사활이 걸린 문제였다. 나아가 광역적으로 보면 이 지역(아소지역)의 경관은 큐수의 수원지역의 경관으로 볼 수 있으며, 물의 흐름에 의해 만들어진 경관이라고 해도 과언이 아니다.

이상과 같은 것을 고려하여, 오구니마찌 팜로드 연도지역에 있어서는 '환경권 분석'에 근거한 '사람 간의 관계와 물 환경의 중요성을 단위'로 하여 경관형성을 추진하는 것으로 하고, 그 지침을 '경관'과 '환경'을 융합한 '경관 가이드라인'으로 책정하였다.

6.3. 가이드라인의 골격이 되었던 주민제안

이러한 경관 가이드라인이 현장에서 효력을 발휘하기 위해서는 룰 설

표 12-4 주민으로부터 제안

제안 1	농으로 연계하자 – 풍경이란 풍요로운 자연풍경뿐만 아니라, 매일 영위하고 있는 생산풍경이고, 또한 생활풍경을 포함하고 있다. 이들 전부가 오구니마찌의 매력을 높이고 있는 것이다. 토지의 개성을 파악하고 오구니마찌의 기간산업인 농림업을 제고하여 팜로드지역의 매력을 높인다.
제안 2	물로 연계하자 – 우리들의 생활과 일에 가장 필요한 것이 물이다. 팜로드지역은 오구니마찌의 수원지역이며 유역 전체의 많은 사람들의 생활의 근간이다. 우리들은 이러한 물의 중요성을 염두에 두지 않으면 안 된다.
제안 3	의지로 연계하자 – 이 지역의 토지는 지역주민 스스로 적극적인 활용을 도모해야 하며, 이를 위해 지구마다의 비전을 스스로 만들어야 한다. 비전을 가짐으로써 지역 내부의 사람들뿐만 아니라, 지역 밖 사람들의 개발사업도 전체 마찌즈꾸리에 유익하게 작용될 것이다.
제안 4	마음으로 연계하자 – 규제나 벌칙만으로 팜로드지역의 개발을 제한할 것이 아니라, 개발자와 지역주민의 마음을 연결하여, 상호간의 신뢰관계를 구축하는 것이 중요하다. 이를 위한 점차는 반드시 지켜야 한다.
제안 5	형태로서 연계하자 – 개발행위나 건축행위가 오구니마찌의 생산풍경, 생활풍경에 흡수될 수 있도록 하는 것이 필요하다. 이를 위해서는 외관이나 간판 등에 이르기까지 오구니다운 것에 역점을 두고 시행하는 것이 필요하다.

정시점부터 지역주민의 참여가 불가결한 요소이다. 따라서 4개 지구마다, 주민 스스로 생각하고, 제안하고 만들어 가는 연속적인 공동작업을 추진하여, 가이드라인의 골격이 되는 5개의 제안이 나오게 되었다.

이러한 5개의 제안 중에서 제안 1, 2, 3은 '이념과 원칙', 제안 4는 '진행 프로세스', 제안 5는 '지도기준'으로서 경관 가이드라인의 골격을 이루게 되었다.

6. 4. 각 지구의 비전과 경관에 대한 지역주민의 기본 자세

〈표 12-5〉에 나타난 지구 비전은 '제안 3', 즉 '의지로 연계하자'는 인식에 근거하고 있다. 이는 지역주민 스스로 팜로드를 생각하고 적극적으로 관계를 강화해 나가고자 하는 동기부여가 될 뿐만 아니라, 지역 내외를 불문하고 개발 및 건축행위를 시행하는 사람들의 지침이 되고 있다.

표 12-5 각 지구의 비전

지역 전체	오구니의 산업풍경(생산풍경)을 지키고 가꾸어 나가자. 찌구고강 원류지역으로서의 자각과 책임을 가지고 물을 소중히 하자.
지구 1	본 지구는 공유지로서 농 · 축산업 위주의 활동이 중심이므로, 여기에서 행해지는 개발사업은 농(農)적으로 풍요로움을 추구한다.
지구 2	본 지구는 눈앞에 펼쳐진 아소 산악의 조망을 중시하고, 여기에서 행해지는 개발사업이 조망의 풍요로움을 향수할 수 있도록 한다.
지구 3	본 지구는 그린투어리즘의 거점으로서 활동을 전개하고 있으므로, 여기에서 행해지는 개발사업도 교류의 거점으로서 자리매김한다.
지구 4	본 지구의 재산인 산과 물을 지켜 나가기 위해, 여기에서 행해지는 개발사업은 보전형 개발을 추진한다.

6. 5. 마음을 연계한 프로세스 진행

〈표 12-5〉에 표시한 '마음을 연계한 프로세스 진행'은 '제안 4'를 바탕으로 만들어진 것으로 이 경관 기이드라인에서 특히 중요한 부분이다. 그 특징은 현행 마찌즈꾸리보다도 앞선 단계에서 개발건축행위의 당사자가 지역주민과의 접촉과 교류를 통해, 상호간의 마음을 연계할 수 있는 계기로 작용하고 있다. 또한 본 프로세스는 전체의 개발과 건축행위를 대상으로 하고 있기 때문에, 팜로드 인접지역 전체의 균형을 적정히 유지할 것으로 기대되고 있다.

개발 건축행위의 당사자와 지역주민의 '마음 연계 정도'는 〈표 12-6〉에 나타난 바와 같이 5단계의 '접촉과 교류의 포인트'로 측정된다.

포인트 0의 '상담창구'에서는 오구니마찌의 경관에 대한 생각이나 가이드라인의 내용, 그 진행절차, 그리고 오구니지역에서 생산되는 자재 및 오구니다운 주택건설사업, 행정으로부터 지원 등을 소개한 수첩(오구니 패스포트)을 발행한다. 이는 오구니마찌에 이주 또는 오구니마찌에서 장사 등을 하려고 하는 사람들에 대해, 지역의 상담원을 소개시켜 줌으로써, 적정한 개발을 유도하는 첫 걸음이다.

표 12-6 마음을 연계한 프로세스 진행

포인트 0	포인트 1	포인트 2	포인트 3	포인트 4
상담창구	사전상담	주민협정	주민확인	동반자되기
수첩(오구니 패스포트)을 발행 이주희망자에게 상담원을 소개	지역을 가장 잘 알고 있는 주민으로부터 설명이 가능 지역의 관습, 룰, 행사 등	이주지 및 지역주민 등과의 주민협정을 맺음	배수의 처리경로나 사업 자체가 토지의 상황 및 풍습과 적합한지를 확인하고 합의	상호간의 동반자 관계 구축

포인트 1 '사전상담'에서는, 개발 및 건축행위가 이루어지는 장소가 소속된 집수역(환경권)을 하나의 계획단위로서 명확히 표출하여, 상세한 대응이 이루어질 수 있도록 하기 위하여, 마찌즈꾸리협의회를 중심으로 현장에 빠르고 정확한 대응이 가능한 체제를 만드는 것이다.

포인트 2 '주민협정'에서는, 원칙으로서 당사자(거주자 또는 상인)가 현장에서 지역주민 대표와 협정을 맺는다. 이는 일반적으로 현장에 오는 것은 본인이 아니라 대리인들이 많아, 나중에 문제가 많았던 경험을 고려한 것이다. 협정내용으로는 그 지구에서 살아가기 위한 룰이나 배수방법 등에 대한 것이다. 그런데 개발업자에 의한 분양주택을 구입한 사람의 경우에는, 현지주민과의 접촉과 교류기회가 전혀 없으므로, 매매계약을 맺는 시점에서 업자가 주택구입자에게 가이드라인을 제시하는 것이 필요하다.

포인트 3 '주민확인'은 설계도서 초안이 나온 시점에서 그 사업계획이 주민협정을 통해 교환된 협정내용에 부합되는지의 여부를 확인하기 위한 것이다. 확인을 위해서는 기술적인 대응도 필요하기 때문에, 지역주민뿐만 아니라 행정기관에서도 경관담당직원 및 건축담당직원이 참가할 필요가 있다. 따라서 행정기관 내부의 조직 간 연계강화도 필요하다.

포인트 4 '동반자되기'에서는 이주자 등이 같은 지역의 동반자로서 살아가기 위해서는 한 사람이라도 많은 지역주민들과 교류를 트는 것이 중요함을 배려한 것이다. 상호간에 어디에 누가 왔는지를 모른다는 것이 아니라, 조금이라도 알고 있다는 심리적인 효과는 크다. 이주자에게도 무언가 일이 있을 때에 상담할 수 있는 지역주민들이 쉽게 보이는 장점도 있다.

6. 6. 중산간지역 경관의 계획단위

이 계획은 단적으로 말하자면 해당 지역의 경관형성에 관련된 사람들

간의 인간관계를 중시한 것이다. 그리고 책임과 신뢰성 있는 인간관계를 형성하기 위한 경관계획에 있어서 지역단위를 환경권 분석에 의해 명쾌히 하였다는 점에 특징이 있다.

이러한 것들은 계획대상으로서의 오구니마찌의 팜로드 주변지역이 강의 상류지역에 가까운 중산간지대에 위치하고 있다는 점에 기인한 것이지만, 경관이 풍토성에 입각한 것이라는 것을 생각한다면, 어느 지역이라도 적용될 수 있는 방법이다.

일반적으로 주민들과의 합의점 도출이 용이한 매우 작은 소규모 지역을 경관형성의 단위로 하고 있고 이는 어쩌면 자연스러운 현상이라 할 수 있지만, 오구마니찌의 사례는 팜로드 연도지역 전체를 하나의 종합성 있는 경관형성지역으로 구분하였다는 특징이 있다.

일본의 경관형성이 각각의 지역적 특성을 유지하면서 순조롭게 신행되어 나가기 위해서는 경관계획과 사업추진 프로세스가 지속성을 가지지 않으면 안 된다. 이를 위해서는 경관에 대한 책임의식의 지속성이 불가결하다. 그리고 이 책임의식은 지역의 위기의식을 반영하기도 한다. 우리들이 "물과 환경과 사람과의 연계를 중시하는 시대"에 살고 있다면, 오구니마찌의 경험은 중산간지역 경관형성에 좋은 사례라 할 수 있다.

참고문헌

日本建築学會,『景観法と景観まちづくり』, 学芸出版社, 2005.

川添登,「メタボリズムとメタボリストたち」, 美術出版者, 2005.

Gorden, Cullen, "The Concise TOWNSCAPE," 1975.

저자 소개

이정환
- 홋카이도대학 농업경제학 박사
- 도쿄대학, 하바드대학 객원연구원
- 한국농촌경제연구원 연구위원, 원장
- 한국농업경제학회 회장 역임
- 현 GS&J 인스티튜트 이사장

양승룡
- Purdue대학 농업경제학 박사
- 농진청 농업경영정보관실 농업연구관
- 기획재정부 재정사업 평가위원
- 동북아 상품거래소 설립추진단 위원
- 현 고려대학교 식품자원경제학과 교수

이태호
- 아이오와주립대 농업경제학 박사
- 경실련 농업개혁위원회 위원장
- 농림부 중앙농정심의위원회 위원
- 한국농업경제학회 회장
- 현 서울대학교 교수

남재작
- 경북대학교 화학과 박사
- 농업과학기술원 기획실 근무
- 환경부 온실가스 · 에너지 목표관리제 자문위원
- 현 농업기술실용화재단 인증사업팀 팀장

고영곤
- Oklahoma주립대학 농업경제학 박사
- 농협중앙회 조사부장, 상무
- 농협대학장 역임
- 현 GS&J 농정전략연구센터 소장

김준오
- 고려대학교 졸업
- Texas A&M대학 농업경제학 박사
- 농협대학 교수 역임
- 현 농협중앙회 카드분사 팀장

서세욱
- 동경대학 농업경제학 박사
- 오비히로축산대학 축산과학과 교수
- 경기도 가축분뇨에너지화 자문위원
- 한국농업경제학회 이사
- 현 국회예산정책처 예산분석관

임송택
- 건국대학교 고분자공학 석사
- 고려대학교 농업경제학과 박사과정 수료
- 온실가스배출량 검증심사원
- 현 주식회사 토람 대표이사

장민기
- 서울대 농경제학과 박사과정 수료
- 복숭아 햇사레연합사업단 컨설팅
- 경기도 농업기술원 선인장 수출 사업화 조직육성 컨설팅
- 현 지역농업네트워크 전무이사

황영모
- 전북대학교 농업경제학과 박사
- 대통령 국민고충처리위원회 자문위원
- 일본 북해도대학 대학원 연구원
- 현 지역농업연구원 정책기획실장

조창휘
- 아주대학교 환경공학 석사
- 경기도 농업기술원 선인장연구소 육종담당
- 현 경기도 농업기술원 작물개발과 농식품가공팀장

변재연
- 고려대학교 농학사
- 교토대학 환경디자인학 박사
- 한국문화관광연구원 책임연구원
- 현 국회예산정책처 예산분석관

성주인
- 서울대학교 조경학과 졸업
- 서울대학교 환경대학원 도시계획학 박사
- 지역발전위원회 전문위원
- 현 한국농촌경제연구원 부연구위원

GSnJ INSTITUTE
www.gsnj.re.kr

농업 · 농촌, 새로운 소득기회의 탐색
저탄소녹색성장, 신상품과 브랜드, 농촌경관의 상품화

2010년 8월 11일 초판1쇄 인쇄
2010년 8월 18일 초판1쇄 발행

편저자 이정환 · 고영곤
발행인 노현철
발행처 도서출판 해남
서울특별시 서대문구 충정로 3가 227-1 우리타워 6F
전화 739-4822 팩스 720-4823
e-mail haenam30@dreamwiz.com
homepage www.hpub.co.kr
등록 1995. 5. 10 제 1-1885호

저자와 협의하에 인지 생략

정 가 18,000원

ISBN 978-89-6238-023-1 03520